Dompter le dragon nucléaire ?

Réalités, fantasmes et émotions dans la culture populaire

P.I.E. Peter Lang

Bruxelles • Bern • Berlin • Frankfurt am Main • New York • Oxford • Wien

Alain MICHEL

Dompter le dragon nucléaire ?
Réalités, fantasmes et émotions dans la culture populaire

Collection « Europe des Cultures »
n° 7

Je remercie vivement tous ceux qui m'ont apporté leur soutien en commentant mon manuscrit. Ma gratitude va aussi aux photographes, dessinateurs et banques d'images qui m'ont autorisé à insérer leurs illustrations.

Malgré mes efforts, certaines illustrations présentes dans l'ouvrage n'ont pas pu être créditées. J'invite les personnes qui souhaiteraient faire valoir des droits d'auteur à se manifester auprès de l'éditeur.

© Illustration de couverture : Thomas Limbosch.

Toute représentation ou reproduction intégrale ou partielle faite par quelque procédé que ce soit, sans le consentement de l'éditeur ou de ses ayants droit, est illicite. Tous droits réservés.

© P.I.E. PETER LANG s.a.
Éditions scientifiques internationales
Bruxelles, 2013
1 avenue Maurice, B-1050 Bruxelles, Belgique
www.peterlang.com ; info@peterlang.com

ISSN 2031-3519
ISBN 978-2-87574-019-9
D/2013/5678/10

Information bibliographique publiée par « Die Deutsche Nationalbibliothek »
« Die Deutsche Nationalbibliothek » répertorie cette publication dans la « Deutsche Nationalbibliografie » ; les données bibliographiques détaillées sont disponibles sur le site http://dnb.n-db.de.

Table des matières

Préface 11

CHAPITRE 1
La puissance des émotions 13
   1.1 Le dragon, symbole mythique 13
   1.2 Tenter néanmoins l'objectivité 16
   1.3 De l'importance des émotions 18
   1.4 Remarque liminaire 21

CHAPITRE 2
L'ère du radium (rêves et réalités jusqu'aux années 1930) 23
   2.1 Hasards et acharnements scientifiques 23
   2.2 Le radium « miraculeux » 26
   2.3 Les œuvres de fiction, reflets des découvertes ? 30
   2.4 La course scientifique des années 1930 34

CHAPITRE 3
Une épopée militaro-industrielle exceptionnelle
(les années de guerre) 37
   3.1 Vers le Manhattan Project 37
   3.2 Le Manhattan Project : la mise en place 41
   3.3 Ce qu'en dit la fiction littéraire 45
   3.4 Plus fort que mille soleils 49

CHAPITRE 4
Contrôler le génie lorsqu'il est sorti de la lampe (1945-1957) 51
   4.1 *Hiroshima delenda est* 51
   4.2 Faire savoir tout en limitant la diffusion des connaissances 55
   4.3 Développer ces armements mais les contrôler ? 57
   4.4 Usages civils : utopies enthousiastes et réalités potentielles 63

CHAPITRE 5
**Une opposition massive mais infructueuse
à la course aux armements atomiques (1957-1973)** 71
    5.1 Des années de changement de valeurs 71
    5.2 La conscience mondiale s'oppose à l'armement atomique 75
    5.3 Développements militaires et politiques 81
    5.4 L'âge d'or de la recherche nucléaire civile 83
    5.5 Angoisse atomique : l'observation des psychologues
         et sociologues 88

CHAPITRE 6
**De la crise pétrolière à la « bataille » de Creys-Malville
(1973-1977)** 91
    6.1 La crise pétrolière va-t-elle ouvrir la voie au nucléaire ? 91
    6.2 Des décisions démocratiques 97
    6.3 Une évolution radicale des mentalités
         et des comportements 102
    6.4 Quelle image du nucléaire le public peut-il avoir alors ? 105
    6.5 Le nucléaire entraîne-t-il suspicion et violence ? 114
    6.6 *Superphénix* et la « bataille » de Creys-Malville 118

CHAPITRE 7
Faudra-t-il se passer du nucléaire ? (1978-1987) 125
    7.1 Les énergies renouvelables
         vont-elles remplacer le nucléaire ? 125
    7.2 Accident à Three Mile Island 129
    7.3 Les technologies avancées suscitent
         toujours anxiété et remise en cause 134
    7.4 Progrès techniques, guerre nucléaire et terrorisme 139
    7.5 La catastrophe de Tchernobyl 145

CHAPITRE 8
**Le plutonium : ressource ou fléau ?
(principalement les années 1990)** 151
    8.1 Une question très personnelle 151
    8.2 Sciences et techniques sur le banc des accusés 155
    8.3 Les « casseroles » que traîne le plutonium 159

8.4 Recycler le plutonium venu de La Hague : l'exemple belge 162
8.5 Que faire des stocks de plutonium ? 168
8.6 Trafics illicites 174
8.7 Mais le plutonium n'est pas la seule source de frissons littéraires, cinématographiques ou scientifiques 179

CHAPITRE 9
De Kyoto à la veille de Fukushima (au tournant des années 2000) 185
9.1 Lutter contre le changement climatique : une solution nucléaire ? 185
9.2 Le nucléaire, composante du développement durable 189
9.3 Quelle solution adopter pour l'aval du cycle du combustible ? 194
9.4 Le devenir des déchets radioactifs 198
9.5 Une crainte d'une toute autre nature : la prolifération, l'action terroriste ou les États « voyous » 208

CHAPITRE 10
Fukushima (peu avant, pendant... et après ?) 217
10.1 Un certain optimisme des milieux nucléaires au début des années 2000 217
10.2 Un tsunami peut avoir un impact mondial 225
10.3 La hantise de la radioactivité 229
10.4 Quel futur pour l'énergie nucléaire après cet accident? 236

Épilogue 249

Bibliographie 255

Acronymes et unités de mesure 263

Bibliographie de mes publications et conférences relatives aux aspects émotionnels de la communication nucléaire, y compris les ouvrages et films de fiction 267

Préface

Le livre que j'ai l'honneur de présenter ici est un des plus fascinants que j'ai lus depuis de nombreuses années. Ceci n'est pas seulement dû à la clarté et à la simplicité des explications scientifiques et techniques, qui permettent aux non-spécialistes de comprendre la nature du « Dragon » que notre époque doit « dompter » pour que nos sociétés puissent continuer à disposer des multiples énergies dont elles ont besoin pour survivre et se développer, mais par le rapport qu'il établit entre le développement technologique que nous devons maîtriser et la nature des réactions culturelles qui caractérisent notre temps. Voilà pourquoi nous n'avons pas un instant hésité à inscrire cet ouvrage d'un scientifique atomiste spécialisé, et fortement engagé dans le monde industriel du secteur, dans une collection dédiée aux « Cultures ».

Car il s'agit bien ici d'un problème essentiellement culturel. Certes, cela ne doit pas être évident pour tout le monde. On connaît la remarque du politologue britannique, Larry Siedentop : « Peu de sociétés sont capables de comprendre la signification des choses qu'elles considèrent comme évidentes »[1]. En effet, si nous vivons parfaitement convaincus des valeurs et des contenus culturels qui conditionnent notre façon de vivre, nous n'en comprenons pas toujours la teneur et les implications. Les sociétés occidentales ont développé des cultures qui, depuis des siècles, ont vécu plus ou moins parfaitement en parallèle avec les découvertes scientifiques, celles-ci consistant principalement à observer le fonctionnement du monde, à en décrire les principes et les lois objectives auxquelles sont soumis les phénomènes observés. Mais, pendant de longues décennies, les populations n'ont pas compris en quoi ces découvertes pouvaient affecter leur façon de vivre et de penser. Certes, si depuis le jour où Prométhée a volé le feu à Zeus pour le donner aux hommes, ceux-ci n'ont plus continué à vivre en totale dépendance de la nature, les découvertes que les hommes de science ont proposées au cours des siècles n'ont pas toujours transformé les croyances des humains. La condamnation de Galilée par le pouvoir religieux de son temps apparaît comme un fait historique culturellement plus important que ce que ses découvertes ont progressivement entraîné dans la vie humaine. Le livre d'Alain Michel nous montre que le XXe siècle représente une rupture radicale de cette relation relativement pacifique entre

---

[1] Larry Siedentop, *Democracy in Europe*, Penguin Books, Londres, 2001.

la culture et les découvertes scientifiques. La prise de conscience du pouvoir que donne la maîtrise de la radioactivité de l'atome par l'action humaine ouvre des perspectives totalement nouvelles et personne ne peut y faire face sans se sentir impliqué. Il s'agit donc d'une véritable révolution culturelle.

Or celle-ci se produit pour deux raisons historiques importantes. Tout d'abord, tandis que les savants impliqués dans la recherche sur l'atome et la radioactivité durant la première partie du XXe siècle travaillaient pour la plupart dans l'isolement et le silence, et finalement le secret dû au rôle qui leur a été imposé durant la Deuxième Guerre mondiale, la première manifestation de leur succès fut la bombe atomique lancée sur le Japon, suivie d'une course mondiale aux armements atomiques par toutes les grandes puissances. Le contenu de la communication entre le monde de la recherche et le public se limitait donc aux résultats effrayants et angoissants que la science avait produits. La littérature, l'art et le cinéma – Alain Michel le montre avec grande compétence dans son livre – se sont donc emparés de cette peur généralisée pour développer une image négative de l'atome dans la culture populaire. Et celle-ci n'a pas disparu quand les scientifiques se sont détournés des armements pour développer les applications civiles et utiles de l'atome. Ceci s'est passé dans cette période de la fin du siècle où le développement des nouveaux moyens de communication a mondialisé cette angoisse, et multiplié les actions des opposants aux quatre coins du monde, opposants sur-motivés par les catastrophes historiques de Three Mile Island, Tchernobyl et Fukushima. Une nouvelle attitude culturelle vis-à-vis de l'atome est donc née. Le « Dragon nucléaire » n'est plus spécifique à une société donnée, limitée dans l'espace, il devient un phénomène universel.

Cette perspective fait justement l'originalité de ce livre. On y découvre comment chaque individu ou organisation impliqués dans cette histoire fait face à un problème qui concerne toute l'humanité. Nous devons être reconnaissants à son auteur de nous entraîner dans une telle aventure, qui donne naissance à une réflexion qui va grandement motiver le lecteur.

Gabriel Fragnière
Président d'honneur du « Forum Europe des Cultures »
Ancien recteur du Collège d'Europe de Bruges

Chapitre 1

La puissance des émotions

« L'énergie nucléaire est un paradoxe de danger et de salut : comment est-il possible que cette source d'énergie renouvelable dont notre société a tellement besoin est celle que nous sommes le plus effrayés d'utiliser ? »[1]

Où il est dit pourquoi comme ingénieur, après avoir consacré ma vie professionnelle à la recherche dans le domaine de l'énergie, en particulier nucléaire, j'ai été tenté de comprendre pourquoi celle-ci suscitait tant d'émotions et souvent de manifestations d'opposition. J'ai voulu comprendre son image dans des centaines de romans et des dizaines de films basés sur ces peurs.

1.1 Le dragon, symbole mythique

En quoi le dragon peut-il symboliser l'énergie nucléaire ? Lorsqu'au cours du projet Manhattan pendant la guerre, les scientifiques approchaient de la criticité lors de mesures préparatoires des premières bombes atomiques, ils avaient baptisé ces travaux « the Dragon experiment ». Les chercheurs aimaient dire qu'ils *chatouillaient la queue du dragon* (P.1). Par la suite, la communauté nucléaire a gardé un goût particulier pour la mythologie et les personnages mythiques : le réacteur *Dragon* en Angleterre, les circuits de traitement de déchets *Fafnir* en Allemagne ou le réacteur *Phénix* en France, sont quelques exemples frappants.

Aux origines, certains réacteurs de puissance ont été construits au fond de profondes cavités artificielles comme fut le cas à Chooz (France) ou à Lucens (Suisse). Cela renforce l'image du dragon tapi au fond de sa grotte que l'on ne craint pas tant qu'il y reste. Il n'y eut d'ailleurs pas de protestation contre ces centrales.

---

[1] James Mahaffey, *Atomic Awakening*, Pegasus Books, New York, 2010.

Dompter le dragon nucléaire ?

Source : St Clement de Metz et le dragon. BnF (ms.fr.313, f°75 verso)

« Le dragon mystérieux, source d'inquiétude et d'effroi, peut néanmoins être amené à jouer, tardivement, un rôle protecteur et bénéfique » (P.2). C'est d'ailleurs fréquemment ce qui arrive aux dragons des livres pour enfants. Après avoir terrorisé, souvent par mégarde, les populations, ils deviennent leur plus fidèle serviteur ou ami. Un bel exemple est le dragon rouge de Max Velthuys (P.3). Après diverses mésaventures, un savant professeur essuya ses lunettes et se dit :

> Un dragon doit sûrement pouvoir être utile d'une manière ou d'une autre. Il crache du feu, et le feu peut être transformé en électricité. À force de réfléchir et de faire des calculs, le professeur inventa une machine qui étonna tout le monde. Non seulement elle distribuait de l'électricité à travers toute la ville, mais encore elle chauffait l'eau des baignoires.

Et l'auteur ajoute un peu plus loin : « Les gens étaient pleins de reconnaissance envers le dragon. Le soir, ils pouvaient lire à la lumière électrique, les pieds bien au chaud. C'était vraiment merveilleux ».

La puissance des émotions

© Stichting Max Velthuys, La Haye (Pays-Bas)

Ah si l'histoire du nucléaire pouvait se résumer à cela ! Mais hélas il arrive que les opérateurs perdent le contrôle de la bête, pour parler du réacteur comme Zola parlait des locomotives. À ce moment, le dragon mauvais refait surface comme on l'a vu dans les dessins des enfants ukrainiens lorsqu'ils évoquaient l'accident de Tchernobyl.

Par Anna Vasilevich © Ada Ackerman

Et ceux qui s'opposent le plus violemment aux activités nucléaires se verraient sans doute assez volontiers dans la peau de Saint Georges terrassant le dragon.

Quels sont donc les fantasmes et les frayeurs qui parcourent l'histoire du nucléaire ? Qu'en est-il en réalité ? Pouvons-nous aujourd'hui porter un jugement objectif sur une source d'énergie aussi marquée par son histoire, les espoirs et les craintes qu'elle a suscités et suscite encore ?

1.2 Tenter néanmoins l'objectivité

Si le titre de ce livre pourrait faire croire à certains qu'il s'agit d'un pamphlet antinucléaire, je voudrais dès à présent les détromper. Ma position sur ce sujet est claire : j'encourage l'usage du nucléaire tant comme source d'énergie que pour ses multiples apports à la médecine, à l'agriculture, etc. Mais il faut que les chercheurs et les techniciens poursuivent et perfectionnent les développements actuels ; il n'y a pas de certitude qui ne puisse être contestée et réévaluée. Il est aussi indispensable que cette industrie explique ses objectifs en espérant un réel échange avec les gens ; c'est là que le bât blesse depuis longtemps.

Dès la fin de mes études d'ingénieur en 1961, j'ai œuvré dans le milieu nucléaire. Nous avons étudié et réalisé des installations à la pointe des connaissances de l'époque, travaux qui nous enthousiasmaient. Cependant déjà dans les années 1970, nous avons dû constater à quel point la communication avec le grand public avait échoué. Les arguments des opposants entraînaient les foules ; les nôtres ne touchaient principalement qu'une frange intellectuelle. Il se fait que je m'occupais aussi alors de promotion de livres et d'albums soigneusement choisis pour les enfants. Cette activité me mettait en contact avec un milieu sceptique quant à mes travaux nucléaires. Pour tenter de faire comprendre nos objectifs, j'entrepris de faire des exposés dans les écoles, des rencontres avec les milieux écologiques alors naissants, et même l'écriture d'un roman policier pour adolescents (6.17, 6.18).

En 1977, je suis passé au développement des énergies renouvelables. J'ai alors découvert que le public était autrement réceptif et encourageant. Cette attitude ne reposait pas seulement sur une étude réaliste des potentialités, mais plutôt sur une nouvelle forme d'émotion, proche d'un nouveau « culte » solaire.

De retour en milieu nucléaire dans les années 1990, et cette fois chargé de la stratégie et de la communication de la société qui m'employait, j'ai voulu développer une activité très ouverte et parfois même festive, mais seuls les aspects rationnels de mes propositions ont été acceptés. L'industrie insiste pour s'appuyer sur la raison et non susciter l'émotion. J'ai donc à partir de 2000, repris mon bâton de pèlerin pour plaider la prise en compte de l'émotion. J'ai appuyé ma thèse sur l'image du nucléaire que l'on constate dans les ouvrages de fiction, tant les romans que les films. Je les ai collectionnés en privilégiant ceux qui traitaient des applications civiles mais sans ignorer les meilleurs ouvrages apocalyptiques. On trouvera en annexe une bibliographie de mes publications et conférences sur le sujet.

Aujourd'hui je suis convaincu que le nucléaire ne pourra se développer sans grands conflits que si le sujet devient aussi familier à la majorité des gens que les voitures ou autres engins dont le bilan meurtrier est loin d'être négligeable mais dont l'utilisation nous est devenue indispensable. Peu de gens sont vraiment conscients du lien entre une centrale nucléaire et l'électricité distribuée chez eux : « Pourquoi faut-il des centrales nucléaires, » disait plaisamment un slogan placé en Allemagne dans les années 1980 sur les pare-chocs de voitures, « chez nous l'électricité vient de la prise ? ».

J'ai l'espoir de retracer l'évolution des débats et des émotions que les applications de la science nucléaire ont suscités au cours de ce dernier siècle, en les replaçant dans leur contexte social et technico-économique. Je suivrai l'ordre chronologique mais lorsque cela se justifie, je poursuivrai un sujet particulier au-delà de la période traitée ou reviendrai en deçà. Ce travail ne prétend pas présenter l'ensemble des événements ni l'ensemble des œuvres de fiction mais veut plutôt montrer, par des exemples, l'atmosphère de chaque époque. Si cet ouvrage est centré sur l'Europe occidentale, les influences en ce domaine sont telles que j'aborderai occasionnellement les USA et l'Europe de l'Est, et même l'Asie lorsque les circonstances l'exigent. Je me suis parfois appuyé pour repérer des œuvres de fiction sur les études assez exhaustives faites dans les universités américaines (voir bibliographie 0.1 à 0.5).

Je vais donc tenter de dérouler le film des faits, des ambiances et des émotions, en me permettant, à partir des années 1970, d'y glisser mon expérience directe de « communicateur nucléaire ». J'espère que ce bilan encouragera ceux qui sont chargés de nous informer en ce domaine et plus généralement sur les implications des nouvelles technologies[2], à tenir compte de l'émotion et pas seulement de la raison. Mais je voudrais surtout que ce livre apporte à tout lecteur curieux de ce sujet, une première réponse aisément compréhensible.

---

[2] Je me soumets à l'utilisation de plus en plus générale du vocable « technologie » en lieu et place de « technique ». Selon *Le Robert*, la « technique » est l'ensemble des procédés pour produire une œuvre. La « technologie » était la théorie générale des techniques. Mais aujourd'hui on parle de biotechnologies par exemple, lorsque l'on décrit les techniques mises en œuvre. Cet emploi selon *Le Robert* nous viendrait des Anglo-Saxons pour parler de techniques de pointe modernes et complexes. Comme c'est bien de ces dernières que je veux parler et non des savoir-faire ancestraux, je me plierai à ce nouvel usage...

1.3 De l'importance des émotions

Pourquoi se préoccuper de l'opinion publique ? Paul Valéry a écrit (1.1) que « la politique fut d'abord l'art d'empêcher les gens de se mêler de ce qui les regarde. À une époque suivante, on y adjoignit l'art de contraindre les gens à décider sur ce qu'ils n'entendent pas ». Aujourd'hui dans certains pays européens, les citoyens sont appelés à s'exprimer sur des questions parfois très techniques et économiques. Ils n'ont pourtant pas de qualifications particulières sur ces sujets sauf d'être un citoyen concerné dont le niveau de compréhension ne peut être mis en question. En France, les gouvernements ont de nombreuses fois eu recours à la consultation populaire directe, au référendum. À une autre échelle, en Belgique comme en France, les processus d'enquêtes publiques avant la construction ou la modification d'installations industrielles donnent au public l'opportunité d'exprimer son opinion.

En Suisse ce sont les votations (ci-dessous un sticker diffusé par la branche suisse de l'association Sortir du nucléaire) qui ont porté en 2003 sur la prolongation de la production d'électricité nucléaire. En Belgique, l'organisme chargé de gérer les déchets nucléaires a consulté la population au cours d'une très large campagne d'enquête publique effectuée en 2009/2010.

Source : Sortir du nucléaire (CH)

Tout promoteur d'un développement technique, scientifique ou industriel, de même que tout opposant, va donc devoir s'attacher à s'attirer le soutien de l'opinion publique. Voltaire a écrit que « l'opinion publique est si bien la reine du monde que lorsque la raison veut la combattre, la raison est condamnée à mort ». Dès lors, on constate l'importance que prend l'émotion dans un processus de décision. Louis Michel, homme politique belge, a dit lors d'une interview à la RTBF (radio belge) que nous étions aujourd'hui passés de la démocratie à

« l'émocratie ». Ce que confirme la remarque de Roger-Gérard Schwarzenberg, homme politique français : « Aujourd'hui plutôt que de convaincre, il s'agit de séduire » (1.3). Selon Anders Hansen :

> Que cela concerne la couche d'ozone, le changement climatique, la pêche des baleines, la chasse, l'expérimentation sur les animaux, ou les multiples progrès dans les modifications génétiques et les sciences biogénétiques, il est clair que les batailles sur ces questions ont bien plus à voir aujourd'hui avec une communication persuasive, « gagner les cœurs et les esprits » qu'elles ne sont concernées par une compréhension de la « science » qui s'y rapporte. (1.2)

Déjà Cicéron enseignait que pour qu'un orateur soit écouté, il lui fallait d'abord plaire, ensuite émouvoir et qu'enfin il pourrait tenter de convaincre. Aujourd'hui plus que jamais « il y a une prime pour ceux qui font rêver » (1.4). Le public actuel recherche ces émotions. Jacques Perrin parlant en 2009 de son film *Océans* ajoutait que l'émotion est quelque chose de beaucoup plus indélébile que les discours rationnels. Ce que précise Jean de Kersvadoué : « Pour qu'une information trouve sa place dans la mémoire humaine, elle doit être portée par l'émotion. Les statistiques ennuient, les drames retiennent l'attention et gauchissent la mémoire au point que l'on a du mal à se situer, à séparer l'exceptionnellement de l'extrêmement dangereux » (1.5).

Ceci explique le poids dans notre mémoire des œuvres de fiction et des événements qui nous bouleversent. Si aujourd'hui la société en général marque un certain scepticisme sinon une crainte quant aux progrès que peuvent apporter la science et la technique, ce ne fut pas toujours le cas. Certains romanciers ont pu avoir l'influence inverse. Mais, nous dit Michel Serres, « aujourd'hui pour vivifier l'interface entre science et société, il nous manque un Jules Verne. Les angoisses contemporaines au sujet du rationnel et des techniques associées tiennent en partie à ce manque » (1.6).

Le psychologue Boris Cyrulnik insiste sur le fait que « la fiction a un pouvoir bien supérieur à celui de l'explication » (1.8). On trouve le même choix chez Jean-Claude Rufin dans la postface de son roman (1.7) : « Il m'a semblé que la fiction romanesque était sans doute le meilleur moyen de faire découvrir la complexité de ce sujet (l'écologisme extrême) et l'importance capitale des enjeux qui s'y attachent. [...] Il s'agit d'un livre d'aventures et non d'un cours magistral ». Il renforce cette idée en racontant les conséquences d'un roman américain :

> Il est assez réjouissant pour un romancier de constater qu'une œuvre de fiction, son roman *The Monkey Wrench Gang*, est parvenue à exercer une influence aussi décisive sur la réalité. L'épopée branquignolesque d'une bande de saboteurs de chantiers qu'Abbey décrit dans une langue inimitable a servi

de bréviaire à toute une génération d'activistes qui ont suivi son programme quasiment à la lettre.

Si l'influence de la fiction est aussi forte, elle ne sera pas nécessairement porteuse de vérité. Les films à sensation dont Hollywood est friand en sont un bon exemple. Un observateur américain de ce petit monde constate : « Hollywood n'est pas prête à manquer une idée qui fera de l'argent et a depuis longtemps constaté le pouvoir commercial de la peur. Que cette peur soit justifiée ou non est sans importance. Après tout, la première règle du cinéma est de ne pas laisser la vérité se mettre dans le chemin d'une bonne histoire » (1.9).

Dans le cas particulier du nucléaire, cette option sera d'autant plus forte[3]. Comme nous le verrons par la suite, à toute époque les activités nucléaires ont suscité à côté d'une curiosité rationnelle et scientifique, des réactions émotionnelles fortes, des passions qui ne furent pas toujours négatives. Mais

il n'existe pas de domaine où l'opinion, y compris de personnes éduquées, soit aussi éloignée des faits. Il n'existe pas de domaine où la présentation de résultats d'expériences ou de statistiques soit aussi controversée pour ne pas dire impossible. Il n'existe pas de domaine où la passion l'emporte aussi clairement sur la raison » (1.5)

Cette énergie – ce que confirme Weart – « a suscité parmi le public plus d'émotions et de protestations que toute autre technologie. [...] Elle est devenue le symbole sommaire de nombreuses facettes de l'autorité industrielle et bureaucratique [mais aussi] le symbole suprême de la science et de la technologie ». (1.11)

Je montrerai comment les passions ont évolué : les moments d'espoir et de désespoir, les manifestations des mouvements d'opposition, les congrès de scientifiques persuadés d'apporter au monde un nouveau progrès. Je rapporterai – en m'appuyant entre autres sur mon expérience personnelle – comment les très nombreux projets internationaux en ce domaine ont permis, notamment au sein de l'Europe, aux ingénieurs et aux scientifiques de découvrir leur diversité et dès lors la richesse de leurs capacités d'échange au-delà même de la simple rationalité scientifique.

Nous verrons aussi comment les films et les romans ont contribué à l'image de la science et de la technique en général, des activités nucléaires plus spécifiquement, comment ils ont sollicité notre imagina-

---

[3] Ce que rappelle fort clairement Guy Philippi, script reader, lors d'un panel de l'ANS (American Nuclear Society) en 2008 : « The most important thing to keep in mind about nuclear movies is that reality takes a backseat to what is dramatically acceptable in a script ».

tion. Comme pour l'œuf et la poule, il ne sera pas toujours facile de discerner si les œuvres ont été les reflets de la réalité ou si au contraire, elles ont précédé celle-ci, suscitant parfois des vocations ou au contraire de nouvelles craintes. On peut considérer avec Weart que « les couches profondes de notre culture [sont] révélées par les romans de science-fiction et le cinéma et cette angoisse particulière associée à la radioactivité, sans doute associée à la mythologie où les rayons sont porteurs d'une force magique, et de la force vitale elle-même ». (1.11)

Il est certain que tant les chercheurs que les industriels du nucléaire, en refusant tout aspect émotionnel dans leur communication, en tentant de convaincre par les faits seulement, ne se sont pas facilité l'approche du public. Or comme l'écrit Zafon : « Il est impossible d'engager un dialogue rationnel avec une personne à propos de croyances et de concepts qu'elle n'a pas acquis par le moyen de la raison » (1.10). Pour la plupart des gens depuis la découverte de la radioactivité, ce furent les impressions fugitives, les commentaires passionnés tant des promoteurs que des opposants qui occupèrent le devant de la scène. Parallèlement aux changements des technologies nucléaires et de leur gestion, c'est l'évolution au cours de ce siècle, des émotions que ces messages opposés suscitèrent que nous allons évoquer dans les prochains chapitres.

1.4 Remarque liminaire

On trouvera dans ce livre deux types de références bibliographiques. Celles qui sont en notes de bas de page sont là pour reconnaître la paternité de la citation ou l'auteur et éditeur d'un livre cité. Les chiffres entre parenthèses renvoient à la bibliographie en fin de livre ; elle regroupe des ouvrages dont je suggère la lecture à ceux qui veulent approfondir le sujet, ce que l'espace d'un livre ne m'a pas toujours permis.

J'ai aussi encadré quelques passages. Ce sont des sujets – le plus souvent techniques – que je détaille mais dont la lecture n'est pas indispensable à la compréhension de la suite.

Pour les citations, la règle choisie a été de toujours les donner en français, quelle que soit la langue originale. Cependant dans quelques rares cas, j'ai donné la version originale en note en bas de page, lorsque je trouvais le texte particulièrement savoureux.

Chapitre 2

L'ère du radium

(Rêves et réalités jusqu'aux années 1930)

La radioactivité naturelle de certains corps est découverte à la fin du XIXe siècle. Elle ouvre de merveilleuses possibilités dans le secteur médical entre autres. La possibilité de fabriquer artificiellement des corps radioactifs est réalisée peu avant la Deuxième Guerre mondiale. Les physiciens européens comprennent ensuite qu'ils peuvent réaliser la fission nucléaire en chaîne, engendrant énormément de puissance à partir de peu de matière. Un fol espoir est né.

2.1 Hasards et acharnements scientifiques

Le XIXe siècle est une époque de grands enthousiasmes pour la découverte scientifique, qu'elle soit le résultat de réflexions philosophiques, de travaux de laboratoires ou d'explorations géographiques. L'Européen part à la conquête des espaces terrestres et rêve d'aller plus loin encore.

Jules Verne fera rêver des générations entières par les romans qu'il publie à partir de 1862 (*Le voyage en ballon*). Lorsqu'il meurt en 1905, il a écrit 62 romans et 18 nouvelles, regroupés dans *Les voyages extraordinaires*. Ces ouvrages emportaient le lecteur autour du monde, vers le fond des mers, au cœur de la Terre ou vers la Lune. À travers ces romans, le lecteur découvrait les merveilleuses possibilités des sciences et des applications techniques du moment et dans un futur imaginé, parfois aussi une critique de la puissance excessive de certains industriels et financiers dominateurs.

De tels auteurs créent une ambiance favorable à la naissance d'un monde différent. Le public voit naître de nouveaux moyens de se déplacer : le chemin de fer avait émerveillé et inquiété, mais il a rapidement couvert le continent d'un réseau serré sur lequel on se déplaçait à une vitesse inconnue jusqu'alors. À la fin du siècle, la voiture automobile entame sa conquête des routes, les paquebots deviennent de plus en plus imposants et rapides, les premiers bonds des avions laissent entrevoir que l'homme pourra un jour s'arracher du sol. Jamais les hommes ne se sont sentis aussi puissants.

C'est dans cette atmosphère qu'un physicien va faire une découverte qui sera à l'origine de la science atomique. Jean Becquerel relate la découverte de son père Henri :

> Le premier mars 1896, Henri Becquerel découvrait que les sels d'uranium et l'uranium métallique, maintenus dans l'obscurité et à l'abri de toute radiation excitatrice, émettent des rayons qui, au travers du papier noir et d'une mince feuille d'aluminium, impressionnent une plaque photographique et provoquent dans l'air la décharge des corps électrisés.[1]

Pierre et Marie Curie en 1898 découvrent de nouveaux corps, extrêmement radioactifs : le polonium (Marie était originaire de Pologne et les savants peuvent aussi être sentimentaux) et le radium, deux millions de fois plus radioactif que l'uranium selon Jean Becquerel. Pierre meurt en 1906, renversé par un fiacre mais Marie va consacrer sa vie à développer les connaissances et les usages de ce qu'elle a baptisé « radioactivité », dans des conditions de travail parfois fort risquées. Elle sera récompensée par deux prix Nobel mais elle y laissera la vie à 67 ans.

Bien d'autres chercheurs en Europe et en Amérique du Nord se penchent sur ces phénomènes. Ce n'est pas l'objet de cet ouvrage d'en relater toutes les péripéties. Mais citons néanmoins Frederick Soddy et Ernest Rutherford qui travaillent au Canada puis en Angleterre à la même époque et découvrent que le thorium se transforme lentement en radium. Spencer Weart raconte ce jour-là :

> Rutherford et Soddy ont trouvé, par exemple, que le thorium radioactif, atome par atome, se transformait graduellement en radium. Au moment où il réalise cela, Soddy se souvient : « J'étais submergé par quelque chose de plus fort que la joie – je ne sais comment l'exprimer – une sorte d'exaltation. » Il s'exclame : « Rutherford, ceci est de la transmutation ! » « Pour l'amour du ciel » réplique son compagnon « n'appelle pas cela **transmutation**. Ils nous couperaient la tête comme alchimistes ». Mais immédiatement après, Rutherford valsait à travers le laboratoire en beuglant « Onward Christian Soldiers ». Déjà à ce moment, la nouvelle science était née et pouvait remuer de fortes émotions[2]. (2.1)

Il n'avait pas tout à fait tort même si ce mot « transmutation » a poursuivi son chemin déjà très ancien et qu'aujourd'hui, le public

---

[1] *Science et Vie*, 11 février 1914.

[2] Soddy recalled, « I was overwhelmed with something greater than joy, I cannot very well express it, a kind of exaltation. He blurted out, « Rutherford, this is transmutation ! » « For Mike's sake, Soddy » his companion shot back, « don't call it *transmutation*. They will have our heads off as alchemists ». But the next moment, Rutherford was waltzing around the laboratory, booming « Onward Christian Soldiers ». Already at the instant the new science was born, it could stir strong emotions.

aimerait que la transmutation soit appliquée aux déchets nucléaires pour en raccourcir la durée de vie radioactive. Ce sera l'un des problèmes de communication des chercheurs avec le monde qui les entoure : leur enthousiasme pour leurs découvertes a souvent fait plus peur que l'inverse, le vocabulaire choisi est souvent hermétique ou inquiétant.

Soddy, chercheur « à l'imagination fertile et la prose vivante » (2.19), adore rencontrer le public, publier ses travaux et leur potentiel. Il écrit dès 1903 que l'énergie atomique – il crée ce mot avec Rutherford – permet « des quantités bien plus grandes d'énergie que tout ce qui a pu être soupçonné jusqu'alors ». Mais il annonce aussi que dès lors notre Terre est un véritable entrepôt d'explosifs, plus puissants que tout ce qui est connu. Il maîtrise parfaitement les images frappantes telles que « l'énergie contenue dans un gramme de radium suffirait à soulever 500 tonnes à une hauteur d'un mile ».

Plusieurs livres sont publiés par les savants dans les années 1920 et celui de B. Russel, *The ABC of Atoms*[3] devient une référence pour le public. Il y considère à juste titre que l'énergie atomique à ce moment est encore dans l'enfance. De très nombreuses revues scientifiques en Angleterre notamment vulgarisent ces connaissances, comme *Discovery* à partir de 1920. Les auteurs de science-fiction disposent de bases sérieuses pour cadrer leurs aventures.

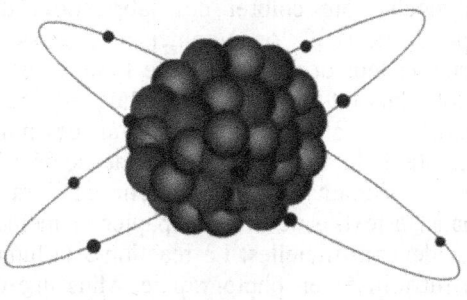

© CEN-SCK

La science atomique va se développer rapidement en Europe, notamment en Allemagne où Röntgen avait découvert les rayons X dès 1895 ou au Danemark où Niels Bohr présente en 1913 le modèle de l'atome qui en deviendra le symbole pour le grand public, les électrons tournoyant comme de petites planètes autour du noyau[4].

---

[3] B. Russel, *The ABC of Atoms*, E.P. Dutton, New York, 1923.
[4] Le lecteur qui voudrait suivre une chronologie détaillée de ces découvertes consultera utilement le site de l'Institut Curie (2.2).

2.2 Le radium « miraculeux »

Dans la foulée de la découverte de Röntgen, un médecin français, le Dr Despeignes (2.2) annonce en 1896 le premier traitement du cancer par les rayons X. En 1900, deux Allemands, Walkhof et Giesel rapportent leurs observations sur les effets biologiques du radium sur la peau (2.2) qu'ils comparent aux effets des rayons X. Pierre Curie et Henri Becquerel publient ensemble une note : *L'action physiologique des rayons du radium*.

Ces découvertes déclenchent un véritable engouement : « La radium-thérapie va connaître des développements significatifs » (2.2). Pendant la Première Guerre mondiale, Marie Curie seconde le Dr Béclère, directeur du service radiologique des armées ; ils équipent certaines automobiles de matériel radiologique, intégrées aux unités chirurgicales mobiles. Après-guerre, la radiothérapie pour le traitement du cancer va connaître un développement rapide.

Il faut donc produire du radium. Pour produire 1 à 2 mg de radium, les Curie avaient dû traiter 1 tonne de minerai, la pechblende, contenant un oxyde naturel d'uranium. L'uranium et ses différentes formes, découverts par le chimiste allemand Klaproth en 1789, étaient appréciés par les collectionneurs, notamment Goethe (2.3), pour leurs couleurs et leurs fluorescences. Ces sels d'uranium furent utilisés en peinture dès le début du XIXe siècle pour colorer des fabrications de céramique à travers l'Europe. Vers 1830, on commença à utiliser ces sels pour colorer des verres et leur donner une belle luminescence. Au début la production de colorants fut très artisanale. Mais en 1853 à Joachimsthal (actuellement située en Tchéquie), on exploitait des mines d'argent où l'on rencontrait aussi de la pechblende. Une société fut créée pour commercialiser les colorants obtenus à partir de l'uranium. Ils furent utilisés alors dans le textile, le bois, le papier et même en dentisterie pour colorer des dents artificielles. La réaction à la lumière de certains sels d'uranium fut utilisée en photographie. Mais une des consommations les plus importantes jusqu'alors (2.3), fut sans doute à la fin du XIXe siècle comme composants de certains aciers pour en accroître l'élasticité et la dureté. L'uranium venait du Colorado et la France en 1898 par exemple, en utilisa 23 tonnes à cette fin.

Malgré tous ces usages, les quantités utilisées restent donc fort modestes ; tout va changer avec la brutale croissance de la demande en radium. Vu le fait qu'il y en a extrêmement peu dans le minerai d'uranium, son prix le placera parmi les produits les plus chers. L'industriel Armet de Lisle construit le premier une usine en France, pour extraire le radium de l'uranium en provenance de Joachimsthal (2.4). Ensuite les gisements du Colorado deviendront les sources les plus importantes. À partir de la seconde moitié des années 1910, ils permettront de produire de 10 à 20 g de radium par an.

« En 1922, quelque 150 g ont été commercialisés dans le monde depuis sa découverte. C'est à cette date que l'Union Minière (UM) va commencer à en produire » (2.4). Cette société belge exploite la mine katangaise de Shinkolobwe, d'une richesse exceptionnelle : une teneur de plus de 50 % d'oxyde d'uranium dans le minerai alors que dans le Colorado elle ne dépasse pas 2 %. Elle s'associe avec une autre société belge, la Société générale métallurgique de Hoboken (SGMH) qui va construire à Olen en Campine, une usine pour séparer le radium contenu en moyenne à raison d'une partie de radium pour 15 millions de parties travaillées ! Dès 1922, la SGMH devient le premier producteur mondial de radium. Elle décide, de même que l'UM, de le vendre conditionné dans de petits appareils métalliques contenant de quelques milligrammes à quelques dizaines de milligrammes, utilisés par les médecins pour la « curiethérapie » du cancer.

D'autre part, le groupe soutient la recherche dans les universités et les instituts belges, français et américains en offrant des grammes de radium pour développer de nouvelles applications. Il va également atteindre le marché américain en s'associant avec des partenaires locaux déjà bien implantés. Le groupe UM-SGMH détient donc, dès les années 1920, un quasi monopole de ce marché jusqu'à ce que dans les années 1930, une lutte âpre s'engage avec les producteurs canadiens. De 1921 à 1935, le groupe belge traitera plus de 100 000 tonnes de minerai et vendra des centaines de grammes de radium tout en conservant un stock permanent de 100 à 200 g. Ce radium servira principalement aux traitements du cancer mais aussi à certaines applications industrielles et commerciales.

L'une des applications a été de fabriquer une peinture « phosphorescente », un mélange de radium avec du sulfate de zinc (2.7), utilisée industriellement ; notamment aux États-Unis en 1921, des dizaines de jeunes femmes peignaient les chiffres et les aiguilles de cadrans de montres et horloges. Inconscientes du risque, elles affûtaient leur pinceau avec les lèvres d'où des cancers de la bouche et de la gorge. Plusieurs en moururent (2.7), ce qu'évoque ce dessin ci-dessous. Cinq de ces « radium girls » firent un procès à la compagnie.

© *American Weekly*, 28 février 1926

Le musée de l'Institut Curie a réuni de nombreux objets liés à ces emplois mais c'est peut-être sur le site internet (2.5) que l'on trouve l'une des plus riches collections de photos de ces applications. On va tenter d'appliquer la radiothérapie à toutes sortes de maladies en dehors du cancer, telles que des inhalations pour des affections du larynx et des poumons ou des pommades au radium pour des affections cutanées. La revue médicale *Radium* en 1916 affirme que « le radium n'a absolument aucun effet toxique, étant harmonieusement accepté par le corps humain, comme la lumière solaire par les plantes ». On va donc trouver en pharmacie de la *Tubéradine* pour soigner la tuberculose, de la *Digéraldine* pour aider la digestion, du *Septoradol* comme antiseptique pour l'hygiène intime de la femme. On trouve aussi des produits de beauté, dont les célèbres produits de beauté *Tho-Radia* à base de thorium et de radium, en crème pour le visage, en poudre, en savon, etc. Il en restait encore dans la pharmacie de ma mère en 1950. Ils ne seront pas seuls sur le marché : on trouve *Ramey*, *Radiumelys*, etc. ainsi que des sels de bain avec des « émanations de radium ».

On lancera des boissons spécialement préparées comme la potion *Radiogénol* qu'il faut dissoudre dans de l'eau, ou des fontaines à radium dans lesquelles on charge une capsule de sels de radium. Les sources d'eau minérale naturelle ne sont pas en reste telles que la *Mayflower sarsaparilla* aux États-Unis ou la *Préservatrice* des sources d'Arcens en Ardèche.

Source : etiquetteacqua.it

À l'époque, certaines sources tentèrent même de « radioactiver » leur eau : les Sources de la Reine à Spa utilisèrent un appareil conçu par un professeur de l'Université de Louvain (2.5). Selon une étude de la radioactivité des sources d'eau minérale en 1990 (2.6), l'eau d'Arcens aurait une radioactivité alpha + bêta ne dépassant pas 0,4 Bq/l[5]. Il se fait que de nombreuses sources notamment dans le centre de la France sont naturellement légèrement radioactives par suite de la présence de radium, d'uranium et de thorium accumulés lors du passage dans les roches. Au début du XXe siècle, elles mettent cette propriété en avant. Mais cette mention a disparu des étiquettes des sources d'Arcens comme de celles de la *Badoit*, qui comme la *St Yorre* ou la *Vichy Celestins* sont dix fois plus radioactives ! Ces eaux contiennent plus d'uranium que l'eau de mer (que l'on songe à exploiter si le minerai « terrestre » devenait rare). Mais cela reste parfaitement tolérable pour notre santé.

---

[5] Il n'est malheureusement pas possible de parler de nucléaire sans utiliser, je le ferai aussi rarement que possible, quelques unités de mesure et autres concepts physiques. Le lecteur trouvera au chapitre 10 un encart donnant quelques définitions et explications à ce sujet.

Les cures thermales ont également fait publicité de leur radioactivité : Plombières-les-bains mentionne ses « eaux hyperthermales (74°C) très radioactives ». Mais la plus fameuse est sans doute la cure radioactive de Joachimstahl (aujourd'hui Jachymov). La mine dont on tirait l'uranium avait été noyée par des flots d'eau chaude. Après la découverte des Curie, en 1906, on décida d'exploiter la radioactivité de cette eau chargée de radon, émettant jusqu'à 20 kBq/l. En 1912 fut ouvert le Radium Kurhaus, un des plus somptueux palaces d'Europe à l'époque. Après une période d'arrêt après la Deuxième Guerre mondiale due à l'exploitation de l'uranium à des fins nucléaires, les cures ont repris leur activité intensément jusqu'à nos jours.

Pour conclure cette image de l'enthousiasme débordant pour le radium en ces années-là, j'ajouterai le *Provadior* pour engraisser les animaux, des chocolats au bromure de radium pour nous rajeunir, des sous-vêtements radioactifs *Irania* pour tenir au chaud les skieurs et... les suppositoires pour stimuler la vigueur sexuelle.

Source : environmentalgraffiti.com

2.3 Les œuvres de fiction, reflets des découvertes ?

Cette première moitié du XXe siècle est une époque mouvementée où tant la vie politique que la vie culturelle et les mœurs sont en rapide évolution. Les grands empires centraux européens ont éclaté en une multitude de pays, la Russie après une sanglante révolution va devenir communiste et hanter les cauchemars de la droite européenne qui dans certains pays va progressivement accepter les prises de pouvoir fasciste. Les démocraties qui survivent ont beaucoup de mal à maintenir des gouvernements stables et appréciés de la population.

Les conditions de vie évoluent très vite avec l'accès de plus en plus large au téléphone, l'écoute généralisée des radiodiffusions, l'apparition progressive de moyens électroménagers grâce à la *fée électricité*. Les voyages sont de plus en plus aisés avec des trains rapides dont certains sont très confortables et des chemins de fer vicinaux qui pénètrent au plus profond des campagnes. Les automobiles sont financièrement de plus en plus accessibles, à la classe moyenne en tout cas. Les paquebots deviennent impressionnants, rapides et luxueux en première classe ; les avions vont généraliser le transport express du courrier et progressivement le transport de passagers va devenir possible.

Après la Première Guerre mondiale, on assiste à une véritable explosion créatrice, ce sont les années dites folles. Le vêtement féminin, déjà quelque peu allégé dans les années qui précèdent la guerre de 1914, devient moins encombrant. Le costume masculin s'assouplit. Les sports occupent une grande place dans les loisirs pour lesquels la réduction progressive du temps de travail et l'arrivée, au milieu des années 1930, des congés payés permettra d'y consacrer plus de temps.

La transformation intense des moyens industriels, la mécanisation des processus qui parfois se prêtent au ridicule (on se souvient du film *Les temps modernes* de Chaplin), une administration souvent de plus en plus lourde, la disparition lente de l'artisanat malgré les efforts de certains mouvements notamment en Angleterre, vont réduire l'intérêt du travail quotidien de beaucoup de personnes. Ce processus particulièrement marqué aux USA inquiète certains penseurs tel l'avocat Raymond Fosdick (2.8) qui constate que le travail ne participe plus au développement culturel et dès lors que les loisirs doivent assumer la totalité de cette charge.

La recherche savante reste encore à cette époque dans les laboratoires privés et ceux des universités, menée par des individualistes parfois quelque peu visionnaires. Comment la presse et les productions culturelles de cette époque parlent-elles de ces savants, en particulier de ceux qui se consacrent à la physique atomique ? Les revues et leur public sont passionnés par les découvertes, en particulier par les usages de rayons X. Les visiteurs de l'exposition au Crystal Palace à Londres à la fin du siècle faisaient la queue pour voir « la plus Grande Découverte Scientifique de l'Époque » (2.10). Les affiches promettaient aux visiteurs qu'ils « pourraient – moyennant paiement – compter les pièces dans leur porte-monnaie ». Dès 1897, le roi du trucage au cinéma, Georges Meliès, sort un petit film, *Les rayons Röntgen*, dans lequel un homme passe derrière l'écran et son squelette poursuit seul son chemin, abandonnant son enveloppe charnelle !

Un reporter du magazine populaire américain *McClure* (2.10) écrivait que l'apparence de Röntgen exprimait l'énergie, que ses longs cheveux sombres se tenaient droits sur son front comme électrifiés par son propre enthousiasme. On trouve là une image du savant à la limite de la folie tel qu'il sera fréquemment représenté dans les œuvres de fiction tout au cours du siècle, digne successeur du savant Frankenstein décrit dès 1818 par Mary Shelley.

Peut-être moins familier au public que les rayons X largement vulgarisés, le radium va inspirer de nombreuses œuvres populaires. L'une des plus connues, toujours disponible aujourd'hui en livre de poche, est *La course au radium* (2.11). Dans ce roman le radium fait l'objet de la convoitise d'un industriel qui fait main basse sur tout le radium disponible car on aurait trouvé que ce produit radioactif transformerait du vulgaire corindon en pierres précieuses ! Une course poursuite est donc engagée. Faire fortune grâce au radium est un thème que l'on retrouve fréquemment jusqu'en 1940. Par exemple dans le roman *Radium Island* (1936) de L.R. Bourne, professeur à Oxford, une expédition extrait d'une île volcanique des tonnes de pechblende riche en radium qu'ils destinent à des fins médicales. Avec ce chargement, « toute boussole dans un rayon d'un demi-mile pointe directement vers leur navire ».

Mais la découverte de radium dans ses terres peut aussi virer au cauchemar pour le propriétaire, comme pour ce cow-boy dans un film américain de 1935, *The Phantom Empire*. Dans *Danger Island*, film de 1931 également américain, la découverte de radium dans une île africaine, provoquera l'avidité des amis de l'héritière de cette information, qui tenteront de la lui dérober.

Les romanciers et cinéastes lui attribuent des propriétés tout à fait inattendues mais tragiques : dans *The greatest power*, film américain de 1917, il inspirera la création d'une arme définitive et l'on trouve déjà cette idée qu'une arme aussi puissante mettra fin à toute guerre. Parfois cependant, il se trouve associé à une activité pacifique où ses propriétés sont à nouveau exceptionnelles : une nouvelle, allemande cette fois, de 1913, *Der Tunnel* par Bernard Kellermann, imagine la réalisation d'un tunnel sous l'Atlantique entre les USA et l'Angleterre grâce à l'utilisation d'une foreuse au radium. Ce scénario va être utilisé à plusieurs reprises pour réaliser des films : dès 1915 en Allemagne (muet) puis en 1933 de nouveau en Allemagne et en France, enfin en Grande-Bretagne en 1935.

Si le radium, contrairement aux usages populaires, a souvent inquiété les artistes en leur inspirant des histoires souvent rocambolesques, la puissance formidable que semblent contenir les atomes va aussi inspirer les auteurs de façon souvent prémonitoire cette fois. Ce sera particulièrement le cas de l'Anglais H.G. Wells qui a bénéficié des enseignements de Rutherford et Soddy. L'une des œuvres *atomiques* les plus mémorables du début de XXe siècle est certainement *The World Set Free* (2.12), utilisant sans doute pour la première fois dans un roman le terme *atomic bomb*. Le message de ce roman : l'espoir que caresse l'auteur que l'usage d'une bombe d'une force inimaginable, conduira ensuite l'humanité à une période pacifique, une sorte de république mondiale dirigée par une oligarchie technocratique assez peu démocratique. Espoir déçu car dans sa préface de 1921, Wells constate qu'après cette Première Guerre mondiale, « le rêve d'un Monde Libéré, rêve de voir des dirigeants et gouvernants supérieurement éduqués et considérés, se mettant volontairement à la tâche pour réformer le monde, est jusqu'alors resté un rêve ».

Cette prescience d'une catastrophe potentielle ne sera pas le fait de ce seul auteur. Dans *Wings over Europe* (2.13), une pièce de théâtre anglaise qui fut d'abord jouée à Broadway en 1928, les auteurs imaginent qu'un ambitieux dispose de cette arme formidable pour faire chanter le gouvernement anglais formé de pleutres. Dans *The Doomsday Men* (2.14), J.B. Priestley imagine en 1938 que trois frères imbus de leur puissance et richissimes, dont l'un – Paul – est un savant plutôt fou, ont réussi à accumuler assez d'une matière qu'il appelle « paulium » pour que, moyennant un apport extérieur d'énergie, une explosion énorme détruise la Terre et disent-ils, tous ces abrutis qui la peuplent. Cette inquiétude face à la violence que pourrait déchaîner la découverte des propriétés atomiques se verra confirmée avec les premières bombes atomiques et nous retrouverons Priestley parmi les opposants actifs au programme militaire anglais après la guerre.

Déjà au tout début du siècle dans *L'île des pingouins*, Anatole France fait expliquer par son héros que « l'on découvre dans la matière des énergies qui semblent croître en raison même de sa ténuité » (2.15). La conscience d'une possibilité d'appliquer cette science à la production d'une énergie maîtrisée dans des centrales électriques par exemple, semble peu présente dans les œuvres de fiction de ce temps. Dans un film allemand de 1934, *Gold*, deux savants, alchimistes modernes, construisent un gigantesque réacteur atomique dans le but de changer le plomb en or. Mais lorsque de vilains intérêts commerciaux se font jour, ces idéalistes le détruisent. Je n'ai donc pu trouver que peu d'exemples de « centrales atomiques » dans les romans de cette époque et encore moins de générateurs bénéfiques. Karel Capek, romancier tchèque, est sans doute l'un des tout premiers dans son roman *Tovarna na absoluto* (*The absolute at large* selon la version en anglais) à avoir imaginé dès 1922 une unité de production d'énergie basée sur une réaction atomique. Très curieux de sciences, il était au courant des travaux de Rutherford. Il y a aussi dans *Nordenholt's Million*, de J.J. Connington en 1923, une unité de production d'énergie d'origine atomique basée sur la réaction en chaîne, qui permet de survivre au million de travailleurs sauvés par le puissant Nordenholt, dans la vallée de Clyde après une catastrophe sanitaire.

Très marquante dans les années 1920 et 1930, est la popularité des romans pour les jeunes de Hans Dominik. Ingénieur de formation, il devient journaliste, très doué pour la vulgarisation scientifique. À partir de 1920, il est l'un des précurseurs de la SF allemande : il publie une vingtaine de romans de ce type et de nombreuses nouvelles. On y trouve des catastrophes évoquant l'énergie atomique et en 1935, il publie *Atomgewicht 500*, histoire d'un générateur d'énergie nucléaire par fission atomique dont l'enceinte sphérique dessinée sur la couverture de l'édition chez Gebrüder Weiss a déjà de curieuses ressemblances avec les enceintes des premières centrales électriques d'après-guerre. Dominik avait probablement connaissance des découvertes faites par Fermi, publiées dans la revue bien connue *Nature* en 1934. Ce roman se passe aux USA mais Dominik est cependant très marqué par le pangermanisme, convaincu de la supériorité des chercheurs allemands, avec la vision d'une grande nation allemande dont l'Allemagne a grand besoin après sa défaite de 1918.

2.4 La course scientifique des années 1930

Dès le début du siècle, Soddy s'était rendu compte que la science pourrait un jour fabriquer des corps artificiellement radioactifs. Mais nul n'y était encore parvenu au début des années 1930. Quelques découvertes préparent la voie : en 1928, en Allemagne, Geiger et Müller perfectionnent le compteur initialement mis au point par Geiger dès 1908, qui permettra de mesurer les rayonnements. En 1930 à Berkeley aux USA, Ernest Lawrence construit le premier cyclotron. En 1932, James Chadwick, physicien anglais, met en évidence l'existence du neutron.

En octobre 1934, la revue *Science et vie* décrit la découverte du couple Joliot-Curie. Ils ont soumis une feuille d'aluminium :

> au bombardement des corpuscules alpha émis par une source puissante (60 millicuries) de polonium. Ayant ensuite arrêté l'action des projectiles, ils constatèrent, non sans étonnement, que l'aluminium continuait pendant plus d'un quart d'heure à émettre un rayonnement. Ce n'est qu'un début, explique le commentateur, mais en tous cas, une voie nouvelle et toute fleurie de promesses vient d'être ouverte par les nouvelles expériences des deux savants français, et cela mérite d'être signalé. (2.16)

Les Joliot-Curie baptisent l'élément obtenu *radiophosphore*. Le progrès des connaissances en ce domaine va alors s'accélérer :

> Beaucoup de chercheurs se mettent à bombarder des cibles diverses pour produire des éléments artificiels. Très vite, le neutron apparaît comme un projectile de choix puisqu'il est électriquement neutre et n'est donc repoussé ni par les électrons ni par les protons du noyau. [...] À partir de 1934, Fermi (en Italie) se met systématiquement à bombarder tous les éléments connus avec une source de neutrons. Arrivé à l'uranium, il a cru produire un transu-

ranien, élément plus lourd que l'uranium. Il faudra quatre années d'expériences fébriles par quelques équipes de pointe, pour que fin 1938, Otto Hahn et Fritz Strassman en Allemagne, arrivent enfin à la bonne interprétation : après absorption du neutron, un noyau d'uranium ne subit pas une désintégration « classique », il se casse en deux morceaux inégaux. Mais ces chercheurs hésitent à conclure définitivement. (2.17)

Hahn a collaboré avec Lise Meitner. Juive, elle s'est réfugiée en Suède où Hahn continue à l'informer. Avec son neveu, le physicien Otto Frisch, elle va voir clair au cours d'une promenade à ski de fond : le débat et les « éclairs de génie » ont toujours joué un grand rôle dans les découvertes scientifiques. Ils baptisent ce phénomène « fission » et vont calculer que cela permet de libérer une formidable énergie. Lorsque Frisch retourne à Copenhague soumettre leur vision à Niels Bohr, celui-ci se serait écrié : « Oh quels idiots nous avons été, mais c'est merveilleux, cela doit être juste comme cela » (2.18). L'équipe de Joliot à Paris va confirmer cette hypothèse, découvrant la présence de ce qu'on appellera neutrons secondaires permettant la possibilité de réaction en chaîne (entrevue par le Hongrois Szilard dès 1934 (2.18)). Ils déposent en 1939 trois brevets secrets qui couvrent tant les applications civiles – une réaction en chaîne maîtrisée – que militaire, le déchaînement d'un explosif extrêmement puissant.

On constate à quel point ces découvertes sont le fruit d'un courant d'échange permanent entre physiciens principalement européens. La situation politique en Allemagne et en Italie va contraindre à l'exil nombre de ces savants qui sont d'origine juive. Fermi quitte l'Italie vers les USA. Einstein qui avait quitté l'Allemagne dès 1933, rejoint les USA après un passage par Paris, puis la Belgique – où il entretenait d'excellents échanges avec la reine Élisabeth – et l'Angleterre.

Un émigrant qui va jouer un rôle important dans les années qui vont suivre est le juif hongrois Leo Szilard. Il m'intéresse particulièrement car il est l'un de ceux qui raconta l'influence qu'eurent sur lui les lectures de son enfance. Fils d'ingénieur et neveu d'un architecte, cet enfant particulièrement doué vécut une enfance confortable à Budapest au début du siècle. Il lisait beaucoup (2.10) et particulièrement les œuvres de Karl May, très appréciées des adolescents de langue allemande. Il a aussi lu la nouvelle citée plus haut *Der Tunnel* à la gloire des ingénieurs ou les œuvres de Hans Dominik. Plus que tout, selon Szilard lui-même, la lecture de Jules Verne et de H.G. Wells dont *The World set free* a formé son esprit.

C'est donc avec une certaine inquiétude qu'il apprend le résultat des travaux de Joliot. Il était lui-même un physicien d'envergure mais disait (interview de 1963 cité par (2.10)) :

Le scientifique créatif a beaucoup en commun avec l'artiste et le poète. La réflexion logique et la capacité analytique sont des attributs nécessaires du scientifique mais sont loin d'être suffisants pour un travail créatif. Les vues de la science qui ont permis une percée fonctionnent au niveau du subconscient. La science serait à sec si tous les scientifiques étaient des tourneurs de manivelle et s'il n'existait pas des rêveurs.

On peut croire que c'est sa capacité à imaginer qui lui a fait tirer la sonnette d'alarme. Il adressa dès lors une lettre aux Joliot-Curie pour tenter de les convaincre de ne pas publier leurs découvertes sur les réactions en chaîne. Après avoir fui le nazisme aux USA, il collabore à l'Université de Columbia à New York avec Fermi. Sa plus grande crainte serait que la science allemande permette au régime nazi de développer une arme atomique. D'où la nécessité selon lui de rompre avec la tradition scientifique qui voulait alors que toute nouvelle découverte soit largement divulguée.

Dès le début de la Deuxième Guerre mondiale, avec d'autres, ils vont tout tenter pour devancer l'ennemi sur cette piste.

CHAPITRE 3

Une épopée militaro-industrielle exceptionnelle
Les années de guerre

Si les chercheurs européens sont fort inquiets à l'idée que leurs confrères allemands pourraient développer une bombe atomique, ils ont beaucoup de mal à en convaincre leurs collègues américains. Quand après l'attaque de Pearl Harbour, la machine de guerre militaro-industrielle se met en branle aux USA, c'est un gigantesque programme ultrasecret de conception et construction de cet armement qui est engagé. Mais serait-ce la voie de l'Apocalypse ?

3.1 Vers le Manhattan Project

Si jusqu'en 1939, les chercheurs ont surtout cherché à développer leurs connaissances, l'imminence de la guerre les a alors brusquement confrontés aux conséquences pratiques de leurs découvertes et en particulier la possibilité de réaliser une arme plus puissante que toutes celles que l'humanité avait possédées jusqu'alors.

Peu avant le conflit, en mai 1939, Frédéric Joliot désire disposer d'abondance d'uranium pour ses projets. L'institut Curie a toujours été en contact avec l'Union Minière du Haut Katanga, fournisseur de radium et par conséquent détenteur de plus d'un millier de tonnes d'uranium en Belgique (2.18) sans compter les stocks à l'étranger. Il rencontre donc Sengier, président de cette société, à Bruxelles et lui fait découvrir les possibilités de cet uranium. Un projet de convention est paraphé. On peut le considérer comme le premier projet d'accord atomique international ! Suite à cela 5 tonnes, puis 3 tonnes d'oxyde d'uranium « noir » (2.4) et plusieurs grammes de radium sont envoyés en Belgique.

Commence alors la période héroïque et quelque peu rocambolesque des premiers pas de l'énergie atomique civile et militaire. Pour peu de temps encore, l'action de quelques individus va déterminer l'avenir. L'équipe de Joliot s'apprête à réaliser une réaction en chaîne contrôlée. Pour y arriver avec de l'uranium naturel contenant seulement 0,7 % de matière fissile, il lui faut modérer l'énergie des neutrons. Elle se propose d'utiliser l'eau lourde que Norsk Hydro a produite en Norvège, où l'électricité nécessaire pour ce procédé est produite par des barrages sur des cours d'eau donc abondante et bon marché. Nous sommes dans ce que l'on a appelé la « drôle de guerre », de l'été 1939 à l'invasion de mai 1940. Les Allemands voudraient acquérir cette eau lourde mais le directeur de la société vend le stock aux Français. Pour éviter la chasse aérienne allemande, le transfert se fait dans le plus grand secret en transitant par l'Écosse.

Lors de l'invasion allemande en mai 1940, le laboratoire français transfère l'uranium importé de Belgique d'abord à Clermont-Ferrand puis au Maroc, dans une galerie désaffectée d'une mine de phosphate. Il sera récupéré par la France après la guerre et permettra à ce pays de démarrer son programme nucléaire alors que les USA et la Grande-Bretagne ont monopolisé tout l'uranium accessible. De leur côté, Halban (Autrichien) et Kowalski (Russe), deux chercheurs du laboratoire de Joliot fraîchement naturalisés français par protection, sont chargés d'évacuer les 26 bidons d'eau lourde sur un navire charbonnier anglais afin, selon leur ordre de mission, « de poursuivre en Angleterre les recherches entreprises au Collège de France et sur lesquelles sera observé un secret absolu » (2.18).

Ces premiers épisodes montrent bien dans quelles circonstances l'énergie nucléaire s'est développée : dès le départ dans une ambiance de secret, d'anxiété, de compétition. Nous ne sommes plus dans le monde ouvert de la recherche fondamentale mais dans un monde progressivement militarisé, surveillé par les gouvernements et guetté par les espions des puissances ennemies. Il existe de nombreux ouvrages qui ont décrit la suite de ces événements jusqu'à l'explosion de la première bombe ; ce n'est pas mon but de les décrire dans le détail. Le lecteur qui s'y intéresse lira par exemple l'ouvrage déjà cité dirigé par P.-M. de la Gorce (2.18) ou celui de Jungk (3.15). La naissance de la bombe (et ce qui s'ensuit) est cependant trop importante pour l'avenir du nucléaire et la crainte qu'il a suscitée auprès du public, pour se passer d'une brève histoire des faits. Je me baserai entre autres sur le résumé que l'on trouve en préliminaire de la thèse de doctorat (3.1) de Quentin Michel.

Nombreux étaient encore ceux qui à la veille du conflit ne croyaient pas aux possibilités d'utiliser industriellement cette forme d'énergie. C'était le cas d'Einstein mais aussi par exemple de Churchill qui considérait, de même que les savants anglais dans les années 1930, que toute menace allemande en ce sens ne serait que du bluff. Heureusement pour les Alliés, Hitler ne s'y intéressa pas. Speer, son ministre de l'Armement et du Développement ne fut pas convaincu par les propositions du physicien Heisenberg accompagné notamment de Hahn, sans doute assez peu convaincus eux-mêmes de pouvoir mettre l'arme au point en peu de temps. D'ailleurs, il semble qu'ils avaient surestimé la masse de matière fissile nécessaire.

Dès 1939, une première démarche pour intéresser la marine militaire américaine à leurs recherches n'ayant pas abouti, Szilard et son ami Wigner, également Hongrois émigré aux USA – alarmés par la possibilité que les nazis ne réalisent une arme atomique – se tournent vers Niels Bohr. Mais celui-ci estime que l'obtention d'assez d'uranium fissile par séparation des isotopes demande un tel déploiement d'efforts industriels que cela dépasse la capacité de l'Allemagne et qu'il n'y a donc pas lieu de s'alarmer. Ils se tournent alors vers Einstein qui va intervenir pour préserver l'uranium, auprès des Belges qu'il connaît bien. Dès juin 1940 (2.4), Urey et Sachs vont également informer le représentant de l'UMHK des recherches de Fermi à l'Université de Columbia, car ils s'inquiètent des stocks d'uranium disponibles.

Szilard, accompagné cette fois de Teller – encore un physicien hongrois ! –, revoit Einstein qui accepte d'écrire au président Roosevelt une lettre qui « sera considérée dans l'histoire comme le point de départ de l'engagement américain dans la course atomique » (3.1). C'est Sachs, né en Lituanie cette fois et venu très jeune aux USA, économiste et banquier mais surtout ami personnel du président qui se charge de la porter. Nous sommes en octobre 1939 quand Roosevelt charge deux militaires et le directeur du Bureau of Standards de définir les initiatives à entreprendre. Ils ne sont pas très convaincus et n'accordent qu'un soutien très modéré.

En Angleterre par contre, l'entrée en guerre et la proximité de l'Allemagne motivent plus le pouvoir. C'est Otto Frisch, le neveu autrichien de Lise Meitner et Rudolph Peierls, un juif allemand, tous deux venus travailler en Angleterre en 1933 à l'arrivée d'Hitler au pouvoir, qui attirent l'attention de gouvernement grâce à leur collègue Mark Oliphant, un Australien qui avait rejoint le Néo-Zélandais Rutherford à Cambridge en 1927. Le comité MAUD (Military Application of Uranium Disintegration) est créé avec la participation de grands physiciens anglais tels George Thomson, James Chadwick et John Cockcroft, mais aussi malgré quelques réticences des autorités vu leur origine, les auteurs du mémorandum ainsi qu'Halban et Kowalski.

Parlant de culture, il est intéressant d'attirer l'attention sur le fait que sans l'émigration européenne, la bombe n'aurait sans doute jamais été réalisée aux USA. Il faut se souvenir que dans les années précédant la Deuxième Guerre mondiale, tous ces savants échangeaient constamment leurs trouvailles et leurs publications : Bohr, l'un des plus âgés, leur « père spirituel », depuis Copenhague où Heisenberg travaille 4 ans avec lui, Born et Pascual à Göttingen, Schrödinger à Zurich et Fermi à Rome, Chadwick et Dirac en Angleterre, Joliot et Broglie à Paris, Goudsmit et Uhlenbeck en Hollande, Gamow et Landau en Russie. Nombreux sont ceux parmi eux qui sont juifs ou ont une épouse juive, et dès lors l'action des pouvoirs fascistes les pousse tôt ou tard à émigrer vers l'Angleterre et les USA.

Il se fait que dans la tradition universitaire allemande de cette époque, la physique expérimentale méritait bien plus d'estime que la physique théorique. Les places de professeurs et chercheurs dans cette discipline étaient offertes prioritairement aux non-juifs. Cette attitude a concentré les universitaires juifs dans la physique théorique ce qui à terme a contribué à la chute des empires fascistes, allemands et japonais.

Le comité Military Application of Uranium Detonation (MAUD) conclut qu'une bombe est faisable mais nécessite un effort industriel énorme[1], au-delà de ce que l'Angleterre peut fournir à ce moment. Aussi dès mars 1941, le comité envoie son rapport à Briggs aux USA, qui ne réagit pas. Pas plus que les membres du comité formé par Vannevar Bush (Carnegie Institution) et Conant (Harvard) qui ne croyaient pas à cette possibilité. Cette attitude n'avait pas empêché la poursuite des recherches : Fermi et Szilard prouvent l'utilité du graphite comme modérateur. Nier isole quelques milligrammes d'uranium 235^2 et prouve qu'il est bien l'isotope fissile. À Berkeley, Lawrence, l'un des rares physiciens nucléaires d'éducation purement américaine construit un premier cyclotron, dispositif que Szilard avait aussi conçu en 1929 en Allemagne sans pouvoir le réaliser.

Lawrence, comme l'écrit Mahaffey (3.4), « avait une prédilection unique bien américaine d'accomplir les choses en grand ». Il va donc en 1939 construire un cyclotron, énorme pour l'époque, de 60 pouces avec un aimant de 220 tonnes, probablement financé par des fondations privées ou l'industrie, ce qui est fréquent aux USA. Cet instrument va permettre à Seaborg – sa famille est d'origine suédoise mais il est né aux USA – et son équipe de bombarder un sel d'uranium en quantité suffisante pour découvrir et isoler 0,6 µg (3.4) de l'élément 94 en transmutant l'uranium 238, et prouver qu'il est aussi fissile. Ils baptiseront ce nouveau corps qui n'existe plus à l'état naturel qu'en traces infimes, plutonium, du nom de la dernière planète connue, Pluton. Ils stimuleront ainsi involontairement l'imagination des artistes et autres publics qui dramatiseront cette découverte... Ils auraient (3.4) songé à bien d'autres noms tels que *ultinium* car ils pensaient que ce serait le dernier élément que l'on pourrait synthétiser. Leur choix du nom n'a sans doute pas été

---

[1] « We have now reached the conclusion that it will be possible to make an effective uranium bomb which containing 25 lb of active material, would be equivalent as regards destructive effects of 1 800 tons of TNT and would release large quantities of radioactive substances » (3.2).

[2] Les isotopes d'un même corps diffèrent entre eux par le nombre de neutrons.

très heureux du point de vue de la popularité future du plutonium, car certains s'empressèrent d'associer ce nom avec l'enfer...

Malgré ces travaux de recherche, on peut parler d'inertie de l'Amérique officielle. Oliphant part donc pour les USA[3] et découvre l'indifférence de Briggs qui a enterré le rapport MAUD dans son coffre. Oliphant visite alors tous ses amis : Lawrence, Conant, Fermi. Vannevar Bush se décide enfin à créer au sein de l'Office of Scientific Research and Development, le projet S-1 à partir de l'ex Uranium Committee. Ce projet sera connu après l'entrée en guerre des USA suite à l'attaque japonaise sur Pearl Harbour le 7 décembre 1941, sous le nom de Manhattan project.

3.2 Le Manhattan Project : la mise en place

Les USA entrent en guerre et toute la puissance de l'industrie et des finances américaines est mise en branle pour réaliser au plus vite l'arme fatale car le bruit court toujours que les Allemands progressent. Sur cette question de l'attitude des savants allemands, il y eut bien évidemment un certain nombre de publications après-guerre. D'autant plus que les survivants avaient été raflés par les Alliés et que les physiciens nucléaires, dont Heisenberg, avaient été cloîtrés à Farm Hall en Angleterre et mis sur écoute. Mais vu qu'ici je m'intéresse aux interactions de cette énergie, de la culture et de la conscience, il est intéressant de voir la relation entre deux prix Nobel, le physicien allemand resté au service des nazis et Bohr, resté au Danemark jusqu'en 1943 (date à laquelle il a fui par la Suède vers l'Angleterre puis vers Los Alamos aux USA).

Une pièce de théâtre de Michael Frayn, *Copenhagen* (3.3) – je reprends des passages tirés de la traduction française chez Actes Sud – traite principalement de cette rencontre qui eut lieu en septembre 1941, donc avant l'entrée en guerre des USA. Bien documentée, elle aborde ce problème de conscience qui va toucher progressivement plusieurs chercheurs, également au sein du projet Manhattan. La pièce repose sur une rencontre entre Heisenberg et Bohr qui aurait eu lieu au domicile de ce dernier à Copenhague en 1941. Bohr apprécie hautement Heisenberg mais ne comprend pas sa visite. Il pense toujours, ce qui le rassure, que la bombe n'est pas faisable en peu d'années. Il est horrifié par les révélations de Heisenberg. Il pense que sa seule motivation est d'apprendre grâce à lui, si les Américains travaillent à la bombe et de lui faire comprendre que lui-même ne travaille que sur un réacteur (qui pourrait mais très lentement produire du plutonium). Heisenberg a toujours expliqué après-guerre qu'il avait freiné le projet, ce qui semble confirmé par les enregistrements à Farm Hall (3.5). Weizsäcker a dit : « Nous ne

---

[3] Voir pour ce voyage la notice Wikipedia sur Oliphant.

voulions pas réussir ». Dans la pièce de Frayn, Heisenberg veut savoir si les USA sont à l'œuvre et s'écrie : « Bohr, il faut que je sache ! C'est à moi de décider ! Si les Alliés sont en train de fabriquer une bombe qu'est-ce que je choisis pour mon pays ? » Selon Bernstein (3.6), le but de Heisenberg n'était pas clair. On ne refait pas l'histoire, mais à ce moment, aucune décision définitive n'avait encore été prise aux USA. *In fine*, ce sera Bohr, le pacifiste, qui en rejoignant Los Alamos, aura contribué à l'entreprise de mort alors que la défaite de l'Allemagne a évité à Heisenberg de porter le poids moral de ces décisions.

Pour les Alliés, cette fois il n'est plus question de tergiverser. Les USA sont en guerre et dès janvier 1942, Roosevelt décide le lancement du programme. Les stocks américains sont limités mais l'agent de l'UMHK aux USA dispose sur Staten Island (New York) de 1 089 tonnes d'oxyde d'uranium venu du Katanga (2.4) que Sengier va négocier avec le projet. Diverses péripéties vont retarder la signature jusqu'au 18 septembre, date à laquelle le contrat est signé, simple manuscrit sur une feuille de bloc jaune (parlant de culture populaire, ce papier jaune est typiquement américain !).

Entre-temps le projet Manhattan a été lancé et la lourde couverture du secret militaire le plus absolu s'abat sur tous les participants ; même sur Sengier à qui en mars 1943, il sera demandé de s'engager sous serment à ne rien divulguer sous peine d'emprisonnement. Il dira par la suite : « Mes actes, mes relations, etc. furent l'objet d'une surveillance de tous les instants » (2.4). Mahaffey raconte

> que toute sonorité anormale, éclat de lumière ou mouvement de camion entrant ou sortant d'une installation nucléaire se voyait attribuer une contre-histoire pour expliquer cela aux citoyens concernés. Il y avait de nombreux scientifiques étrangers affectés au projet et ils se retrouvaient souvent filés par le FBI lorsqu'ils quittaient le site de leur laboratoire » (3.4).

Par la suite, ils seront quasiment prisonniers de leur lieu de travail, avec leur famille, dans de véritables villes nucléaires. Toute publication de résultats fut interdite.

C'est précisément cette interdiction qui mit la puce à l'oreille des physiciens russes (3.4) qui avertirent Staline, lequel chargea Kurchatov de lancer un programme de développement. Les Russes appliqueront cette même pratique d'isolation, regroupant tout au village de Sarov, qui fut supprimé des cartes ! Mais surtout ils développèrent une infiltration du projet américain qui leur permit par la suite, après-guerre, de progresser rapidement.

Fin 1942, plusieurs actions essentielles sont prises : un ingénieur militaire, le général Groves, est nommé à la tête du projet. Il est intelligent, compétent dans la gestion de grands projets et très énergique sinon brutal. Il fallait aussi trouver un scientifique suffisamment compétent et reconnu par ses pairs pour imposer une certaine discipline à un groupe important de sommités académiques et de chercheurs particulièrement habitués à l'indépendance. C'est Robert Oppenheimer que Groves impose malgré les attaches du savant avec la gauche socialiste – il était abonné à leur journal *People's World* – et le fait qu'il avait des amis communistes. Né à New York dans une famille juive, il avait fait des études à Harvard, puis à Cambridge pour finalement réaliser son doctorat à Göttingen chez Born où il s'était lié d'amitié avec Heisenberg, Jordan, Pauli, Dirac, Fermi, Teller, etc.

Groves va établir son quartier général à Oak Ridge dans le Tennessee sur un terrain de plus de 20 000 hectares, proche des centrales électriques de la TVA qui seront bien indispensables au projet. La zone était rurale et peu peuplée, néanmoins elle fut évacuée et une ville de maisons préfabriquées fut montée de toutes pièces. Ce sera le site X dévolu à la séparation de l'U235 fissile de l'U238 par deux méthodes : l'une était les cyclotrons de Lawrence rebaptisés « calutrons », l'autre était celle proposée par Urey (chimiste de l'Université de Columbia) par diffusion gazeuse, méthode qui sera largement poursuivie après-guerre mais ne fournit point d'uranium à temps pour les premières bombes. Les calutrons posèrent aussi beaucoup de problèmes mais finalement fournirent à Oppenheimer de l'uranium enrichi à 82 % d'U235 dans les délais suffisants.

De son côté, Oppenheimer a aussi trouvé le site de son centre de recherches où il va regrouper progressivement tous les chercheurs et l'assemblage final de la bombe. Ce sera Los Alamos au Nouveau Mexique. Il y a là un « ranch école » sur une mesa isolée entourée de terres fédérales, assez facile à sécuriser. Il connaît l'endroit depuis l'enfance, lorsqu'il venait y monter à cheval. Il s'y installe avec toute sa famille dans l'ancienne résidence des administrateurs de l'école et rapidement comme à Oak Ridge, une ville sommaire est construite. Lorsque Niels Bohr rejoindra ses collègues en fin 1943 sur ce site, il s'écria « qu'il avait toujours dit que pour réussir, il faudrait transformer tout le pays en une vaste usine. C'est exactement ce que vous avez fait ».

Pendant ce temps à Chicago, dans les bâtiments inutilisés du stade de l'université, Fermi et son équipe ont assemblé une « pile » nucléaire, CP1. C'est un empilement plus ou moins sphérique de graphite et d'uranium naturel, d'environ 7,5 m de diamètre avec des barres de contrôle de la réaction par absorption de neutrons dans du cadmium dont la principale était manœuvrée à la main. Pour assurer la sécurité, trois intervenants se tenaient sur le balcon surplombant la pile avec des seaux contenant une solution de sels de cadmium. Mais surtout un autre, Hilberry, la hache à la main, était prêt à couper la corde à laquelle était suspendue une barre de sécurité. Cette fonction fut baptisée « Safety Control Rod Axe Man » soit SCRAM. Le terme est resté pour la fonction, aujourd'hui mécanisée et commandée par un gros bouton pressoir rouge sur le tableau de commande principal des unités nucléaires. Le vocable, une fois de plus, est entré dans le langage courant et est passé tel quel en « français » nucléaire.

La criticité a été obtenue dès le premier jour d'essai, le 21 décembre 1942, devant toute l'équipe, subjuguée. Compton fut chargé d'aller prévenir par téléphone le patron du projet S-1, James Conant, par une phrase codée, célèbre depuis (3.4) :

> The Italian navigator has landed in the New World, dit Compton.
> How were the natives ? demanda Conant.
> Very friendly.

La réussite de ce premier essai permit de lancer la troisième voie pour obtenir une matière fissile, celle du plutonium ; après seulement 90 jours, assez d'information avait été obtenue pour oser se lancer dans la construction de piles industrielles. CP1 fut démontée et reconstruite dans une réserve forestière près de Chicago où elle devint CP2. Une pile identique fut construite à Oak Ridge, X10 ; refroidie à l'air, elle fut le modèle des piles du site choisi – Hanford – dans l'État de Washington près de Richland sur la Columbia River, un fleuve au débit abondant.

Ce site est aussi immense : de l'ordre de 40 km de côté soit plus exactement 1 780 km². Il présente toutes les qualités requises d'isolement, de disponibilités en eau et électricité, etc. pour le projet. Mais il nécessite l'évacuation de 1 500 habitants des petites villes de Hanford et White Bluffs, avec l'abandon notamment des belles écoles que les cultivateurs avaient construites. La région vivait alors d'agriculture, essentiellement des vignes et des vergers. Ces agriculteurs avaient acheté leurs terres bien plus cher que le dédommagement qu'ils en obtinrent lors de l'évacuation du site pour le projet Manhattan : on était en guerre et il ne pouvait y avoir objection.

On trouve un récit fort instructif décrivant la vie sur ce site perdu et dans les villes voisines qui se développèrent sur les villages existants : Pasco, Richland et Kennewick (dont on parle aujourd'hui souvent sous le terme de Tri-Cities tellement elles se rejoignent) dans le livre *Nuclear Culture* (3.7). L'auteur est un journaliste de la gauche progressiste américaine qui a enquêté sur le terrain vers la fin des années 1970, début 1980. De nombreux témoins des années de guerre vivaient encore à l'époque dans Tri-Cities et il a pu les interroger.

Pendant la phase de construction, plus de 45 000 travailleurs ont participé au chantier dont la direction avait été confiée à la société industrielle Dupont de Nemours. Il fallut établir un camp, véritable ville disposant d'un hall de 4 000 personnes pour les festivités, monté en 10 jours, où des célébrités tel Benny Goodman venaient les distraire. Le petit village de 300 habitants de Richland devint brutalement une ville de 4 000 maisons préfabriquées. D'autres dormaient dans des baraques séparant les races, les hommes et les femmes, lesquelles étaient même protégées par des grilles. Ils racontent qu'ils acceptaient des heures supplémentaires, de rudes conditions de vie et deux heures de navette chaque jour sans connaître le but exact de leur activité spécifique, faisant confiance à ceux qu'ils appellent « les hommes qui savent mieux ». Les travailleurs ne cherchaient pas à savoir et de toute façon, il était interdit d'en parler à qui que ce soit.

À Los Alamos aussi, existe cette concentration de l'effort de tous vers un but unique, rejetant comme inutile ou même perturbatrice tout ce qui sort de cet objectif. Mais à Los Alamos, ce sont plutôt des milliers de chercheurs et techniciens que des dizaines de milliers de bâtisseurs que l'on trouve. Le site est d'ailleurs associé à l'Université de Californie (c'est toujours le cas aujourd'hui) et non à un grand industriel.

Une des descriptions les plus complètes de cette aventure humaine se trouve dans le célèbre ouvrage du journaliste suisse Robert Jungk (3.15), *Plus fort que mille soleils*. En ce qui concerne l'ambiance du site pendant la guerre, Hans Bethe qui dirigea la division théorique fait le commentaire suivant sur ce livre (3.8) : « Il manque à cette description de l'ambiance du travail technique proprement dit le formidable sens de l'urgence, l'énorme complexité des multiples tâches, pourrions-nous réussir à résoudre **tous** ces problèmes à temps ». Ce commentaire date de 1958, mais aujourd'hui encore c'est peut-être dans les romans publiés bien plus tard que l'on retrouve le mieux l'atmosphère de ce laboratoire.

3.3 Ce qu'en dit la fiction littéraire

Avant d'aborder le peu de textes et de films accessible au public de l'époque, je voudrais attirer l'attention sur deux romans parus bien plus tard dont l'action se déroule à Los Alamos. Le premier s'intitule tout simplement *Los Alamos*, publié en 1997 (3.9) seulement. Joseph Kanon ressuscite l'ambiance qui régnait sur le site en avril 1945. C'est un polar où l'on trouve une description des comportements de ce groupe de savants venus « d'ailleurs » avec leurs familles, les tensions sociales se superposant aux anxiétés provoquées par l'approche de la réussite. Richard Rhodes, l'un des spécialistes les plus reconnus de l'histoire de la bombe commente ce livre : « Il y eut réellement des héros, des espions et des amours à Los Alamos pendant la période de réalisation des premières bombes atomiques et Kanon a ramené à la vie ces jours déchirants. [...] C'est authentique du début à la fin ».

Un autre ouvrage intéressant est le passionnant *Stallion Gate* (3.10). Dans cet ouvrage, l'histoire débute en novembre 1943 avec la première visite d'Oppenheimer et Groves sur le site. Elle se termine avec l'explosion expérimentale du 16 juillet 1945. L'auteur décrit le stress qui règne sur place et justifie la présence d'un psychiatre pour « offrir une assistance autorisée par la sécurité à ces "longs-cheveux" qui ont le blues ». Il évoque ces expériences proches de la criticité[4] avec une sphère de plutonium que les chercheurs avaient baptisées « chatouiller la queue du dragon »[5]. Le psy considère que c'est une véritable opportunité de se trouver là si l'on pense à notre comportement psychologique basé sur les anxiétés, religieuses ou sexuelles ou les deux. Or ici, nous sommes peut-être à la base d'une anxiété primaire pour le reste de l'histoire humaine. Ce n'était pas mal vu.

Mais tout cela, le public ne va le découvrir qu'en août 1945, après la destruction de Hiroshima et Nagasaki. En Europe, le public n'a évidemment pas idée de ce qui se trame outre-Atlantique. On a fort à faire pour simplement survivre ou pour les plus vaillants, résister à l'occupant par des moyens traditionnels. Néanmoins l'édition est active malgré le manque de papier : on trouve par exemple *Ravage* (3.11), l'un des premiers romans de science-fiction (SF) français. Barjavel commence par décrire la vie dans un Paris de 2052, ville mécanisée où l'énergie atomique est déjà un processus dépassé, gardé en réserve en cas de panne des systèmes plus récents. Il évoque des « chaudières chauffées à l'atome, un groupe électrogène de secours atomique, ailleurs des bolides à réaction atomique mais aussi une arme terrifiante qui détruit même en sous-sol : des torpilles fouisseuses atomiques ».

Mais ce n'est pas cela qui sera la cause de l'effondrement de cette civilisation : une gigantesque panne de toute source d'énergie entraîne progressivement l'affolement, des pillages, des émeutes, puis tout prend feu, l'eau vient à manquer, le choléra tue, les cendres recouvrent tout. Le héros, François, dit :

> Tout cela est notre faute. Les hommes ont libéré les forces terribles que la nature tenait enfermées avec précaution. Ils ont cru s'en rendre maîtres. Ils ont nommé cela le Progrès. C'est un progrès accéléré vers la mort. Ils emploient pendant quelque temps ces forces pour construire, puis un beau jour, parce que les hommes sont des hommes, c'est-à-dire des êtres chez qui le mal domine le bien, parce que le progrès moral de ces hommes est loin d'avoir été aussi rapide que le progrès de leur science, ils tournent celle-ci vers la destruction.

---

[4] La criticité est atteinte lorsque le nombre de neutrons produits par la fission est juste équilibré pour permettre la stabilité de la réaction en chaîne.

[5] « Tickling the Dragon's Tail » (3.9).

On croirait lire une description des conséquences ultimes des développements nucléaires en cours. Telle est la puissance de l'imagination des romanciers bien informés.

S'il n'y eut que peu d'ouvrages de ce genre en Europe continentale dans les années 1940-45, la situation est différente aux USA, où les auteurs de nouvelles de SF commencent à être nombreux. La principale revue est celle publiée par John W. Campbell, *Astounding Science-Fiction* (3.12). Sous le pseudo de Don A. Stuart, il avait lui-même publié plusieurs nouvelles, dont *Atomic Power* (3.13) dès 1934 dans lequel les chercheurs luttent pour arriver à maintenir une réaction atomique à partir de l'eau. Campbell avait à la base une formation scientifique. De même Asimov était chimiste et travaillait pour le Navy Research Laboratory, alors qu'Heinlein était diplômé de l'École navale d'Annapolis et ingénieur de recherche dans le domaine des plastiques. Ces auteurs de SF ont eu le même genre de parcours personnel que Hans Dominik par exemple en Allemagne. Ils sont passionnés par les découvertes de leur temps. À partir de leurs lectures, comme l'écrit Campbell dans la préface de l'anthologie de G. Conklin (3.13), ils écrivent leurs nouvelles, pure science-fiction, qui est d'abord de la fiction et ne prétend pas prédire des faits. Il s'agit simplement d'extrapoler avec une certaine chance de rencontrer la vérité, les faits actuellement connus.

Or jusqu'en 1939-1940, les scientifiques ont largement fait connaître leurs découvertes. La fission de l'atome est démontrée même s'il reste encore quelques inconnues sur les moyens de la contrôler et les masses nécessaires à mettre en jeu. On a vu que c'est sur cette inconnue que Bohr se rassure. On savait qu'il faudrait isoler l'isotope U235 mais on ne savait pas encore comment et le temps qu'il faudrait pour en obtenir assez. On imaginait la possibilité de découvrir des corps artificiellement produits, plus lourds que l'uranium.

En 1940, Heinlein publie *Blow-ups happen* (3.13). La machine qui doit produire une grande quantité d'énergie (car la société en demande toujours plus) est appelée *the bomb* car son contrôle semble difficile. Il s'agit d'une masse sous-critique, qui ne peut entretenir une réaction en chaîne que si un accélérateur visant une cible de béryllium produit les neutrons additionnels nécessaires. On croirait lire une description du projet MYRRHA mis en œuvre aujourd'hui au centre de recherches de Mol (Belgique) ! Un point fort intéressant de cette nouvelle est la présence d'un staff psychiatrique pour aider les jeunes ingénieurs à ne pas « craquer » sous la pression du stress, comme à Los Alamos. Mais dans ce roman, la seule présence des psys est un facteur d'angoisse pour le personnel.

En 1941, sous le pseudo de Anson MacDonald, Heinlein publie *Solution unsatisfactory* (3.13). Ayant découvert la façon de produire des éléments puissamment radioactifs, les USA se rendent compte qu'ils n'ont d'autre choix que d'être les premiers à utiliser cette arme pour imposer de cette façon une *Pax Americana*. Il n'y a pas de retour en arrière sur les découvertes scientifiques : Adam et Ève ont été irrémédiablement chassés du paradis pour avoir croqué la pomme de la connaissance. Heinlein imagine alors le développement de cette arme au sein d'un ensemble de labos industriels dirigés par un militaire énergique. On croirait une anticipation du Manhattan Project. Dans cette nouvelle, on trouve l'anticipation de nombreuses questions qui se poseront lorsque les activités nucléaires se développeront : conditionnement des déchets, effets mortels de certaines doses de radiations, risque de prolifération entre des mains malveillantes, etc. Et la nécessité au départ de faire soutenir la décision par le président des USA et de limiter au maximum, le nombre de ceux qui savent.

Lobby, de Clive Simak publié en 1944 (3.13), est l'histoire de la lutte entre les promoteurs de centrales nucléaires et un groupe de pression industriel qui veut garder le monopole de la production d'énergie. C'est la « commission mondiale » à Genève qui en prend le contrôle : « L'énergie atomique, le contrôle international et l'administration de la puissance atomique, est le premier pas vers une autorité réelle ».

En mars 1942, Lester Del Rey publie une nouvelle – *Nerves* (3.14) – qu'il va revoir en 1956, puis encore en 1976 sous la forme d'un livre plus complet. Il y décrit un accident dans une installation nucléaire qui produit des isotopes utiles. Dans la postface de l'édition de 1976, il explique qu'il ne pouvait prendre une centrale de production d'électricité vu que Heinlein venait de traiter le sujet et que d'autre part, le gouvernement des USA en guerre, n'apprécierait pas que l'on aborde ce sujet. Car il était clair pour les auteurs de SF que des armes nucléaires étaient en cours de développement vu le secret subitement imposé à toute recherche. Au point que lorsque la nouvelle est parue, elle a été estampillée « secret » à la bibliothèque d'Oak Ridge et selon les dires d'une chercheuse, elle n'avait pu l'obtenir... sauf chez le marchand de journaux voisin !

La Military Intelligence a réagi de même dans les jours qui ont suivi la parution de *Deadline* de MacDonald, en mars 1944 (3.13). Ils voulaient savoir qui au sein du Manhattan Project avait parlé. Mais ils se laissèrent convaincre que toutes les données utilisées par le romancier étaient déjà disponibles en 1940 et que de toute manière, la bombe telle que décrite ne fonctionnerait pas. Et surtout que la suppression de telles nouvelles dans la revue trahirait plus les activités du projet que leur maintien. Campbell dans la préface de l'anthologie (3.13) raconte que la nouvelle de MacDonald avait été lue et abondamment discutée parmi les chercheurs et ingénieurs du Manhattan Project.

3.4 Plus fort que mille soleils

On a pu constater dans le paragraphe précédent, l'énorme poids de cette culture du secret. Il pesait particulièrement sur les scientifiques de Los Alamos : ils avaient exigé de pouvoir communiquer entre les différents départements et en contrepartie, les contacts avec l'extérieur étaient réduits au strict minimum. Dans cette ville construite à la hâte, les chemins étaient poussiéreux en été, boueux en hiver. L'ensemble était encerclé de barbelés. Les logements étaient assez inconfortables. Mais ces équipes étaient animées d'une formidable volonté d'aboutir.

Ce n'est pas l'objectif ici de décrire en détail les difficultés techniques qu'il fallait surmonter ; l'une des principales était que les matières indispensables, l'uranium 235 et le plutonium, n'étaient pas encore disponibles. Ce n'est que début 1945 que furent livrées les premières petites quantités nécessaires pour s'assurer que la bombe à fission serait réalisée à temps. Entre-temps, les essais de largage par avion avaient confirmé cette possibilité d'utilisation.

Les recherches de Los Alamos et les installations industrielles de Hanford et Oak Ridge avaient donc abouti à une double possibilité : une bombe à base d'uranium – un peu plus de 60 kg dans la bombe *Little Boy* – et une bombe au plutonium : de l'ordre de 6 kg de ce métal dans *Fat Man*. La relative simplicité du dispositif de *Little Boy* ne demandait pas un test préalable à son largage sur l'objectif. De plus, les quantités d'uranium 235 disponibles au printemps 1945 ne l'auraient pas permis.

Fat Man reposait sur l'implosion d'une sphère de plutonium. Cela nécessitait une très grande précision de l'action des explosifs externes devant provoquer le phénomène. Il fut donc décidé de faire un test. La bombe d'essai – *The Gadget* dans le langage codé imposé par le secret – fut donc assemblée dans le désert à 4 heures de route de Los Alamos. Le 16 juillet, un nombre important de membres des équipes de recherche et développement ainsi que d'autres militaires et officiels furent conduits au petit matin au camp de base, environ 15 km du *Point Zéro*, la tour métallique dans laquelle la bombe était suspendue. Les installations de contrôle étaient plus proches, à près de 9 km. C'est là que se trouvaient une vingtaine (3.15) de personnes dont Oppenheimer et Groves, très préoccupés par la possibilité d'orages qui avaient détruit par la foudre un essai préliminaire. L'essai a été retardé une première fois.

Il est décidé de procéder à l'explosion à 5 h 30 ce matin-là. Au camp de base, toutes les personnes présentes reçoivent une dernière information sur les précautions à prendre : crème de protection sur le visage, fortes lunettes, s'étendre sur le ventre dos à l'explosion. L'incertitude reste entière. Bethe leur a déclaré : « Les calculs humains montrent que l'essai doit réussir. Mais la Nature agira-t-elle en conformité avec nos calculs ? » (3.15)

Dans l'instant qui suit immédiatement l'explosion, les observateurs n'en voient que le reflet étincelant sur le ciel. Ceux qui se retournèrent ensuite aperçurent une sphère enflammée, lumineuse, qui s'amplifiait à vue d'œil. Une photo la montre 0,016 sec après l'explosion : elle a déjà 200 m de diamètre. Carson Mark, pourtant l'un des membres de la Division Études théoriques, imagine soudain que cette sphère ne s'arrêtera jamais de grandir, jusqu'à englober la Terre entière. Une explosion aussi phénoménale entraîne les assistants loin de leurs appréciations purement technologiques. Oppenheimer se serait souvenu d'un passage du Bhagavad Gita, une saga épique sacrée en Inde :

Si le rayonnement de mille soleils devait exploser dans le ciel,
Cela serait comme la splendeur du Tout Puissant[6]

Et un peu plus tard :

Je suis devenu la Mort, le destructeur des mondes[7]

En présence d'un tel phénomène, même les moins religieux se raccrochent au vocabulaire de la mythologie. Le général Farrell, toujours selon Jungk, se serait dit qu'il était blasphématoire pour nous pauvres humains, d'oser manipuler des forces jusqu'alors réservées au Tout-Puissant. Il est intéressant de rapprocher ces réactions de ce qu'avait déjà exprimé Barjavel : l'homme a-t-il outrepassé ses limites ? Cet engin de mort va-t-il entraîner la disparition de toute civilisation ?

Une fois de plus, l'homme est confronté à ses plus vieux mythes, dont celui de Prométhée. Jean-Jacques Salomon (3.16) le résume ainsi : « Ce qu'enseigne le mythe de Prométhée, ce n'est pas seulement l'ambivalence du rapport de l'homme et de la technique, mais d'abord que la technique est transgression par rapport aux dieux ». Et cette sorte de « péché originel » que fut l'explosion atomique sur le site Trinity va marquer tout le futur de l'énergie nucléaire.

---

[6] Selon 3.15 : *if the radiance of a thousand suns / were to burst into the sky / that would be like / the splendour of the Mighty One.*

[7] Selon 3.15 : *I am become Death, the shatterer of worlds.*

CHAPITRE 4

Contrôler le génie lorsqu'il est sorti de la lampe (1945-1957)

Après la destruction d'Hiroshima et Nagasaki, « péché originel » qui marquera définitivement l'usage de l'énergie nucléaire, les nations nucléaires vont chercher à contrôler l'expansion de son usage et à interdire à ceux qui ne l'ont déjà, la réalisation d'armement de destruction massive.

4.1 *Hiroshima delenda est*[1]

Après l'essai réussi dans le désert d'Alamagordo, fallait-il détruire une ville japonaise et ses milliers d'habitants ou plutôt inviter les généraux japonais à une démonstration de la puissance effarante de la nouvelle arme de mort ? Nous verrons que la question avait été posée dès le mois de juin par une partie des savants atomistes. Mais avant de rappeler ce débat, il faut se remettre en mémoire l'atmosphère qui régnait en 1945.

En Belgique, nous sommes libérés depuis de nombreux mois et même si les restrictions nombreuses rendent la vie courante difficile, le plaisir de vivre libre domine. Le 8 mai, l'Allemagne a capitulé. À 15 h, Churchill en fait la proclamation à la radio. J'avais 6 ans et je me souviens parfaitement de cette belle après-midi où les cloches de toutes les églises de Bruxelles se sont mises à carillonner. Le mois de mai a été particulièrement chaud : « Il y a eu onze jours d'été, dont quatre jours de canicule à Uccle [Bruxelles] » (4.1). En juillet, pour la première fois de ma jeune vie, je passe un mois avec mes parents et des amis à la mer du Nord, sur la côte belge. Nous avons enfin à nouveau accès à la plage. Il y fait aussi très beau. Alors est-ce cette ambiance à nouveau heureuse qui a effacé de ma mémoire les tragiques journées des 6 et 9 août 1945 ? On fête le 9 mon entrée dans ce que l'on appelait l'âge de raison. J'ignorais à quel point le plutonium serait présent dans ma vie...

Les journaux ont évidemment publié la nouvelle des explosions atomiques. Dans le quotidien français *Le Monde* du 9 août, on lit :

---

[1] L'obstination des militaires américains à vouloir détruire Hiroshima pour en finir avec le Japon me fait penser à celle de Caton l'Ancien à Rome lors des guerres puniques qui répétait à l'envi devant le Sénat : *Cartago delenda est* [il faut détruire Carthage]. Ce qui fut fait...

Londres, 7 août. – La *bombe atomique* donne aux Anglo-Américains une supériorité militaire telle qu'ils peuvent achever seuls la guerre du Japon dans un temps record. [...] On pensait en tout cas que la conférence de Potsdam fournirait un élément nouveau. Il n'en a rien été. L'élément nouveau attendu à Potsdam dans le domaine diplomatique est remplacé par un facteur technique insoupçonné.

Du 17 juillet au 2 août, Churchill, Staline et Truman, président des USA depuis la mort de Roosevelt en avril, sont réunis à Postdam. Ils vont décider du sort des vaincus. Mais Staline va aussi apprendre que les USA disposent d'une arme terrible qui va abréger la guerre au Japon et maintenir la suprématie des USA dans cette zone du monde, en empêchant les Soviétiques de partager son occupation en intervenant dans la défaite du Japon, comme anticipé à la conférence de Téhéran fin 1943, première rencontre des Alliés avec Staline. D'autre part, depuis plusieurs mois à l'instigation de l'empereur, la diplomatie japonaise tente d'engager discrètement des pourparlers de paix par le truchement de Staline ; il ne transmettra pas clairement cette intention. Truman ne tiendra aucun compte des informations en ce sens.

La décision de principe d'utiliser l'arme atomique a été prise le 1er juin par un comité américain présidé par le ministre de la Guerre Stimson, donc avant les essais sur le site Trinity. Truman à Postdam est informé de la réussite de l'essai du 16 juillet. La décision d'utiliser l'arme contre le Japon est prise au cours de la rencontre. Churchill écrit : « Il demeure historiquement établi, et c'est ce fait qui devra être jugé dans les temps à venir, que la question de savoir s'il fallait ou non utiliser la bombe atomique pour contraindre le Japon à capituler ne s'est même pas posée. L'accord fut unanime, automatique, incontesté autour de notre table » (4.2).

Bertrand Goldschmidt est un physicien nucléaire français qui a fait partie de l'équipe franco-anglo-canadienne qui a contribué au projet Manhattan depuis Montréal. Il écrit :

> Que se serait-il passé si la bombe avait été prête avant la fin de la guerre avec l'Allemagne ? La vengeance de Pearl Harbour aurait sans doute eu lieu d'abord, suivie d'un temps d'arrêt pour permettre à Hitler d'accepter la reddition inconditionnelle dont le refus aurait alors entraîné l'emploi de l'arme nouvelle sur l'Allemagne. (4.4)

Vengeance. Le mot n'est pas inapproprié. Il faut se souvenir que les pilotes anglais qui bombardèrent Dresde entre autres villes allemandes s'encourageaient en disant : *remember Coventry*. Cette ville anglaise avait été profondément détruite par l'aviation allemande en novembre 1940. La destruction de Dresde par des centaines d'avions anglo-américains en février 1945 utilisant des bombes incendiaires a fait plus de 100 000 morts, peut-être même 300 000 selon certaines sources, dans des conditions atroces. Le bombardement de Tokyo en mars 1945 a provoqué un monstrueux incendie et la mort de près de 100 000 personnes. L'unique bombe sur Hiroshima va aussi provoquer la destruction totale de la ville et sans doute 70 000 morts immédiats, *in fine* entre 140 et 200 000. À Nagasaki, 3 jours plus tard, 40 000 meurent immédiatement, plus de 100 000 finalement des suites du choc, du feu et de l'irradiation.

Qu'est-ce qui fait la différence dans l'esprit des hommes entre ces différentes tragédies ? À l'époque, des gens s'étaient indignés de la destruction de Dresde dans le seul but d'augmenter la terreur. Pour le romancier Kurt Vonnegut : « Nous n'avions aucune idée que de notre côté, nous étions capables sans discernement d'une telle destruction » (2.10). Pourquoi évoque-t-on rarement Dresde ou Tokyo alors qu'Hiroshima, peut-être plus encore que Nagasaki, est dans toutes les mémoires ? Sans doute que le caractère instantané de la destruction par une seule bombe portée par un seul avion frappe fortement les esprits, mais peut-être aujourd'hui plus encore les conséquences immédiates et à long terme des rayonnements.

Camus, dans un éditorial publié dans Combat dès le 8 août (4.3), va avec courage à contre-courant de l'enthousiasme avec lequel une bonne partie de la presse a salué l'événement :

> Le monde est ce qu'il est, c'est-à-dire peu de chose. C'est ce que chacun sait depuis hier grâce au formidable concert que la radio, les journaux et les agences d'information viennent de déclencher au sujet de la bombe atomique. On nous apprend, en effet, au milieu d'une foule de commentaires enthousiastes que n'importe quelle ville d'importance moyenne peut être rasée par une bombe de la grosseur d'un ballon de football. Des journaux américains, anglais et français se répandent en dissertations élégantes sur l'avenir, le passé, les inventeurs, le coût, la vocation pacifique et les effets guerriers, les conséquences politiques et même le caractère indépendant de la bombe atomique. Nous nous résumerons en une phrase : la civilisation mécanique vient de parvenir à son dernier degré de sauvagerie. Il va falloir choisir, dans un avenir plus ou moins proche, entre le suicide collectif ou l'utilisation intelligente des conquêtes scientifiques.
>
> En attendant, il est permis de penser qu'il y a quelque indécence à célébrer ainsi une découverte qui se met d'abord au service de la plus formidable rage de destruction dont l'homme ait fait preuve depuis des siècles. Que dans un monde livré à tous les déchirements de la violence, incapable d'aucun contrôle, indifférent à la justice et au simple bonheur des hommes, la science se consacre au meurtre organisé, personne sans doute, à moins d'idéalisme impénitent, ne songera à s'en étonner.
>
> Les découvertes doivent être enregistrées, commentées selon ce qu'elles sont, annoncées au monde pour que l'homme ait une juste idée de son des-

tin. Mais entourer ces terribles révélations d'une littérature pittoresque et humoristique, c'est ce qui n'est pas supportable.

Déjà on ne respirait pas facilement dans un monde torturé. Voici qu'une angoisse nouvelle nous est proposée, qui a toutes les chances d'être définitive. On offre sans doute à l'humanité sa dernière chance. Et ce peut être après tout le prétexte d'une édition spéciale. Mais ce devrait être plus sûrement le sujet de quelques réflexions et de beaucoup de silence.

Au reste, il est d'autres raisons d'accueillir avec réserve le roman d'anticipation que les journaux nous proposent. Quand on voit le rédacteur diplomatique de l'Agence Reuter annoncer que cette invention rend caducs les traités ou périmées les décisions même de Postdam, remarquer qu'il est indifférent que les Russes soient à Koenigsberg ou la Turquie aux Dardanelles, on ne peut se défendre de supposer à ce beau concert des intentions assez étrangères au désintéressement scientifique.

Qu'on nous entende bien. Si les Japonais capitulent après la destruction d'Hiroshima et par l'effet de l'intimidation, nous nous en réjouirons. Mais nous nous refusons à tirer d'une aussi grave nouvelle autre chose que la décision de plaider plus énergiquement encore en faveur d'une véritable société internationale, où les grandes puissances n'auront pas de droits supérieurs aux petites et moyennes nations, où la guerre, fléau devenu définitif par le seul effet de l'intelligence humaine, ne dépendra plus des appétits ou des doctrines de tel ou tel État.

Devant les perspectives terrifiantes qui s'ouvrent à l'humanité, nous apercevons que la paix est le seul combat qui vaille d'être mené. Ce n'est plus une prière, mais un ordre qui doit monter des peuples vers les gouvernements, l'ordre de choisir définitivement entre l'enfer et la raison.

Les chercheurs du projet Manhattan avaient des opinions diverses sur l'usage de la bombe qu'ils avaient mise au point. Ainsi Szilard considérait que depuis qu'il était clair que les nazis n'en avaient pas, il ne fallait pas l'utiliser sur une ville japonaise sans avertissement. Mais pour les militaires et politiques américains, il y avait une raison indépendante de la guerre en cours : comme l'aurait exprimé le général Groves lors d'un dîner informel à Los Alamos en 1944, elle servirait à « soumettre »[2] les Soviets, à les intimider en détruisant le Japon (2.10). L'un des savants présents, Joseph Rotblat en a été profondément choqué et comme il avait la même opinion que Szilard, il demanda à quitter le projet dès la fin 1944. Selon Rotblad, si la plupart des chercheurs et techniciens participèrent jusqu'au bout, ce fut soit par curiosité scientifique – les calculs se révéleront-ils exacts ? – soit pour en finir avec les Japonais, pour ensuite contrôler qu'il n'en sera plus fait usage. À ce moment, très peu d'entre eux furent troublés dans leur conscience. Rotblad par la suite

---

[2] « The real purpose was to subdue the Soviets ».

devint extrêmement actif dans les campagnes pour un désarmement, notamment au sein de l'organisation Pugwash (voir chapitre 5).

À l'intervention d'Einstein, Szilard et Urey auraient dû rencontrer Roosevelt pour lui remettre un mémorandum écrit en mars. Mais le président mourut avant l'entretien et les deux savants furent dirigés par Truman vers James Byrnes, son secrétaire d'État. Ils lui expliquèrent (2.10) que l'explosion sur le Japon entraînerait une course à l'armement atomique, qu'en moins de six ans l'URSS pourrait à son tour menacer les USA, qu'il serait aussi possible d'introduire en douce des bombes dans le pays et d'ainsi menacer de détruire des villes entières. Ils ne purent le convaincre car Byrnes rêvait d'établir – comme dans la nouvelle de SF *Solutions Unsatisfactory* (3.13) – une *Pax Americana*.

En juin 1945, un groupe de savants présidé par James Franck reprend les arguments de Szilard. En préambule, ils écrivent (4.4) :

> Les savants intéressés ne prétendent pas parler avec autorité des problèmes de politique nationale ou internationale. Toutefois, nous nous sommes trouvés depuis cinq ans, par la force des événements, dans la position d'une petite minorité de citoyens au courant d'une mesure grave pour la sécurité de ce pays et de toutes les autres nations, menace dont le reste de l'humanité est inconsciente. Nous croyons donc qu'il est de notre devoir d'insister d'une façon pressante pour que l'on comprenne toute la gravité des problèmes résultant de la libération de l'énergie nucléaire et que l'on prenne des mesures appropriées pour leur étude et pour la préparation des décisions nécessaires.

Dans leur texte, ils préconisent une démonstration sur une zone inhabitée en présence de représentants de toutes les Nations Unies.

Ce n'est pas le choix qui sera fait : le 6 août, le bombardier *Enola Gay* lâche la bombe atomique sur Hiroshima. Trois jours plus tard, Nagasaki est détruite à son tour par une bombe au plutonium. Le Japon capitule sur décision de l'empereur.

4.2 Faire savoir tout en limitant la diffusion des connaissances

Dès le 7 août, Truman prononce un premier message dans lequel il annonce le pouvoir destructif de la bombe lâchée sur Hiroshima et décrit l'énorme effort de guerre sur ce projet auquel plus de 125 000 personnes ont travaillé. Il ajoute : « Nous avons dépensé deux milliards de dollars et couru le plus grand risque scientifique de l'histoire. Nous avons gagné ». Le 9 août le discours devient vengeur :

> Nous avons mis au point la bombe et nous nous en sommes servis. Nous nous en sommes servis contre ceux qui nous ont attaqués sans avertissement à Pearl Harbour, contre eux qui ont affamé, battu et exécuté des prisonniers

de guerre américains, contre ceux qui ont renoncé à obéir aux lois de la guerre. Nous avons utilisé l'arme atomique pour raccourcir l'agonie de la guerre, pour sauver des milliers et des milliers de jeunes américains.

Cette « vérité » a été longuement discutée et contestée depuis, mais à l'époque aux USA, cette victoire a surtout soulevé un grand désir de savoir et chez les plus nombreux, l'enthousiasme. L'un des scientifiques de Los Alamos, Henry De Wolf Smyth, s'était vu confier par le général Groves, la tâche de compiler les connaissances acquises. Dans sa préface, il résume son objectif : ce texte, dit-il, est écrit pour le groupe professionnel qui pourra le comprendre mais ce n'est pas une histoire officielle complète du projet. La publication de ce rapport est quelque peu en contradiction avec le secret absolu exigé jusqu'alors, lequel d'ailleurs a empêché de dévoiler les informations les plus intéressantes. Il a été présenté à la radio le 11 août et rendu disponible aux journaux dès le 12.

Au cours de ce même mois d'août paraît un petit livre de poche *The atomic age opens* (4.5), destiné au grand public, fort bien documenté et avec de nombreuses photos. On y trouve une description historique aussi bien qu'un questionnement sur ce que sera le comportement de l'humanité face à ce nouveau moyen aussi bien de détruire le monde que de disposer d'une énergie qui « pourrait faire tout le travail et permettre une véritable Utopie ». Il publie aussi la retranscription d'un entretien organisé à la radio entre Eleanor Roosevelt dans les studios de la NBC et Lise Meitner, depuis sa résidence en Suède. Ce sont d'étonnantes déclarations féministes. Mme Roosevelt : « Si une femme a eu l'opportunité de faire ces découvertes, certainement d'autres femmes à travers le monde ont l'obligation de veiller à ce que cela soit utilisé pour terminer la guerre et pour sauver des vies humaines, et pour que dans l'avenir, cela soit utilisé pour le bien de l'humanité et non à des fins destructrices ». Lise Meitner répond par les mêmes espoirs.

Truman dans l'un de ses discours (3.1) du mois d'août avait conclu : « C'est une terrible responsabilité qui nous est échue. Nous remercions Dieu qu'elle soit venue à nous plutôt qu'à nos ennemis et nous prions pour qu'il nous guide dans Ses voies et pour Ses buts ». Invoquer Dieu aux USA dans les discours politiques est assez fréquent, mais ici…

Il fallait plus que l'ouvrage de synthèse de Smyth pour permettre aux Alliés des USA de développer leurs propres armes ou des usages civils. Les Anglais et les Canadiens avaient contribué au projet Manhattan et espéraient cet accès en contrepartie. Ils se mirent d'accord le 15 novembre 1945 pour maintenir un contrôle serré sur ces connaissances. L'accord stipule entre autres (4.4) :

Nous sommes, toutefois, disposés à partager avec les autres Nations Unies, sous réserve de réciprocité, tous les renseignements concernant l'application industrielle pratique de l'énergie atomique dès qu'on aura pu trouver des sauvegardes efficaces et qu'on peut faire appliquer contre l'emploi qu'on pourrait faire de cette énergie à des fins de destruction.

Les Belges avaient signé un accord avec les USA le 26 septembre 1944 dans le cadre de la fourniture d'uranium par l'UMHK (4.6). Il prévoyait qu'au cas où il serait utilisé « comme source d'énergie à objectif commercial, la Belgique serait admise à une participation en termes équitables à pareille utilisation ». Les Belges en déduisaient qu'ils auraient un accès préférentiel à la formation de techniciens et aux connaissances indispensables. Ils seront déçus car dès 1946, la loi Mac Mahon assure un embargo absolu sur tout ce qui touche au nucléaire. En 1949 après de longues tergiversations, quelques Belges purent enfin participer à des formations organisées à Oak Ridge.

Ce n'est pas la place ici d'une description détaillée des débats que les USA portèrent devant le Conseil de sécurité des Nations Unies. Le plan établi par Bernard Baruch aurait dû aboutir au contrôle international des activités nucléaires. Il finit par être abandonné en 1952 malgré quelques concessions faites progressivement par les Soviétiques. La confiance mutuelle, essentielle pour ce type d'accord, n'existait pas.

4.3 Développer ces armements mais les contrôler ?

Dès le 1er janvier 1942, les USA, la Grande-Bretagne, l'URSS et la Chine avaient signé une Déclaration des Nations Unies à laquelle 22 autres pays se joignirent rapidement. Ils s'engageaient à ne pas signer de paix séparée avec les pays de l'Axe. Le 26 juin 1945, 50 pays signent la Charte des Nations Unies qui sera ratifiée le 24 octobre. Le Belge Paul-Henry Spaak en est le premier président.

Les années qui suivent vont voir fleurir les regroupements politiques en vue d'une plus grande solidarité des peuples et un meilleur contrôle des armements. Mais cela ne suffit pas et les deux blocs politiques qui viennent de se confirmer, s'affrontent par conflits locaux interposés.

Les USA ont proposé en 1947 un plan d'aide économique aux Européens pour relancer leur économie, ruinée par la guerre : c'est le célèbre plan Marshall. En 1948, l'Europe de l'Ouest crée l'Organisation européenne de coopération économique (OECE) à laquelle participent au départ 18 pays. Elle est basée à Paris au Château de la Muette[3]. L'aide du plan Marshall est refusée par Moscou qui crée en 1949 le CAEM

---

[3] Elle deviendra en 1961 l'actuelle OCDE, toujours à Paris, lorsque les USA et le Canada entrent dans l'organisation.

(Conseil d'Assistance Économique Mutuelle) aussi connu sous le sigle COMECON, pour assister les démocraties populaires dans son aire d'influence.

Dans le domaine militaire, en 1949 les pays de l'Europe de l'Ouest acceptent la protection des USA au sein de l'Organisation du Traité de l'Atlantique Nord (OTAN). Un premier traité défensif avait été signé à Bruxelles le 17 mars 1948 entre la Belgique, la France, les Pays-Bas, le Royaume-Uni et le Luxembourg. Malgré les pressions de l'URSS, des négociations s'ouvrirent entre ces pays et les USA ainsi que le Canada. D'autres pays européens se joignirent à ce projet. Le Traité fut signé le 14 avril 1949, notamment par les ardents promoteurs d'une plus grande intégration européenne : P.-H. Spaak et R. Schuman. On connaît la pérennité de cet accord. D'abord basés en France, les sièges de l'OTAN passent en Belgique, à Bruxelles et à Casteau, suite aux décisions de De Gaulle de retirer la France du commandement intégré en 1966.

Ce n'est qu'en 1955 que l'URSS va regrouper les pays qui en dépendent au sein du pacte de Varsovie. Le conflit idéologique entre les deux blocs va connaître de nombreux épisodes entre temps, suscitant à chaque fois d'immenses craintes de conflit atomique dans les populations tant européennes qu'américaines. Ce seront les nombreuses crises à Berlin depuis le Blocus par les Russes en 1948-49 qui contraignent à organiser un pont aérien pour soutenir les populations de Berlin-Ouest.

De 1950 à 1953, c'est la guerre en Corée. Les armées locales sont soutenues par les deux blocs, les communistes étant essentiellement soutenus par les Chinois. C'est l'affolement dans le monde de l'Ouest : de nombreux Européens songent à fuir vers l'Amérique du Sud et demandent des visas (4.8). Le prix des denrées alimentaires flambe. Va-t-on vers un conflit atomique ? Certains militaires américains envisagent l'utilisation de l'arme atomique… (4.8)

Il faut se souvenir que tant les USA que l'URSS ont poursuivi une course à la bombe la plus puissante. En juillet 1946, les USA ont fait sauter une nouvelle bombe sur l'atoll de Bikini. Au cours de l'été 1949, les laboratoires volants à bord des B-29 de l'armée américaine détectent une radioactivité au-dessus de l'Asie qui ne peut s'expliquer que par une explosion atomique en Russie asiatique. Les Russes ont mis peu d'années mais ils ont bénéficié entre autres d'informations communiquées par des scientifiques sympathisants travaillant à l'Ouest, tel Klaus Fuchs qui communiqua des renseignements dès 1942. Les savants américains sont convaincus qu'il s'agit bien d'une explosion atomique et baptisent la bombe avec un certain humour noir, *Joe I*, en pensant à Staline. Le *Bulletin of Atomic Scientists*, où s'expriment les problèmes éthiques des scientifiques, qui présente à chaque publication depuis 1947 une horloge pointant l'imminence du risque atomique, passe de

8 minutes avant minuit à 3 minutes (aujourd'hui, en 2011, elle est à 6 minutes…). Cette expression : il est minuit moins quelques minutes se retrouve aussi dans d'autres textes, comme cet ouvrage de Charles Gerber (4.14) qui s'appuie sur les textes bibliques pour prédire la fin des temps. Il écrit : « Le péché doit être détruit avant que s'achève l'œuvre divine de la restauration ». On trouve là une évocation religieuse qui sera reprise par de très nombreux romanciers.

Les romanciers envisagent cette fin du monde soit comme un anéantissement de la race humaine soit comme sa réduction à un état de sauvagerie brutale. Pour Aldous Huxley dans *Ape and Essence* (1948), cent ans après la Troisième Guerre mondiale nucléaire et chimique, les survivants néo-zélandais – car ils étaient hors zone – découvrent en Californie une « civilisation » marquée par les mutations dues aux rayonnements.

Dans un tout autre style mais tout aussi sinistre, *On the Beach*, de l'auteur anglo-australien Nevil Shute, est publié à Londres en 1957. Après une Troisième Guerre mondiale qui rapidement détruit toute la population de l'hémisphère Nord, seuls survivent les marins d'un sous-marin américain détaché en Australie ainsi que la population de cette région. Mais un nuage toxique approche et sa radioactivité ne baisse pas. Le roman raconte les dernières joies et décisions de ces gens en instance de mort certaine. Dès 1959, la MGM en a fait un film avec des acteurs célèbres : Gregory Peck, Ava Gardner, Anthony Perkins et Fred Astaire.

Dans cette ambiance, l'Irlandais Leonard Wibberley qui vit en Californie, opte plutôt pour la satire avec *The mouse that roared* en 1955. Il imagine ce qui se passerait si un minuscule État se trouvait par hasard en possession d'une bombe atomique et dès lors en position de menacer les USA. Serait-ce prémonitoire ? Ce sont cette fois les Anglais qui en font un film qui nous fit pleurer de rire, avec Peter Sellers et Jean Seberg.

Tout cela ne réveille pas une certaine indifférence de la grande masse américaine quant au péril atomique (3.15). Selon Silverstein, au début des années 1950, « observer les explosions [dans le désert du Nevada] était devenu un passe-temps honorable » (4.7). Les tests étaient annoncés dans la presse et des milliers de résidents des États de l'Ouest s'installaient pour observer les champignons atomiques. Il faut dire que la presse, en particulier les « comics », avait fait tout ce qu'il fallait depuis 1946 pour rendre familière cette arme épouvantable. Une étude de Paul Brians (0.2) nous en offre toute une panoplie.

Test dans le désert du Nevada 1957 © Las Vegas News Bureau

Certains exaltent la formidable réussite[4] qui a permis d'écraser le Japon : « Adieu les Japs ! S'ils ne se rendent pas après cela, nous les effacerons de la surface de la Terre ». D'autres par contre, s'interrogent comme les *Picture News* en janvier 1946 : « L'atome va-t-il détruire la Terre ? » Question à laquelle George Bernard Shaw aurait répondu : « C'est probable, si nous ne faisons pas attention où nous mettons les pieds ».

Les *comics* sont lus aux États-Unis par des millions de jeunes mais aussi d'adultes (0.1) ; ils impressionnent également des lecteurs en Europe où certains fascicules sont traduits et largement diffusés chez les marchands de journaux. Les revues de science-fiction ont, elles aussi, un vaste lectorat, qu'un sociologue aurait estimé en 1953 à 6 millions de personnes, plutôt parmi les intellectuels.

Hollywood n'est pas en reste. Shapiro (4.11) considère que le film *The Beginning or the End* (1947), un pseudo documentaire oscarisé, est l'un des meilleurs exemples parmi les premiers films apocalyptiques, mais avec une image positive car pour les producteurs, l'humanité survivrait à une guerre atomique et cela conduirait à une sorte de nouvel âge d'or. Cette vision sera fréquente dans la littérature et les films qui suivront sur ce thème.

---

[4] « Supreme achievement ».

À côté de ces productions, il existe tout un courant aux USA pour former l'opinion et en particulier la jeunesse, à la présence de l'arme atomique. En 1949, un personnage familier des lecteurs – même européens – de « cartoons », Dagwood (Dagobert dans les versions françaises), l'ami de Blondie, va expliquer l'atome dans *Dagwood splits the atom* (4.10). D'autres personnages comme *Atomic Rabbit* aideront « à neutraliser les craintes de la nation durant les années de guerre froide de 1950 » (4.10). Le gouvernement américain tente de persuader l'opinion que l'on peut se protéger d'une attaque atomique. C'est le mantra « *Duck and cover* » (4.7). En gros, plonger sous une protection, la table de la salle de classe par exemple. Un film montre le jeune Tony à bicyclette ; brusquement l'écran devient éblouissant. Le garçon saute de son vélo et se plaque contre le trottoir. Le narrateur le félicite : « Attaboy, Tony ! »

Mais la propagande positive s'accompagne aussi aux USA dans ces années 1950 de la terrible campagne de suspicion menée par le sénateur MacCarthy contre tout ce qui peut être soupçonné de communisme. Oppenheimer lui-même sera accusé. Les époux Rosenberg, soupçonnés d'espionnage, seront condamnés à mort en avril 1951 et exécutés deux ans plus tard malgré les interventions de personnalités, dont le pape Pie XII et Bertrand Russell.

La compétition avec l'URSS enclenche la course à la bombe H. Le 31 octobre 1952, la bombe H américaine explose sur l'atoll d'Eniwetok. L'explosion est encore plus forte qu'attendu, de l'ordre de 10 mégatonnes, mille fois plus qu'à Hiroshima. Le 12 août 1953, l'URSS réplique. Les Anglais ne sont pas en reste : ils avaient fait exploser une bombe atomique le 3 octobre 1952 en Australie ; le 15 mai 1957 toujours en Australie, ils font exploser une bombe thermonucléaire. Ce genre d'essais aériens n'est pas sans risques. Ils ont toujours lieu dans des zones désertiques ou sur des îlots et atolls loin en mer. Néanmoins le 1er mars 1954 un essai des USA à Bikini qui aurait dû donner 5 mégatonnes en donne 15. Une pluie radioactive s'abat sur les 10 000 observateurs et marins rassemblés dans le Pacifique (2.10). Le physicien Rosenbluth placé à 50 km de là évoque « cette horrible matière blanche qui nous pleuvait dessus ». Les 24 marins japonais à bord du *Fukuryu Maru* (l'heureux dragon !) qui pêchaient à 150 km de Bikini subirent cette pluie épaisse et, intrigués, en mirent un peu en bouteille avant de laver le pont. Cette initiative les sauva sans doute de la mort mais ils furent lourdement irradiés. De retour au Japon, ils furent accueillis spectaculairement par les équipes de traitement et des films dignes d'images de science-fiction furent largement diffusés par les médias.

Six mois après le test, l'un des pêcheurs mourut des suites de l'irradiation. Ses collègues étaient toujours à l'hôpital. La presse japonaise, mais aussi les politiciens et les syndicats réclamèrent l'arrêt des essais dans le Pacifique. Cet accident rendit le public conscient de la possibilité de retombées radioactives dangereuses. Aux USA, le *Time* en novembre 1954 écrit : « Les rumeurs et inquiétudes sur les retombées radioactives de la bombe H se répandent » (2.10).

Le cinéma à son tour s'empare de l'inquiétude : à Tokyo sort le film *Gojira* (1954). Le monstre jurassique qui détruit tout sur son passage a été réveillé par les explosions atomiques et donc le film est un véritable acte d'accusation contre les essais atomiques. Il est l'incarnation de la peur de la population face au danger atomique. Un distributeur américain va néanmoins en faire l'acquisition, le faire doubler, y ajouter un reporter américain qui observe les saccages du monstre, mais en même temps tout message antinucléaire est éliminé par la censure américaine. Ce qui n'empêchera pas le film de devenir célèbre sous le nom de *Godzilla.*

Toujours en 1954, un film va marquer les esprits aux USA et engendrer une prolifération de films du même acabit. C'est *Them !* Des fourmis géantes, de plusieurs mètres de haut, tueuses, ont été engendrées par les radiations atomiques sur le site de Trinity (Los Alamos). Dans le film, un personnage officiel s'inquiète : si de telles mutations ont été provoquées par le premier essai, qu'en sera-t-il des nombreux essais suivants ? Selon Weart (0.1), les cinéphiles ont trouvé ce scénario assez plausible pour en avoir des sueurs froides. Jamais il n'a été montré autant de foi dans l'idée que les radiations pouvaient provoquer des mutations. Toutes sortes de monstres gigantesques ont fait la fortune des salles obscures, et aujourd'hui encore les célèbres X-men sont des mutants dont certains sont nés d'une irradiation par des rayons gamma.

Et pourtant malgré cette évolution, malgré les références théologiques et apocalyptiques tout aussi fréquentes, le champignon atomique conserve une certaine popularité dans la culture « kitsch » des années 1950. C'est ainsi qu'en 1957, à Las Vegas, on procède encore à l'élection de Miss Atomic Bomb, qui porte un maillot en forme de champignon atomique.

Le gouvernement américain voudrait assurer sa sécurité d'approvisionnement en uranium en augmentant les ressources locales. Pour cela, il subsidie la recherche minière et provoque une nouvelle ruée vers l'Ouest, semblable aux ruées vers l'or précédentes. L'Atomic Energy Commission publie un livret : *Prospecting the uranium*, véritable manuel du chercheur d'uranium. Des familles entières s'équipent (4.10) et de véritables « boomtowns » naissent où la vie se centre sur l'atome : Miss Uranium bien sûr mais aussi Atomic ou Uranium Cafe. Le cinéma n'est pas en reste : Laurel et Hardy sont les stars d'*Utopie*, puis *d'Atoll K.* Humphrey Bogart, Peter Lore, Gina Lollobrigida mais aussi Mickey Rooney et Robert Strauss se retrouveront dans des chasses à l'uranium.

Les fabricants de jouets participeront à cette fièvre en sortant des camions-bennes miniatures spécialisés et des jeux de société sur ce même thème.

Miss Atomic Bomb 1957 © Las Vegas News Bureau

La population américaine montre alors (4.10) un mélange d'enthousiasme, de craintes mais aussi de confiance dans la science, le gouvernement et Dieu.

4.4 Usages civils : utopies enthousiastes et réalités potentielles

Un changement pointe en décembre 1953 : le président Eisenhower propose à l'Assemblée générale des Nations Unies le programme *Atoms for peace* afin de permettre une généralisation de l'usage civil des connaissances et techniques nucléaires. En fait, il est grand temps qu'une certaine coordination et un contrôle international soient mis en place. Les pays qui ont participé pendant la guerre au développement de l'arme atomique n'ont pas attendu pour entamer leurs propres activités.

Le Canada dès 1944 décide de construire (conjointement avec les USA et la Grande-Bretagne) une pile à eau lourde, utilisant d'ailleurs l'eau lourde norvégienne apportée par les Français au début de la guerre. C'est la Zero Energy Experimental Pile (ZEEP) (4.12), rendue critique en 1945. En 1947, suit une grande pile de recherche (NRX), elle-même suivie par NRY et finalement par Nuclear Power Demonstration (NPD1) qui sera modifiée à partir de 1956 pour devenir NPD2 qui produira, de 1962 à 1984, 23 MWe ; c'est un début industriel. Le Canada ne tentera pas de construire sa propre bombe atomique.

Ce n'est pas le cas en Grande-Bretagne. En décembre 1945, sur recommandation de l'état-major britannique, des réacteurs plutonigènes sont envisagés : c'est à Windscale (qui sera renommé Sellafield par la suite) que deux réacteurs vont être construits dès 1947 ainsi qu'un atelier de séparation de plutonium ; ils entrent en service en 1950-1951. On installe en 1945 un centre de recherches atomiques à Harwell (entre Londres et Oxford) qui se concentrera sur les études théoriques et un autre en 1946 à Risley près de Manchester qui travaillera notamment sur le combustible des réacteurs. Une usine de préparation de l'uranium à Springfield dans la même région produira ses premiers lingots en octobre 1948 (4.12). Une usine de séparation des isotopes de l'uranium par diffusion gazeuse est construite à partir de 1949 ; elle sera mise en service dix ans plus tard. Enfin en janvier 1953, le Royaume-Uni annonce un programme de production d'électricité nucléaire : les premiers réacteurs seront construits sur un lieu dénommé Calder Hall (Sellafield toujours) : quatre réacteurs de 45 MWe, à partir de l'été 1953. Le premier sera inauguré en grande pompe par la reine Elisabeth II le 17 octobre 1956. C'est le début de l'exploitation de la filière de réacteurs modérés par des blocs de graphite et refroidis au gaz, filière baptisée Magnox. Calder Hall 1 n'a été arrêté qu'en 2003, de même que les trois autres ! Parallèlement la United Kingdom Atomic Energy Authority (UKAEA), mise en place en juillet 1954, commence au printemps 1955 la construction d'un prototype de réacteur surgénérateur[5] à neutrons rapides refroidi par un métal liquide, le Dounreay Fast Reactor (DFR), dans l'extrême nord de l'Écosse, zone peu peuplée et encore fortement agricole dont on espère l'essor. En 1957, un programme de construction de 5 à 6 000 MWe, des réacteurs Magnox, est prévu pour entrer en service avant fin 1965.

La France n'est pas en reste : le Commissariat à l'énergie atomique (CEA) a été créé en 1945 tant pour développer la science nucléaire que l'industrie et la défense nationale (4.4) sous la direction de Raoul Dautry

---

[5] Réacteur qui transforme l'U238 non fissile en Pu fissile et donc peut produire plus de matière fissile qu'il n'en consomme.

et Frédéric Joliot-Curie[6]. Il faut rapidement des laboratoires : ils seront installés à proximité de Paris, dans les casemates du fort de Châtillon. Selon Goldschmidt,

> chaque été, Joliot-Curie réunit ses proches collaborateurs pendant quelques jours pour élaborer le programme du CEA pour l'année à venir. Ces réunions, détendues, ont lieu en Bretagne, à l'Arcouëst, dans le beau site où la génération précédente avait fondé dès 1895 une véritable colonie de vacances de savants, le « Fort-la-science » des Perrin et Curie.

J'ai commencé personnellement à travailler dans le milieu nucléaire au début des années 1960. Il y régnait encore cette ambiance à la fois créative et enthousiaste, ce plaisir de trouver des lieux de travail favorables.

L'équipe française a, comme les Britanniques, opté pour le gaz-graphite. De l'uranium est trouvé sur le territoire métropolitain, dans le Limousin, en 1948. La première pile atomique de l'Europe occidentale continentale est rendue critique la même année : Zoé, pour puissance Zéro, Oxyde d'uranium et Eau lourde. Les premiers milligrammes de plutonium seront extraits de Zoé dès 1949. C'est aussi en 1949 que commence la construction d'un grand centre de recherches dans la banlieue parisienne, à Saclay, non loin de l'agréable vallée de Chevreuse. En 1953, il est enfin décidé de lancer un programme civil : la construction d'un premier réacteur au centre de recherches de Marcoule sur le Rhône, proche d'Orange, commence en mai 1954. Il diverge dès janvier 1956 avec une puissance thermique de 40 MW ; ce prototype G1 ne produit qu'accessoirement un tout petit peu d'électricité (2 MWe selon 4.12) mais il sera utilisé jusqu'en 1968. G2 et G3 seront 6 fois plus puissants et produiront, à partir de 1959 et 1960, chacun 40 MWe d'électricité en plus du plutonium nécessaire à la future bombe française. Ambiguïté qui pèsera pour toujours sur les activités nucléaires.

La Belgique dispose de peu de moyens et attend beaucoup des promesses des Américains. Elle possède cependant un argument de poids : l'uranium du Congo belge mais elle est liée par des contrats signés dans les années précédentes. Les équipes scientifiques sont encore en ces années-là, rattachées selon la tradition aux universités ou parfois aux laboratoires centraux des grandes entreprises. C'est le cas pour Solvay et pour l'Union Minière. Ces laboratoires étaient au cœur de Bruxelles, même lorsque l'on y manipulait des matières chimiques dangereuses ou

---

[6] Il restera à la tête du CEA jusqu'en avril 1950, date à laquelle il sera révoqué « quels que soient les mérites scientifiques de ce grand savant, ses déclarations publiques et son acceptation sans réserve des résolutions votées au Congrès de Gennevilliers du parti communiste rendent impossible son maintien dans ses fonctions de haut-commissaire » (4.4).

radioactives. Face à cette dispersion potentielle des efforts, il est décidé de créer une coordination par l'Institut interuniversitaire de physique nucléaire. Dix chercheurs travaillent sous ce statut en 1947 ; ils seront trente-quatre en 1951 (4.6). En 1947, le professeur Van den Dungen de l'Université libre de Bruxelles (ULB) aurait dû faire partie d'une première mission aux USA : sa présence est refusée vu ses sympathies communistes. À partir de 1949 commenceront des missions de formation de quelques individus, puis de groupes de plus en plus importants pour suivre les cours organisés par l'Atomic Energy Commission. Ces hommes formeront l'épine dorsale du nucléaire belge.

En 1952 est créé le Centre d'études pour les applications de l'énergie nucléaire qui deviendra en 1957 le Centre d'études de l'énergie nucléaire (CEN). Sur le même mode que ses prédécesseurs américains, anglais et français, le Centre s'établit à Mol en Campine, à plus d'une heure de Bruxelles, sur un vaste site isolé acheté à la famille royale en décembre 1953. Le personnel s'y installe progressivement à partir de 1955 ; ils sont 245 fin 1955 dont 57 universitaires. Pour la plupart ils sont jeunes, répartis dans une sorte de cité construite sur place ou dans les hôtels du voisinage. L'un d'entre eux évoque leur réputation : « Pour les gens de Mol et de la région, le centre était peuplé d'une bande de fêtards de lourd calibre » (4.13). En même temps ces chercheurs sont pleins d'allant et un premier réacteur, le BR1, est construit sur la base de données anglo-américaines. C'est un réacteur graphite-gaz refroidi à l'air qui sera rendu critique en mai 1956. Les Belges n'ont aucune intention militaire et leur programme prépare la construction prochaine de centrales électriques nucléaires.

Car une étape majeure se prépare aux USA : un autre type de réacteur qui va devenir universel, a été mis au point pour la propulsion des sous-marins : le PWR, réacteur à eau sous pression. Le Nautilus est lancé en janvier 1954. Sur les mêmes bases, un réacteur terrestre, cœur d'une centrale électrique, est mis en chantier à Shippingport près de Pittsburgh. C'est Westinghouse qui le construit. D'une puissance de 60 MWe, il entre en service en décembre 1957.

Pour les Européens, il est intéressant de noter l'activité des Belges à la première Conférence internationale sur les applications pacifiques de l'énergie nucléaire en 1955, qui se tient à Genève pendant 15 jours sous l'égide de l'ONU, en présence de 1 400 délégués, 3 000 observateurs et 900 journalistes. Deux expositions ouvertes au public sont présentées. L'initiative en revient (4.6) à un grand ami de la Belgique : l'amiral Lewis L. Strauss, président de la US Atomic Energy Commission. Cette conférence s'écartait du principe qui faisait jusque-là de toutes les données fondamentales de la technique atomique des secrets-défense. Elle suscita « une flambée d'enthousiasme quelque peu exagérée » (4.6).

Strauss aurait dit que l'électricité nucléaire serait « trop bon marché pour être mesurée »[7].

Les Belges revinrent de Genève avec d'excellents contacts qui conduisirent, sous la pression de l'industriel ACEC, à conclure l'achat à Westinghouse d'un réacteur de 11,5 MWe et à la signature d'un accord de licence avec les industriels belges dès 1957 : une première mondiale. Initialement, dans l'enthousiasme, il fut proposé de construire ce réacteur au Heysel pour alimenter l'exposition universelle de Bruxelles de 1958. On fonça les premiers pieux :

© Archives Belgonucleaire

C'était trop d'ambition. Diverses considérations dont le côté temporaire de l'exposition mais sans doute aussi la proximité du palais royal et de la ville, ont fait envisager de le déplacer sur le nouveau site de l'Université de Liège, mais suite aux vives réactions, ce fut le site du CEN à Mol qui fut choisi. Dès lors, sous le nom de BR3, il ne put démarrer qu'en 1963. Malgré ce retard, c'était tout de même le premier PWR en Europe et il servit de lieu de formation à de nombreux électriciens.

Cet emballement suscité notamment par la conférence de Genève stimula l'imagination des vulgarisateurs scientifiques et des romanciers, lesquels cependant n'avaient pas attendu cet événement pour nous faire rêver. Hergé, bien documenté et quelque peu visionnaire, anticipe de quelques années la construction des réacteurs gaz-graphite. Dans *Objectif Lune*, publié en 1953, la fusée qui va les emmener sur la lune sera propulsée par un réacteur nucléaire alimenté au plutonium. Nous y

---

[7] « Too cheap to be metered ».

trouvons une magnifique représentation « d'une pile atomique constituée par d'énormes blocs de graphite dans lesquels courent des tubes d'aluminium », explique Wolff, l'assistant de Tournesol. Il explique aussi qu'il faut deux phases pour obtenir le plutonium : d'abord la « cuisson » de l'uranium dans la pile, ensuite l'extraction chimique.

Mais il est loin d'être le seul à nous faire rêver. Un roman de science-fiction américain écrit par R. Teldy Naïm, *Atomic days*, est publié en français sous le titre *Paradis atomiques* et sort chez Le Sillage en 1949, dans la collection « Les horizons fantastiques ». Il est bien accueilli : « C'est bien du Jules Verne et du meilleur », écrit un critique. On y trouve toutefois l'évocation d'une guerre atomique entre Anglo-saxons et Slaves, puis entre « les populations de couleur ». Mais à l'issue de ces conflits, l'usage généralisé de l'énergie atomique, et de l'uranium, apporte « la solution de la question prolétarienne par la création du travail automatique ». L'ouvrage reste sceptique cependant quant aux possibilités d'évolution morale des humains.

En effet, sur l'avenir des applications civiles les opinions diffèrent : en 1947, Gerber (4.14) rapporte que pour Oliphant, il ne faut rien espérer avant dix ans. Selon James Chadwick par contre dans quelques années, il y aura des autos et des avions atomiques alors que sir George Thomson n'attend rien avant un siècle. Une revue de vulgarisation parfaitement sérieuse, *Science et Vie*, sort un numéro spécial en 1950. On y trouve beaucoup de description des applications médicales et industrielles des radio-isotopes, mais aussi des vues futuristes d'un sous-marin à moteur nucléaire, de propulseurs de fusées nucléaires ou même des considérations sur leur usage dans l'aviation. Mais il faut constater qu'il y a encore peu d'espoir, selon eux, d'appliquer l'énergie nucléaire à la production d'électricité en France : « Dans un pays bien pourvu en chutes d'eau comme la France, la construction de centrales nucléaires industrielles semble pour le moins prématuré. Elles ne pourraient produire, dans l'état actuel de la technique, et sans doute avant longtemps, le kilowattheure à un prix suffisamment bas ».

C'est l'époque en France de la construction des grands barrages hydrauliques, souvent malgré l'opposition des habitants du site. Les « noyés » de Tignes comme ils se baptisent, iront jusqu'à la violence sur les ouvriers du barrage. Mais la vallée est « mise en eau » en mars 1952. La centrale produira 850 millions de kWh par an. Quelques mois plus tard, en octobre, c'est le barrage de Donzère-Mondragon sur le Rhône, en aval de Montélimar, qui est inauguré : il doit produire de l'ordre de 2 milliards de kWh par an. L'énergie hydraulique est considérée en France alors comme la meilleure ressource énergétique. À titre de comparaison, une centrale nucléaire actuelle de 1 000 MWe produit de l'ordre de 8 milliards de kWh par an. Mais à l'époque, les plus grosses unités dans les centrales électriques thermiques au charbon n'avaient encore qu'une puissance proche de 100 MWe.

Les opinions et la situation évoluent vite : dans le nouveau numéro spécial sur l'énergie atomique que *Science et Vie* publie en 1956, le haut-commissaire Francis Perrin peut annoncer la mise en chantier de la première centrale électrique nucléaire EDF à Chinon. La revue décrit les nombreux projets en cours et les rêves : toujours un avion à propulsion atomique, ainsi que des projets américain et allemand de locomotive. Elle évoque avec enthousiasme les projets de construction de surgénérateurs refroidis par un métal liquide. Il est vrai que le premier réacteur à avoir produit de l'électricité, juste une centaine de kW, a été le petit réacteur de ce type EBR1 aux USA en 1951.

Dans les réacteurs de recherche immergés dans une piscine d'eau, une protection pour les expérimentateurs, on observe une fascinante lueur bleue, dite effet Cerenkov. Dans ces machines, le « dragon » est maîtrisé et procure non seulement des informations scientifiques mais aussi des radio-isotopes pour diverses applications médicales, industrielles ou agricoles. D'autre part un peu partout la recherche se poursuit pour irradier des aliments en vue d'accroître leur durée de conservation ou des produits médicaux pour les stériliser. Un immense espoir est né à côté de l'immense crainte que suscite l'armement atomique. Louis Armand, alors président de la SNCF, décrit ce monde futur en réponse au journaliste et romancier Serge Groussard : il faut faire savoir aux Français que l'énergie nucléaire, ce n'est pas que la bombe. C'est aussi et surtout une source d'énergie inépuisable qui permet « d'envisager un univers baigné dans l'énergie » (4.15). C'est aussi une énergie qui peut être produite sur les lieux les plus proches de sa consommation car il lui faut peu de combustible, aisément transportable.

Ce développement rapide nécessite que les activités nucléaires civiles soient coordonnées internationalement, à la fois pour assurer un meilleur contrôle que les objectifs ne sont pas dévoyés, mais aussi pour assurer un développement harmonieux dont tous les pays, riches ou pauvres, puissent bénéficier. À Genève, plus de mille rapports scientifiques avaient été présentés (4.6) en 1955 : il fallait progresser vers la création d'une agence internationale. Un projet de statuts a été élaboré par les USA, la Grande-Bretagne, la France et le Canada mais aussi les pays producteurs d'uranium : la Belgique, l'Afrique du Sud, l'Australie et le Portugal. Il est proposé aux Nations Unies en août 1955. Selon S. Herpels, il fut « mal accueilli, l'atmosphère de New York n'était pas celle de Genève, où savants et ingénieurs avaient collaboré en parfaite harmonie. À New York, l'atmosphère était essentiellement politique » (4.6). En particulier les pays encore sous-développés craignaient un contrôle de type colonial. Un accord fut néanmoins trouvé en octobre

1956 et l'Agence internationale de l'énergie atomique (AIEA) entra en vigueur le 29 juillet 1957. Elle sera basée à Vienne en Autriche et surveillée par un Conseil des gouverneurs élus dans divers pays dont certains, comme la Belgique, ont droit à un siège permanent. Par la suite, le fait que l'AIEA a à la fois un rôle de promoteur et un rôle de contrôleur posera certaines difficultés.

De son côté, l'Europe poursuivait la mise en place d'accords fédérant certaines activités. Après la Communauté européenne du charbon et de l'acier (CECA), certains avaient tenté de mettre en place la Communauté européenne de défense. Cette CED échoua devant le refus de l'Assemblée nationale française en 1954. Les ministres des Affaires étrangères de France, d'Allemagne, d'Italie et du Benelux se réunissent alors en juin 1955 à Messine pour développer l'intégration européenne. Entre autres secteurs, ils choisissent d'unir leurs efforts en matière d'énergie nucléaire « qui ouvrira à brève échéance la perspective d'une nouvelle révolution industrielle sans commune mesure avec celles des cent dernières années » (cité par 4.6). Le futur Euratom devra permettre « l'accès libre et suffisant aux matières premières, le libre échange des connaissances, la mise à disposition des résultats obtenus ». Le traité instituant simultanément la Communauté économique européenne (CEE) et la Communauté européenne de l'énergie atomique (Euratom) est signé à Rome le 25 mars 1957. Il entre en vigueur le 1er janvier 1958.

CHAPITRE 5

Une opposition massive mais infructueuse à la course aux armements atomiques (1957-1973)

Les deux faces de l'énergie nucléaire se développent rapidement au cours de cette période : la population manifeste son inquiétude alors que la compétition est intensive entre l'URSS et les USA et que la Chine et la France s'ajoutent au club très fermé de l'atome militaire. Les constructeurs et exploitants de centrales nucléaires civiles entrent dans une phase de compétition industrielle et commerciale.

5.1 Des années de changement de valeurs

Une sorte d'euphorie économique règne sur l'esprit des gens en cette fin des années 1950. Les nations européennes tentent d'unir leurs efforts pour développer leur économie à nouveau. Mais les mœurs n'ont pas encore beaucoup changé : dans le milieu bourgeois où je vivais, on écoutait Brassens en cachette de certains parents (qui le jugeaient trop grossier) sur les premiers électrophones portatifs Teppaz. Les « thés dansants » se tenaient encore à 17 h même lorsqu'ils étaient organisés par les cercles d'étudiants, les bals commençaient à 21 h et étaient encore souvent organisés par les familles qui avaient des filles en âge de se marier soit alors vers 18 ans. Les jeunes gens déjà fiancés ou notoirement en couple n'étaient d'ailleurs plus invités. La tenue de rigueur dans ces circonstances restait le smoking et la robe de bal.

Il est frappant de constater que les chanteurs à la mode comme Adamo, Montand ou Brel se présentaient sur scène en veston et cravatés. Dans la plupart des entreprises, les femmes n'étaient pas autorisées à porter le pantalon et l'interdiction était identique dans certaines écoles tenues par des religieuses. Les nonnettes portaient encore l'ample coiffe que certaines refusaient d'enlever, même lorsqu'elles assistaient un chirurgien en salle d'opération. Le cinéma était le reflet d'une société où fumer était un geste convivial, boire était inévitable aussi bien en sortant du travail qu'au cours des fêtes, et personne ne songeait à ne pas conduire en sortant d'une fête bien arrosée.

Les heureux possesseurs de voitures rapides, bien plus rares qu'aujourd'hui, roulaient encore à des allures folles sur des routes pavées bordées d'arbres. Sur les chemins de fer, les locomotives à vapeur vivaient leurs dernières années tout en étant encore bien présentes. Passionné par ces machines puissantes, je passais mes journées d'adolescent dans les gares à les photographier :

© A. Michel

C'est sans aucun doute ce qui me décida à faire des études d'ingénieur, même si les locomotives électriques, simples boîtes en tôles sans grand intérêt visuel, remplaçaient progressivement ces machines impressionnantes et polluantes.

Voyager en bateau restait un moyen courant. Le paquebot *France*, navire de prestige pour la technique française s'il en est, est lancé avec force publicité en mai 1960. Il fera sa première traversée de l'Atlantique en janvier 1962. Les célébrités continuent à se presser à bord de ces navires somptueux. Le nucléaire devient bien présent dans les navires : le sous-marin américain *Nautilus* lancé en 1954, passe sous le pôle Nord en août 1958. Les Russes lancent un brise-glace nucléaire en décembre 1957.

L'aviation civile progresse aussi rapidement : la compagnie belge Sabena est la première européenne à acquérir un Boeing 707 qui lui permet de réduire la traversée vers New York à 6 heures. Mais plus haut encore, la conquête de l'espace a commencé avec le lancement en octobre 1957 par les Russes du premier satellite, le Spoutnik, qui émettait un bip-bip devenu symbolique. Ce succès soviétique est un choc pour l'Occident. Nous sommes en pleine guerre froide et la compétition est affaire de sécurité mais aussi de prestige mondial.

Dès lors les USA répliquent en février 1958 avec un premier satellite. Puis en juin 1959, ils mettent 2 singes en orbite. En septembre, les Russes expédient une sphère de la taille d'un ballon de football sur la

Lune, ce qui inquiète les USA qui craignent de voir leur armement dépassé. Et en avril 1961, Youri Gagarine devient le premier homme dans l'espace. Il faudra attendre février de l'année suivante pour que l'Américain Glenn dans une capsule *Mercury* tournoie à son tour autour de la Terre. C'est la première étape du programme Apollo. Le 25 mai Kennedy prononce le fameux discours qui donne le coup d'envoi du programme lunaire américain : « Notre nation doit s'engager à faire atterrir l'homme sur la Lune et à le ramener sur Terre sain et sauf avant la fin de la décennie ». Ce qui sera chose faite le 21 juillet 1969. Le monde était fasciné.

Cette sorte « d'euphorie » technique, de confiance dans les pouvoirs de la science, d'une certaine forme d'acceptation des choix gouvernementaux avait connu son apogée pour nous avec l'exposition universelle de 1958. La Belgique pouvait encore y étaler ses succès au Congo belge et ses prouesses techniques notamment architecturales en Belgique. La construction de l'Atomium en était une ; il était supposé provisoire – comme l'avait en son temps été la tour Eiffel – et comme elle, il a survécu pour devenir un symbole de Bruxelles. L'Atomium représente la maille conventionnelle du cristal de fer agrandie 165 milliards de fois. Ce monument devait faire référence aux sciences et en particulier aux usages de l'atome. J'imagine mal qu'un tel symbole soit encore choisi aujourd'hui...

La participation internationale à cette exposition était extrêmement vaste. Les halls des USA et de l'URSS rivalisaient en taille, en présentations futuristes et par leurs spectacles. Mais il y avait aussi des participations plus modestes ou culturelles comme la présentation des manuscrits très anciens trouvés près de la mer Morte par Israël. Lorsque l'exposition ferme en octobre, elle a reçu 41 577 311 visiteurs. C'est un succès jugé exceptionnel.

Cependant la situation politique reste très agitée : si avec les accords de Genève en juin 1954, Mendès-France a pu mettre fin à la guerre d'Indochine, avant la fin de l'année des troubles éclatent en Algérie. Cette guerre va entraîner l'appel du contingent et beaucoup de Français s'opposent à ce combat fratricide. En 1958, craignant un putsch sur Paris, le gouvernement français ne voit d'autre solution que de faire appel au général de Gaulle. L'Algérie choisira l'indépendance. Les pays d'Afrique vont aussi tour à tour choisir l'indépendance dans des conditions plus ou moins réussies. La Belgique renonce au Congo de façon quelque peu expéditive.

Si les Européens se sont écartés en peu d'années de leurs possessions coloniales, les USA, suite aux accords passés avec certains gouvernements, se trouvent entraînés dans de nouvelles guerres. La pire situation se développe dès février 1964 au Vietnam. Cette guerre va contraindre d'y engager la jeunesse américaine, qui va s'opposer de plus en plus fortement à cet enrôlement. Le 23 octobre 1967, alors que le début du retrait des troupes américaines a commencé, 250 000 manifestants se regroupent à Washington. Ce ne sera cependant pas la fin de cette guerre : il faudra attendre le 27 janvier 1972 pour qu'un cessez-le-feu soit signé à Paris.

Les USA sont très marqués par l'ambiance de guerre froide. Le Strategic Air Command (SAC) maintient ses avions en vol en permanence, prêts à intervenir éventuellement avec des armes atomiques. L'humour est-il la meilleure façon d'apaiser sa conscience et d'attirer l'attention sur le ridicule de certains choix militaro-politiques ? C'est sans doute ce que pensait Stanley Kubrick lorsqu'il réalisa en 1963 le fameux film *Dr Strangelove, How I learned to stop worrying and love the bomb*[1]. Peter Sellers y tient à la fois le rôle du savant fou bloqué dans son fauteuil d'infirme, du président des USA et du capitaine Mandrake. Mais en pratique, les USA et l'URSS ne s'opposent militairement que par pays interposés. Cette ambiance a été extraordinairement rendue dans le roman de Don De Lillo, *Underworld* (5.1). Cuba devenu communiste, gêne terriblement les Américains qui soutiennent un débarquement raté dans la Baie des Cochons en 1961.

En Europe, ce qui a le plus frappé les esprits, c'est la construction en quelques jours d'un mur qui divise Berlin en deux. Dans la nuit du 12 au 13 août 1961, les barbelés ont isolé la partie occidentale de la ville, empêchant les Allemands de l'Est de passer à l'Ouest. Un mur de blocs a suivi dès le 15, ne ménageant que quelques passages hyper contrôlés. La situation empire et en octobre, suite au projet d'installation de missiles russes à Cuba, il faudra toute l'habileté de Kennedy et Kroutchev pour éviter une conflagration générale.

Tous ces événements modifient les esprits, des jeunes en particulier. On fait sauter les contraintes. Certains exigent un retour à une simplicité « naturelle » : c'est la naissance de mouvements hippies, d'abord aux USA, puis de communautés où des jeunes espèrent vivre une nouvelle liberté. Ce sont de grandes manifestations qui commencent dans les universités américaines, mais vont se répandre dans le monde avec une pointe extrêmement médiatisée à Paris. On s'y bat dans les rues, on construit des barricades dans le plus pur esprit révolutionnaire. Les ouvriers vont suivre et le pays va se trouver paralysé. Les possédants tremblent ; cette anxiété est bien racontée dans le film *Milou en mai*, de Louis Malle, sorti en 1990.

---

[1] Devenu en français : *Dr Folamour ou Comment j'ai appris à cesser de m'inquiéter et à aimer la bombe.*

Cette explosion est sans doute l'apogée d'une évolution plus lente : les films secouent les mœurs. C'est la *Dolce Vita*, de Fellini et *L'avventura*, d'Antonioni en 1960. Puis en 1961, *Viridiana* de Bunuel, *Jules et Jim* de Truffaut. En musique, les Beatles apparaissent en 1961 et un immense public jeune se déchaîne à leurs concerts ; mais une fois de plus ils font une musique de « sauvages » selon certains adultes ! La mode dite beatnik est apparue dès la fin des années 1950 : jeans et blousons qui vont conquérir le monde. Mary Quant, en 1964, lance la mini-jupe qui entraîne l'apparition des collants jusque-là réservés aux danseurs. Courrèges à Paris lance une mode en 1965 qui libère les mouvements de la femme. Mais plus bouleversante encore est l'apparition de la pilule contraceptive découverte dans les années 1950 et commercialisée aux USA dès 1960, libérant les relations sexuelles. Son usage va se répandre comme une traînée de poudre, bien avant qu'elle ne soit dépénalisée en France en 1967 et malgré la condamnation par le pape Paul VI en 1968 à la grande déception de nombreux catholiques, qui l'utilisaient déjà.

On constate donc que les années 1960 ont vu un grand changement des mentalités. Ce ne sera pas sans conséquences sur le développement des armes nucléaires, puis des usages civils du nucléaire.

5.2 La conscience mondiale s'oppose à l'armement atomique

C'est sans doute à la fin des années 1950 que les mouvements populaires d'opposition devinrent les plus importants mais comme décrit plus haut, des grandes voix s'élevèrent dès les premiers jours qui suivirent l'explosion sur Hiroshima pour s'indigner et demander l'arrêt de tout développement.

Après l'échec des premières tentatives d'entente internationale, c'est l'explosion réussie par les Russes sur le site d'essai de Semipalatinsk le 29 août 1949 qui réveille l'action des savants. Avant tout, ils veulent éviter le développement de la bombe H que pousse Teller aux USA et que propose Sakharov en URSS. Oppenheimer est très opposé au développement de la bombe H mais il sera décidé néanmoins par Truman en janvier 1950. En février, 12 physiciens américains publient un manifeste intitulé : *Engageons-nous à ne pas utiliser la bombe H les premiers* (4.16). Einstein intervient quelques jours plus tard à la télévision et avertit que « au bout de ce chemin se profile de plus en plus distinctement le spectre de l'anéantissement général » (cité par 4.16). Mais les savants sont divisés sur le sujet : Teller et Thomson y voient un moyen de préserver la paix, Bethe s'y oppose.

Dompter le dragon nucléaire ?

C'est alors que le Conseil mondial pour la paix, présidé par Frédéric Joliot-Curie, lance un appel. Le texte est bref et clair :

APPEL
Nous exigeons l'interdiction absolue de l'arme atomique, arme d'épouvante et d'extermination massive des populations. Nous exigeons l'établissement d'un rigoureux contrôle international pour assurer l'application de cette mesure d'interdiction. Nous considérons que le gouvernement qui, le premier, utiliserait, contre n'importe quel pays, l'arme atomique, commettrait un crime contre l'humanité et serait à traiter comme criminel de guerre. Nous appelons tous les hommes de bonne volonté dans le monde à signer cet appel.

Stockholm, 19 mars 1950

Ce Comité est essentiellement composé d'intellectuels, progressistes ou communistes ; les Français y tiennent une place importante et plusieurs millions de personnes signent. Il est clairement soutenu par le PCF (parti communiste français) et dans tous les pays où les communistes sont présents ce qui réduit son influence sur une large part de l'opinion publique hantée par la peur d'un envahissement par l'URSS. C'est ainsi que le soutien du pape et du Vatican, sollicité par Joliot-Curie, est plutôt ambigu (4.16), affirmant néanmoins son soutien à la Paix (il ne pouvait faire moins !). La droite va réagir à ce mouvement dans lequel elle voit l'influence du Komintern russe par une campagne d'affiches, « militarisant » la colombe de la paix qu'avait dessinée Picasso.

© Inconnu

De très nombreux artistes soutiennent le Mouvement pour la paix, tels Signoret, Montant, Chagall ainsi que des politiques comme Jospin et le jeune Chirac. Boris Vian compose sa toujours célèbre chanson *La java des bombes atomiques* dans laquelle son oncle bricole une arme atomique qui lors d'une démonstration devant tous les chefs d'État enfermés dans sa petite cagna, tue tout ce beau monde. Devant le tribunal, l'oncle se défend :

> Messieurs c'est un hasard affreux
> Mais je jur' devant Dieu
> En mon âme et conscience
> Qu'en détruisant tous ces tordus
> Je suis bien convaincu
> D'avoir servi la France.

Cette chanson est publiée en première page du journal satirique *Le canard enchaîné* le 15 juin 1955.

En 1954, le Conseil œcuménique des Églises demande à toutes les nations de s'engager à ne pas faire usage « d'armes hydro-géniques ou atomiques ». En juillet 1955, nouvel appel lancé cette fois par Bertrand Russel, signé par 8 savants dont Joliot-Curie, Max Born et Joseph Rotblat ainsi que Einstein peu avant sa mort. Il appelait les scientifiques à se réunir pour discuter du risque que posait l'arme thermonucléaire pour la civilisation. La première réunion se tint en 1957 dans la propriété d'un milliardaire américain, dans le petit village de Pugwash au Canada, d'où le nom de ces rencontres qui existent toujours. Ce groupe de rencontre est particulièrement efficace du fait des responsabilités exercées dans leurs pays respectifs par les participants, mais chacun y vient à titre personnel. Ils étaient 22 la première fois : Américains, Russes et Européens. Les règles de participation sont restées les mêmes et les rencontres rassemblent en différents endroits du monde de 30 à 250 participants (5.3). Ce fut pendant longtemps l'un des seuls lieux de discussions détendues entre savants influents de l'Est et de l'Ouest.

De Göttingen, 18 savants allemands dont 4 prix Nobel affirment que la RFA servira la paix mondiale et sa propre sécurité en renonçant aux armes atomiques. Toujours en 1957, le Dr Schweitzer lance un appel au monde depuis Lambaréné, attirant l'attention sur les effets potentiellement désastreux du relâchement de produits radioactifs par les essais de bombes.

C'est en Grande-Bretagne que vont naître les mouvements d'opposition véritablement populaires. L'ambiance locale[2] y est marquée comme aux États-Unis par la présence des bombardiers du SAC :

> Je vivais à Oxford. Oxford à l'époque était entourée de bases des Forces aériennes, tant américaines que britanniques. Nous étions conscients que ces zones avaient été choisies par les Russes comme 100 % « overkill ». C'est-à-dire que si les calculs montraient que pour une zone déterminée il faudrait

---

[2] Extrait de Age Concern England, 2004.

– disons – 10 bombes nucléaires pour qu'elle disparaisse du paysage, on en expédierait 20 juste pour être sûr. Pour nous à cette époque en Grande-Bretagne, la menace d'une telle action jetait une ombre permanente sur la vie courante. Nous savions avec certitude que la possibilité d'une guerre était omniprésente, comme nous savions que l'Amérique avait une flotte d'avions géants B36 (ensuite B52) toujours en vol, 24 heures par jour, volant sur l'Arctique dans l'attente du mot « go ». Aussitôt que l'arrivée des ICBM serait détectée, les capitaines des bombardiers ouvriraient l'enveloppe contenant leurs ordres de vol et dirigeraient leurs avions vers des cibles russes prédéterminées. La Grande-Bretagne était au milieu et nous vivions avec cette situation. On s'étonnera peu que les années 1960 aient tourné comme elles l'ont fait. Rock'n'roll et rébellion adolescente. C'était juste un moyen pour mettre l'impensable à sa juste place.

J'ai déjà mentionné plusieurs fois l'anxiété du public face aux possibilités de guerre nucléaire. Peu de documentaires montrèrent cependant dans ces années-là les conséquences démentielles qu'elles pourraient avoir et la quasi-impossibilité de s'en protéger. Il fallut attendre 1966 pour que soit produit le film *The War Game*, réalisé par Peter Watkins pour la BBC. Mais son réalisme était tel que la BBC ne put le diffuser suite à des pressions gouvernementales. Ce genre d'interdiction n'avait jamais eu lieu jusqu'alors. Le film ne fut présenté pendant des années que dans des collèges ou à d'autres audiences réduites. Ce film était en quelque sorte une réaction aux films officiels montrés dans les écoles en Grande-Bretagne, inspirés de ceux présentés aux USA dans le programme qui enseignait diverses attitudes à prendre du style « plonger et se protéger » en cas d'explosion atomique. Le Home Office avait distribué une série de 7 films en 1964 basé sur le *Civil Defence Handbook n° 10* intitulé *Advising the householder on Protection against a Nuclear Attack*.

Le public n'était pas vraiment dupe. On se racontait aux USA que « dans le cas d'une attaque, tu dois t'asseoir sur le sol, mettre ta tête entre tes jambes et… dire adieu à ton cul ! ». Même fatalisme cynique dans l'histoire russe : « Question : que faire en cas d'attaque nucléaire ? Réponse : prendre une pelle et une couverture et se rendre lentement… au plus proche cimetière. Question : pourquoi lentement ? Réponse : tu ne dois pas créer de panique ».

Si dans l'ensemble au cours des années 1950, la population restait passive à l'exception de quelques petits groupes intellectuels, le lancement du Spoutnik en 1957 a fait monter la tension. L'écrivain J.B. Priestley publia dans le *New Statesman*, en novembre 1957, un article appelant la Grande-Bretagne au désarmement, obtenant plus de 1 000 lettres de soutien. Des pacifistes peu connus, le DC (The Direct Action Committee) annoncèrent une marche de protestation de Londres à

Aldermaston, le centre de recherches nucléaires militaires (environ 80 km) espérant quelques douzaines de marcheurs. Le but était d'entrer en contact avec les travailleurs du site pour les convaincre de cesser leurs recherches. Ils invitèrent le CND (Campaign for Nuclear Disarmament) fraîchement créé à l'initiative de Priestley à se joindre à eux. Le vendredi saint 1958, ce fut une colonne de 3 km de long qui quitta Trafalgar Square à Londres et après 4 jours de marche, 10 000 personnes stationnèrent en silence devant le Centre militaire.

Le CND fit des émules dans le monde entier et suscita la sympathie de millions de gens et les contributions financières de nombreux donateurs, y compris des artistes ou autres célébrités talentueuses qui contribuèrent aussi par leur présence dans les marches annuelles sur Aldermaston. Ces groupes avaient l'art de propager des images frappantes et terrifiantes, réalistes ou proches de la science-fiction, des mutations par exemple. Leur message de base : *Act Now or Perish* ! Leur leader charismatique était le philosophe Bertrand Russell, président du CND. Il publia un nouvel ouvrage en 1959 (5.2) dans lequel il tente de trouver une solution au risque permanent que constituent ces armements. Il explique :

> Je n'ai jamais été un pacifiste à proprement parler et je n'ai jamais prétendu que quiconque mène une guerre doit être condamné. Mon point de vue, je pense celui du bon sens, est qu'il y a des guerres justifiées et d'autres non. La particularité de la situation actuelle est que si une guerre éclatait, les belligérants des deux côtés de même que les neutres seraient tous également défaits. C'est une situation nouvelle qui signifie qu'une guerre ne peut plus faire partie des instruments politiques.

Un symbole devenu depuis un symbole universel de paix était

Ces badges étaient initialement en céramique. Résistant à une attaque nucléaire, ils seraient les témoignages qu'un être humain avait été là ! Le symbole, conçu par le designer Gerald Hollom, est une superposition des positions N et D en signes sémaphores. Mais d'autres valeurs symboliques y furent associées ensuite. Ce mouvement venait à un moment où une révolte encore sourde couvait : l'opposition à la Bombe s'ajoutait à une révolte contre le poids de la société, des religions au capitalisme forcené. On trouvait parmi les soutiens au CND, les auteurs baptisés « angry young men ». C'étaient des intellectuels d'« Oxbridge »[3], tels Kingsley Amis, exaspérés par les écarts entre la high class et la middle class, ou les auteurs tels que Osborne, Pinter, Wesker... Ils s'exprimaient notamment dans les séries télévisées *Armchair* (1956-1970) sur ITV ou *Wednesday play* (1964-1970) sur la BBC.

Dans ce mouvement, on voit aussi les jeunes et c'est, semble-t-il, une première fois que les jeunes participent pour une large part à des campagnes de masse. Pour certains ce n'était que l'occasion d'une sortie à la campagne, avec guitares et chansons, mais pour d'autres c'était aussi la manifestation d'une révolte contre une société d'adultes en laquelle ils n'avaient plus confiance. Autres participants qui formèrent l'épine dorsale du mouvement : les femmes. Le mouvement *Women Strike for Peace* est né aux USA en 1961. Sans doute ont-elles plus de sensibilité aux risques de contamination que les hommes. Mais comme les autres, leur position sur la Bombe était à la base, une critique de la société d'alors.

J.B. Priestley continua son geste initial en contribuant au mouvement. Il n'était pas le seul intellectuel à le faire. Selon le révérend Rawlings, la marche annuelle « est nécessaire non seulement pour sauver nos peaux mais pour sauver nos âmes ». Parmi les célébrités qui apportèrent leur soutien, on note sir Julian Huxley, l'évêque de Birmingham, Doris Lessing, Henry Moore, Benjamin Britten et bien des membres du Labour Party. Les manifestations atteignirent un maximum lorsque les sous-marins Polaris s'établirent dans leurs bases écossaises (Holy Loch) au début des années 1960. Ainsi en septembre 1961, 15 000 personnes manifestent sur Trafalgar Square : 850 seront arrêtées dont l'actrice Vanessa Redgrave.

Les arguments rationnels disparurent progressivement face aux slogans, spots radio trop brefs (30 secondes), etc. Et puis déjà en 1962-1963, le soufflé est retombé. Six mois après la crise de Cuba, un sondage Gallup montra que l'inquiétude du public était au plus bas depuis 1957. Ce n'est pas que la peur n'était plus là mais les réactions ne venaient plus spontanément. Pour la plupart, la meilleure façon de ne plus avoir peur était de ne plus y penser. De plus, 1963 vit la signature du Partial Nuclear Test Ban Treaty (interdiction des essais dans l'atmosphère et l'océan) et les mouvements antiguerre se tournèrent vers la lutte contre la guerre au Vietnam.

---

[3] Sortis des Universités d'Oxford ou de Cambridge.

En France dès 1958, Lanza del Vasto, pacifiste inspiré par Gandhi, provoque un rassemblement non violent aux grilles du site de Marcoule où est produit le plutonium des futures armes françaises. Mais il faut attendre 1963 pour que Claude Bourdet, membre du PSU et Jean Rostand, biologiste célèbre, créent le Mouvement contre l'Arme Atomique (MCAA). Il sera particulièrement actif de 1963 à 1967. Il rassemble des membres de mouvements de gauche non communistes, des scientifiques ; et même des « beatniks ». Après Mai 68, il se transforme en Mouvement pour la Paix, le Désarmement et la Liberté. En 1964 apparaît, en France toujours, un mouvement des partis de la gauche parlementaire, le Comité national contre la force de frappe. Il rassemble une foule énorme – 120 000 personnes – au parc de Sceaux. « Ce fut le premier et le dernier grand rassemblement antinucléaire de la gauche en France. [...] Cette prise de conscience découlait, en grande partie, de la "crise de Cuba" de 1962 » (5.4).

En Suisse, les mouvements visant à bannir l'arme atomique dans ce pays ont du mal à s'imposer même si 250 000 signatures ont répondu à l'Appel de Stockholm. Pour s'opposer au Conseil fédéral qui se déclarait prêt à acquérir ces armes, un Mouvement suisse contre l'armement atomique est fondé mais les votations qu'il suscite rejettent cette interdiction en 1962 et 1963. Le mouvement organise alors ses marches de Pâques de 1963 à 1967 ; ensuite il tourne son opposition surtout vers les nouvelles centrales électriques nucléaires (5.5).

Cependant d'une façon générale, le public est plus intéressé par ce que l'on baptisa « spy craze », qui a permis aux séries télévisées anglaises de pénétrer le marché américain à un rythme jamais vu jusqu'alors. *Danger man* sera montré par CBS au début des années 1960. *The Avengers* fit près de trois saisons sur ABC. *The Saint* eut son heure de succès. Après 1967, on ne les trouve plus que sur PBS. Mais aujourd'hui ils reviennent ici où là et sont diffusés en DVD. Les espions anglais au service de l'URSS ont été pour la plupart issus des classes élevées ou même de l'establishment, agissant par une sorte d'idéal, croyant dans les vertus du communisme.

5.3 Développements militaires et politiques

Pendant cette même époque, les spécialistes de l'armement nucléaire ne chôment pas. Les gouvernements des USA, d'URSS, de Grande-Bretagne et de Chine les soutiennent tout en recherchant un moyen de se concilier les opposants en créant des accords et des traités visant à limiter la prolifération de ces armes.

Au départ en 1954, les Soviétiques « subordonnent toute interdiction (totale des essais) à un accord de désarmement total » (5.8). Mais ils constatent le tort que cela leur fait dans l'opinion et décident un moratoire unilatéral en mars 1958. Les USA suivent. À l'automne des négociations s'engagent à Genève. Elles vont durer trois ans. En 1960, la France fait exploser sa première bombe dans le Sahara : une bombe au plutonium à implosion, ce qui démontre aussi une grande maîtrise des explosifs conventionnels. Le 31 octobre 1961, peu après la construction du mur de Berlin, l'URSS fait exploser une monstrueuse bombe de 57 mégatonnes, ce qui engendre une vague de protestation (5.11).

Ce n'est qu'après la crise de Cuba en décembre 1962, que les négociations reprennent à l'initiative de Khrouchtchev. Elles achoppent sur le problème du contrôle des explosions souterraines qui devrait se faire sur place, vu les moyens de l'époque. Finalement un accord, le Limited Test Ban Treaty (LTBT), est signé en octobre 1963, mais il n'interdit que les essais dans l'atmosphère, l'espace extra-atmosphérique et sous les mers (5.8).

La France n'adhère pas à ce traité. La Chine qui va rejoindre le club limité des détenteurs de bombes atomiques en octobre 1964 et fera exploser une bombe thermonucléaire en décembre 1966, n'y adhère pas non plus.

On évalue les stocks en cette fin 1961 à 24 211 bombes aux USA et 2 471 en URSS (5.11). Vu le grand nombre d'avions en vol permanent, le SAC est confronté à plusieurs accidents. L'un des mieux décrits est celui qui se produit au-dessus du village de Palomares (Espagne) en 1966 (5.6, 5.7). Au cours d'un ravitaillement en carburant en plein vol, l'avion nourrice heurte le B-52 porteur de quatre bombes. Elles sont libérées et les parachutes s'ouvrent correctement pour deux d'entre elles. L'une est retrouvée intacte au sol, l'autre en mer après 38 jours de recherche. Les deux autres sont détruites en touchant le sol par l'explosion des explosifs chimiques qu'elles contiennent : le nuage radioactif va répandre la radioactivité sur des terres agricoles, essentiellement des cultures de tomates. La zone la plus contaminée (2,2 ha) nécessite que le sol soit raclé et 6 000 barils de 250 l sont évacués vers les USA. Sur 17 ha, le sol est labouré pour enfouir l'oxyde de plutonium qui, étant peu soluble, ne devrait pas refaire surface.

La région et la population vont être suivies pendant de nombreuses années. Si pendant les premières années on trouve du plutonium en suspension dans l'air atteignant plusieurs centaines de $\mu Bq/m^3$ (des valeurs qui ne semblent pas affecter la santé), dix ans plus tard le niveau est devenu identique à ce que l'on mesure à New York ou dans le nord de l'Italie. 125 personnes sont suivies ; trente ans plus tard, aucun effet clinique n'a été observé. La culture de la tomate a repris et un camping est ouvert sur ce site.

Cependant pour les détenteurs d'armes atomiques, il devient urgent d'en éviter la prolifération car bien d'autres pays tels l'Inde, le Pakistan, Israël, etc. s'y intéressent. L'idée est « qu'un État a le droit de se défendre par tous les moyens à sa disposition » (5.8). Les négociations qui se déroulent une fois de plus à Genève ne pourront réellement commencer qu'en 1966. Le 1er juillet 1968, le Traité sur la Non-Prolifération des armes nucléaires (TNP) est ouvert à la signature de tous les pays du monde. Il n'est pas idéal car ses dispositions entérinent le fait qu'il y a deux catégories de pays : ceux dotés de ces armes, qui les ont fait exploser avant le 1er janvier 1967 et les autres. Les premiers sont en fait les 5 membres permanents du Conseil de Sécurité, vainqueurs en 1945 : les USA, l'URSS, la Chine, la France et la Grande-Bretagne. Ils s'engagent à ne pas aider un autre pays à acquérir d'armes nucléaires (art. 1) ce qui fut relativement bien respecté, et à se désarmer progressivement (art. 6), ce qui reste tout à fait limité... Les autres pays s'engagent à ne pas acquérir les moyens de réaliser une arme atomique (art. 2) et à placer leurs installations civiles sous le contrôle de l'AIEA (art. 3). En échange, le TNP doit favoriser les transferts de compétence pour le développement civil de l'énergie nucléaire (art. 4).

Il est défini dès le départ que le Traité est convenu pour 25 ans (art. 9) et qu'à cette échéance il pourra être décidé à la majorité des signataires soit de le renouveler pour une durée déterminée soit de décider qu'il restera d'application indéfiniment. Cette conférence s'est effectivement tenue à New York en 1995 et j'ai eu la chance d'y participer au sein de la délégation belge. La prolongation sans limitation de durée a été prononcée.

Le 5 mars 1970, les 40 signatures nécessaires sont atteintes et le Traité entre en vigueur. Quelques pays importants sont absents : la France et la Chine attendront 1992 pour signer. À ce jour d'autres possesseurs de bombes sont toujours absents : Israël, l'Inde et le Pakistan. Néanmoins ce Traité – malgré ses défaillances ou défauts, dont le rôle à la fois de promoteur et de contrôleur est souvent reproché à l'AIEA par les opposants au nucléaire civil – reste un élément essentiel permettant le développement des applications civiles du nucléaire tant dans le domaine de l'énergie que dans d'autres tels que la médecine ou l'agriculture.

5.4 L'âge d'or de la recherche nucléaire civile

En 1957, la plupart des pays développés sont dotés de centres de recherches spécialisés en ce domaine. En Europe, ils sont soutenus principalement par les États et l'Euratom[4]. Ce dernier dispose de ses propres lieux de recherches notamment un centre autonome à Ispra au bord du lac Majeur, à Karlsruhe dans la vallée du Rhin sur un centre fédéral allemand ou à Geel en Campine, contigu au CEN belge.

Lorsque je termine mes études d'ingénieur civil à l'ULB en 1961, j'entre comme assistant à l'Institut de mécanique appliquée où je travaille sous la direction du professeur André Jaumotte, pour réaliser et étudier le comportement thermique et hydraulique de la maquette d'un futur réacteur du centre d'Ispra, ECO. Je n'avais pas du tout planifié cette entrée dans le monde nucléaire mais j'y appréciai tout de suite l'enthousiasme et le dynamisme d'une entreprise nouvelle, où il y avait peu ou pas de précédent à ce que nous entreprenions. Aussi lorsque la possibilité me fut offerte de travailler simultanément certains jours pour la Belgonucleaire (BN), j'acceptai volontiers. Je travaillais sous la direction de Jean van Dievoet, à peine dix ans plus âgé que moi, qui comme plusieurs autres chefs de projet de BN, avait pu se former aux USA. Il faut tenter de s'imaginer l'ambiance de travail dans un milieu aussi jeune. Nos moyens étaient encore limités par rapport à aujourd'hui, la règle à calcul restait l'outil de base de l'ingénieur, mais notre imagination était totalement débridée. Un ordinateur IBM était déjà présent, desservi par des spécialistes, mais il était principalement réservé aux calculs complexes de physique nucléaire.

L'Union Minière avec la participation d'autres industriels, avait donné pour mission à BN de développer l'ensemble du cycle du combustible y compris les centrales nucléaires, dont principalement les réacteurs surgénérateurs qui produisent plus de matière fissile qu'ils n'en consomment en transformant l'uranium 238 non fissile. Nous nous attaquions à ce projet avec enthousiasme puisqu'il promettait d'apporter des ressources énergétiques presque infinies à l'échelle de notre civilisation. BN avait d'ailleurs des accords avec APDA à Detroit aux USA dans le cadre de la construction du réacteur à neutrons rapides Fermi ; des ingénieurs belges se succédaient sur ce projet et y acquéraient la compétence adéquate.

En 1964, je fus convoqué par notre directeur général qui avait des vues ambitieuses pour l'avenir du nucléaire belge. Il avait décidé d'élaborer un *Projet de programme d'ensemble pour la création et le développement d'une industrie nucléaire intégrée en Belgique*. Ceci impliquait de nombreux calculs qui cette fois se faisaient sur de très bruyantes machines à calculer mécaniques, capables des quatre opérations fonda-

---

[4] Communauté européenne de l'énergie atomique, chargée de coordonner la recherche sur l'énergie nucléaire, entrée en vigueur le 1er janvier 1958 entre les 6 pays membres alors (Benelux, France, Allemagne, Italie).

mentales. En quelques mois, nous avons sorti une proposition. Il est amusant de constater que nous avions prévu qu'en 1984, la Belgique disposerait de 4 333 MWe nucléaires. La réalité sera en 1985 plus proche de 6 000 MWe : malgré notre enthousiasme, nous sommes restés prudents. Nous étions aussi prudents sur la taille des installations : nous la faisions croître de 250 MWe en 1967 à 600 en 1985 alors qu'à cette date, elles ont eu une puissance nominale de 1 000 MWe. Mais là où nous nous sommes complètement « plantés », c'est dans notre espoir de voir plusieurs centrales surgénératrices installées en Belgique à cette date. Nous verrons pourquoi plus loin. Curieusement les prévisions en matière de fabrication d'éléments combustibles recyclant le plutonium s'avérèrent assez correctes pour ce qui est des combustibles pour les LWR[5] : l'usine de BN eut la capacité envisagée avec quelques années de retard. Ces exemples montrent simplement que l'art de prévoir reste très aléatoire même s'il est nécessaire pour orienter des investissements. On peut parfaitement arriver à des résultats exacts sur des hypothèses erronées et inversement !

Nous participions donc à des programmes de recherche presque toujours internationaux soit suite aux accords avec les USA, soit grâce à l'Euratom. Cela impliquait de beaucoup voyager, d'être parfois détaché à l'étranger pour plusieurs mois ou même années, de parler couramment l'anglais. Le nucléaire né en Europe avait migré aux USA pendant la guerre et ceux qui pouvaient bénéficier du retour d'expérience, ne pouvaient espérer le faire dans une autre langue. Comme de plus la Grande-Bretagne ne faisait pas partie alors de l'Euratom, le choix de cette *lingua franca* ne privilégiait personne. Mais le résultat est qu'aujourd'hui comme dans bien d'autres secteurs de pointe, une forme d'anglais quelque peu abâtardie est devenue la principale langue pratiquée.

Si certains pays au niveau des négociations de contrat se montraient plus gourmands ou plus arrogants que d'autres, cela s'estompait fort dans les groupes de travail. Nombreux furent les Belges qui ont au contraire bénéficié du faible poids politique de leur pays, pour occuper des postes à responsabilité. Autant les entreprises que les centres de recherches soignaient leur image. On était donc en général fort bien reçu, parfois même assez luxueusement comme dans les maisons d'hôtes du CEA français, aménagées le plus souvent dans d'anciennes demeures et châteaux. Les équipes étant internationales, pendant les phases d'études, les lieux de travail tournaient d'un pays à l'autre. Un esprit véritablement européen a ainsi pu se développer dans le milieu nucléaire à cette époque. Il a en partie survécu aux exigences de la concurrence commerciale d'aujourd'hui.

---

[5] Light Water Reactors, réacteurs refroidis et modérés à l'eau « ordinaire ».

Jacques Leclercq, dans son remarquable ouvrage (4.12), qualifie la période 1955-1965 : « dix ans de maturation », puis les années 1960 ont été selon lui « à la recherche de la compétitivité ». Face à la réserve des producteurs d'électricité américains, ses constructeurs se tournent vers l'Europe. La société franco-belge SENA commande en 1961 une centrale de 260 MWe, suite logique de la réalisation de BR3 sur lequel les opérateurs ont pu faire leur écolage en toute sécurité. Elle sera construite au fond de la colline à flanc de Meuse dans la pointe française de Givet, langue de terre étroite qui pénètre en Belgique. La salle du réacteur est enfouie au bout d'un tunnel de plusieurs dizaines de mètres. Cette configuration a sans doute permis aussi d'éviter des dispositifs trop rébarbatifs de contrôle d'accès au site. Le fait de parquer le « dragon » au fond de sa grotte est peut-être aussi rassurant car il y eut peu d'opposition à cette première centrale, ce qui ne fut pas le cas lors de l'extension mégalomane ultérieure dans la boucle de la rivière...

Le CEA tente aussi en 1963 d'informer les plus jeunes en distribuant une bande dessinée au dessin assez naïf : un texte plutôt scientifique émaillé de « gags » autour d'une visite de Marcoule (5.13). Les enfants l'ont-ils vraiment lu ? Le milieu nucléaire a sans doute apprécié cet effort puisque 5 ans plus tard, alors que le tirage est épuisé, le Courrier de l'Unesco dans un numéro consacré au nucléaire en publie des extraits.

Les compagnies américaines obtiennent aussi la construction de deux centrales en Italie. Puis enfin en 1963, les commandes affluent aux USA chez Westinghouse (PWR) et General Electric (BWR) pour des réacteurs de l'ordre de 600 MWe[6]. L'Atomic Energy Commission soutiendra de nombreux projets pour de plus petits réacteurs basés sur d'autres technologies mais ces projets ne dépasseront pas le stade de prototypes. Les grosses unités LWR vont progressivement écraser le marché mondial. Avant 1968, comme l'écrit Leclercq, l'imagination (tant en Europe qu'aux USA) est maîtresse du terrain jusqu'à ce qu'elle bute sur les dures réalités « de l'exécution et sur les contraintes financières ». Ceci est vrai tant en Europe qu'aux USA. Ces LWR bénéficient au départ de l'expérience acquise dans leurs applications militaires en propulsion navale et « une technologie ayant un avantage de départ peut être adoptée durablement par les acteurs économiques, alors qu'au long terme, elle a des effets nettement moins efficients que des technologies concurrentes » (5.12).

Malgré cela, les projets de développement des réacteurs surgénérateurs offrent de telles perspectives d'avenir que leur développement se poursuit avec le soutien des États. Le réacteur Fermi à Detroit devient

---

[6] PWR : Pressurized Water Reactor et BWR : Boiling Water Reactor.

critique en 1963 mais il est décidé en 1971 de ne pas prolonger son fonctionnement. EBR2 par contre sera opérationnel à partir de 1964 dans un centre de recherches au cœur des USA pendant plusieurs décennies. En Europe, le prototype Rapsodie à Cadarache démarre en 1967 et permettra de réaliser *Phénix* à Marcoule (233 MWe) qui est opérationnel à partir de 1973. De même sur la côte nord de l'Écosse à Dounreay, un petit réacteur de ce type, DFR, précède en 1959 PFR (254 MWe) qui fonctionne à partir de 1975. En Allemagne, le réacteur KNK-II précède de même la construction du réacteur SNR de 300 MWe entièrement réalisé à Kalkar sur le Rhin à deux pas de la frontière avec les Pays-Bas, qui ne fut jamais autorisé à démarrer suite à une forte opposition politique.

Nous utilisions certains de ces réacteurs pour nos programmes d'essai du combustible enrichi en plutonium que nous fabriquions à Dessel en Campine belge. BN était à la pointe du progrès. L'arrêt de ces programmes dans des circonstances essentiellement politiques dont je parlerai plus loin fut donc pour nous à la fois peu rationnel et profondément décevant. Aujourd'hui, les Russes et certains pays asiatiques sont seuls à poursuivre avec persévérance la construction des surgénérateurs.

Effectivement si l'enthousiasme un peu aveugle avait dominé les premières années du développement, des inquiétudes depuis longtemps présentes dans divers milieux quant aux armes, commençaient à s'étendre aux applications civiles. Marie Ossowska dans une conférence lors des Rencontres internationales de Genève en 1958, s'inquiétait déjà de ce que « les dangers de la physique moderne sont déjà très réels, alors que ses bienfaits sont plutôt anticipés » (5.9.). C'est l'époque où de grands romanciers imaginent ce que sera la vie des survivants après une guerre atomique. Ce n'est pas mon but ici de développer cet aspect mais je me dois de citer deux ouvrages parmi les plus remarquables : *A Canticle for Leibowitz* (Walter Miller en 1959) et *Malevil* (Robert Merle en 1972). Nombreux sont aussi les ouvrages qui se souviennent des bombardements sur le Japon. Par exemple *Pluie noire* (Masuji Ibuse 1970), *The flowers of Hiroshima* (Edita Morris 1959) ou un film en 1959 auquel notre génération a été particulièrement sensible : *Hiroshima mon amour*. Premier long métrage réalisé par Alain Resnais sur un scénario de Marguerite Duras, ce film selon le commentaire du DVD édité par Arte en 2004 « est cette douloureuse quête de la mémoire, cette lutte à la fois pour et contre l'oubli ».

Les dangers de la recherche d'une énergie inépuisable sont le thème central d'Asimov dans *The Gods themselves* (1972). James Bond, détruira dans sa carrière cinématographique, un certain nombre de réacteurs nucléaires dont celui du Dr No dès 1962. Je considère comme certain que les nombreux démêlés de Bond avec le nucléaire sous toutes ses formes, ont contribué à donner une image négative des armes – et tant mieux – mais aussi de l'énergie nucléaire, ce qui est moins bien. Ses aventures reflètent les peurs de nos sociétés. Tout récemment, à l'occasion du 50ᵉ anniversaire de cette série de films, le professeur Phillips, président de la Royal Society of Chemistry, a « blâmé le film *Dr No* pour avoir jeté une ombre de longue durée sur l'image du nucléaire, considéré comme une force démoniaque à peine contrôlable » Plus modestement dans les années 1960, un feuilleton – *les atomistes* – passe à la télévision française : il se déroule dans un centre de recherche atomique. Et bien évidemment, une puissance étrangère tente de leur voler leurs travaux. Ce thème de l'espionnage et des vols de savoir ou de matières se retrouve aussi dans les œuvres pour adolescents. Par exemple *Les six compagnons et la pile atomique* (Jacques Bonzon 1963). Le thème du terrorisme faisant usage de matières radioactives est abordé dans *La maladie de Chooz* publié au Fleuve Noir en 1966. Dans lequel, sous le pseudo de Michel Maltravers, Frederic Dard est manifestement inquiet des mécanismes terroristes qui pourraient être liés à un chantage à la pollution de l'eau de distribution de Paris, chantage largement diffusé pour créer la panique et favoriser une révolution.

Nous assistons à une lente montée des inquiétudes quant aux risques que pourrait entraîner l'utilisation intensive du nucléaire civil. Cette angoisse va faire l'objet d'une étude par des psychologues français en 1973.

5.5 Angoisse atomique : l'observation des psychologues et sociologues

Colette Guedeney, médecin et psychanalyste, a observé, de 1965 à 1971, les comportements et les angoisses des gens impliqués de près ou de loin dans les activités civiles nucléaires, les centrales électriques principalement. Avec la participation du sociopsychanalyste Gérard Mendel, elle a résumé ses observations et leurs analyses psychologiques mais aussi des travaux plus anciens, dans un ouvrage (5.10) qui est une synthèse essentielle de la situation en 1973. Sauf mention contraire, les citations dans ce paragraphe sont extraites de ce livre.

À la fin des années 1960, on observe les premières réactions d'opposition aux projets d'implantation d'installations nucléaires. Les plus importantes furent l'opposition avec succès à la construction d'une centrale électrique à Kaiseraugst en Suisse et les campagnes de tracts, conférences et manifestations à Fessenheim sur la rive française du Rhin, qui n'empêchèrent pas sa construction. Pour l'ASPEA, association suisse des industriels du nucléaire, cette industrie serait devenue le bouc émissaire de toutes les agressivités nées des craintes face aux activités industrielles de plus en plus mystérieuses et puissantes.

Mais « sur le plan "représentation-fantasme collectif", un fait était patent, incontestable : les gens réagissaient au problème des centrales nucléaires avec, pour eux, à l'arrière-plan inconscient, préconscient ou même conscient, la Bombe atomique. Les craintes liées à cette dernière se projetaient sur les Centrales. Il se produisait une confusion des craintes ». À l'opposé, les craintes sur la bombe sont en général minimisées, écartées, refoulées, se réfugiant éventuellement derrière le fait que « on n'y peut rien ».

Déjà en 1958, l'Organisation mondiale de la santé (OMS) avait confié à un comité d'experts formés de huit Européens et Américains la tâche d'évaluer les questions de santé mentale que pose l'utilisation de l'énergie atomique à des fins pacifiques. Ce comité observe que la conclusion impartiale à dégager d'un examen objectif des connaissances actuelles serait que même interprétées de la façon la plus pessimiste possible toutes les données objectives ne justifient pas l'anxiété pour le présent et ne l'autorisent que d'une manière très vague et lointaine pour l'avenir... Cependant l'anxiété existe et persiste à un degré extraordinaire. Elle risque d'avoir des effets pathogènes sur la santé mentale. Les mesures proposées comprennent ce qui reste le credo des entreprises : informer, faire participer les collectivités locales, éduquer les journalistes, etc. mesures qui se sont souvent révélées inefficaces. À côté de cela, on lit des propositions tout à fait surprenantes : un déconditionnement en installant des centres nucléaires dans les villes, limiter dans les centrales nucléaires les mesures de sécurité pour qu'elles ne provoquent pas une anxiété préjudiciable, que les savants mesurent mieux la portée de leurs déclarations et réalisent qu'il ne leur appartient pas de porter un jugement psychologique ou moral sur des problèmes scientifiques.

Ce genre de propositions peut nous étonner aujourd'hui mais le plus surprenant est la conclusion : au point de vue de la santé mentale, la solution la plus satisfaisante pour l'avenir des utilisations pacifiques serait de voir monter une nouvelle génération qui aurait appris à s'accommoder d'une certaine part d'ignorance et d'incertitude. Ce n'est manifestement pas de cette façon que les mentalités ont évolué selon les observations faites dix ans plus tard. Au cours d'un stage de formation destiné à des médecins, pharmaciens, maires et autres personnalités locales, Guedeney constate que les questions fusent, notamment sous la forme « Qu'arriverait-il si... » et que les réponses des conférenciers furent embarrassées, et parfois empreintes de culpabilité. Elle observe que sous des dehors calmes et sceptiques, il était visible que les stagiaires cherchaient en réalité à multiplier leurs demandes de réassurance ; ils utilisaient leurs connaissances qui, pour beaucoup, étaient élémentaires en ce domaine, afin d'étayer leurs doutes ou leurs convictions. J'ai souvent observé lorsque je participai à des débats ou présentai des conférences, que le public aimerait que l'on soit ferme dans nos réponses : est-ce dangereux, oui ou non ? Notre désir de scientifiques de laisser percevoir que rien n'est aussi tranché, nos explications parfois trop détaillées, passent le plus souvent pour de fâcheux atermoiements, sinon un désir de dissimuler un danger.

Guedeney met en avant le fait que dans le milieu nucléaire même, tout n'est pas certitudes et apaisements. On retrouve derrière le calme apparent, la même angoisse. Les images sont assez semblables à celles des profanes en la matière : l'image d'une explosion en association avec la bombe, le thème du secret ; l'image du diable est présente, ainsi que celle du feu et de l'incendie. On note la présence de thèmes mythologiques dans le choix du nom des réacteurs, thème que j'ai déjà évoqué en prologue.

Pour Guedeney et Mendel, les réactions de rejet ont des sources profondes. Sur les représentations refoulées des effets de la Bombe, on peut penser que viennent « se greffer un certain nombre de représentations et de fantasmes en rapport avec des thèmes conscients actuels et en particulier la culpabilité d'avoir attaqué la Mère-Nature ». Mais il faut aussi noter l'éventuelle utilisation de ces angoisses diffuses par les mouvements d'opposition dont l'appréciation du danger peut dépendre des intentions politiques et du pouvoir des utilisateurs de ces mouvements collectifs.

On peut considérer qu'au début des années 1970, la situation a fortement évolué : on entre dans une phase de conflits entre des besoins économiques et de sécurité d'approvisionnement en énergie, et des inquiétudes quant à la fiabilité de la solution nucléaire. La première crise pétrolière de 1973 va être un événement décisif dans ces circonstances.

CHAPITRE 6

De la crise pétrolière à la « bataille » de Creys-Malville (1973-1977)

Les deux chocs pétroliers successifs vont accélérer ou confirmer les projets d'implantation de centrales électriques nucléaires, dans la perspective d'assurer la sécurité d'approvisionnement dans de bonnes conditions économiques. Mais au cours de cette même période, l'opposition à leur implantation tant par des voies démocratiques que par des manifestations parfois violentes va s'intensifier.

6.1 La crise pétrolière va-t-elle ouvrir la voie au nucléaire ?

Le 22 décembre 1973, les six pays du golfe Persique, membres de l'OPEP[1], les plus gros exportateurs de richesses pétrolières, réunis à Téhéran, doublent le prix du pétrole brut. Le baril passe de 5,092 à 11,651 dollars. Or ils représentent près de la moitié de la production mondiale. Comment réagir ?

Le rapport annuel de la Belgonucleaire en 1973, note un intérêt accru pour le nucléaire. Aux USA, les producteurs d'électricité passent commande de 44 unités qui auront une puissance totale de 49 000 MWe. Ce sont essentiellement des LWR, basés sur la technique mise au point pour la propulsion navale militaire, qui « brûlent » un combustible uranium légèrement enrichi en isotope fissile, produit dans les installations de l'USAEC, héritées des programmes militaires. Malgré quelques doutes que cite ce rapport sur « l'efficacité de leur système de refroidissement des cœurs en cas d'urgence » (et nous verrons que ce doute était justifié), les Européens vont suivre le mouvement. La France, la Suède, la RFA, la Russie renoncent à leur système propre ; seule la Grande-Bretagne persévère avec le développement de l'AGR, Advanced Gas Cooled Reactor. Les Européens vont aussi mettre en concurrence deux systèmes d'enrichissement de l'uranium en isotope fissile : la diffusion gazeuse chez Eurodif à Pierrelatte en France et la centrifugation par Urenco, un consortium hollando-germano-britannique.

---

[1] Organisation des pays exportateurs de pétrole.

Dompter le dragon nucléaire ?

La France va lancer en cette année 1973, un programme ambitieux sur la base d'une décision ministérielle rapide. Le 15 mai, la Commission PEON[2] a remis son rapport ; il préconise que la France tire 85 % de son électricité du nucléaire en 2000. Marcel Boiteux alors patron d'EDF rapporte[3] :

> Un matin, il reçoit un coup de fil du gouvernement : « Combien de centrales nucléaires peut-on construire dans les prochaines années ? Vous avez deux heures pour répondre. » En fin de matinée, nouveau coup de fil. Marcel Boiteux répond : « sept en deux ans ». Dans la foulée, l'État annonce le lancement de sept centrales en une année. Le conseil interministériel présidé par le premier ministre Pierre Messmer le 5 mars 1974 décide un programme de 16 tranches identiques de 900 MWe, des PWR construits par Framatome (FR) sous licence Westinghouse (USA) (4.12).

De Gaulle ne gouverne plus la France, mais le régime est toujours gaullien. Les développements techniques vont bon train : le réacteur à neutrons rapides surgénérateur *Phénix* à Marcoule en France est couplé au réseau électrique en décembre 1973 et il atteint sa puissance nominale de 250 MWe dès l'année suivante.

Belgonucleaire et l'étude des combustibles

La réalisation de *Phénix* me touche de très près car à l'époque je suis responsable au sein de Belgonucleaire d'une équipe d'une trentaine d'ingénieurs et techniciens qui conçoivent et expérimentent le combustible des centrales nucléaires, et en particulier le recyclage du plutonium. Ce travail repose sur une intense collaboration au sein de l'Europe mais aussi avec les USA. Nous vérifions d'abord le comportement hydraulique et thermique de ces prototypes dans des installations d'essai non nucléaires, dans notre propre laboratoire ou au Centre Nucléaire de Mol. Ensuite nous faisons charger des assemblages pilotes dans divers réacteurs en Belgique, en France, en Grande-Bretagne, en Allemagne, en Italie, aux Pays-Bas et même aux USA. Nous assurons le suivi et l'analyse après déchargement en fin de vie (quelques années plus tard parfois). Ces examens post-irradiatoires nous fournissent les données pour calibrer les modèles de calcul sur ordinateurs qui nous permettront de dimensionner et prévoir le comportement du combustible qui sera livré aux exploitants des centrales. Les modèles que nous développons et améliorons sans cesse sont reconnus et utilisés internationalement : c'est une intense satisfaction pour nos ingénieurs. Nous sommes persuadés de contribuer au bien-être futur des populations.

Ce travail en équipes internationales nous ouvre l'esprit aux autres cultures européennes. Nous sommes contraints d'apprendre et de parler au moins

---

[2] Production d'énergie d'origine nucléaire.
[3] Cité par Mathieu Deprieck in *L'Express.fr*, 16 mars 2011.

> l'anglais couramment, et de préférence d'autres langues telles que l'allemand ou l'espagnol. Mais le fait d'en avoir un usage quasi quotidien justifie largement l'effort.

Cependant tout n'est pas simple. Si avec la crise pétrolière, l'attractivité du nucléaire se confirme en 1974, par contre face à l'inflation, l'importance des investissements commence à poser problème. Aux USA, les plans d'investissement sont constamment réajustés avec même des annulations de commande. En Europe, les plans sont plus fermes et dans certains pays, l'intervention de l'État facilite cela, avec notamment des participations sous formes diverses au financement. Pendant les années 1970, on raccorde en moyenne une quinzaine d'unités nucléaires au réseau chaque année dans le monde. En Belgique, le plan d'équipement des producteurs d'électricité comprend deux unités à Doel sur l'Escaut à proximité d'Anvers et une à Tihange, près de Huy sur la Meuse. Cette dernière, comme à Chooz, se réalise avec la participation de la France, qui ne mettra en service son premier PWR qu'en 1977 à Fessenheim sur le Rhin face à l'Allemagne. Ce qui n'ira pas sans contestation alors que les premières unités belges n'ont pas vraiment soulevé d'opposition massive et populaire.

Les fluctuations des décisions politiques et des conditions économiques, pression de l'inflation et difficultés de financement, rendent la tâche difficile aux producteurs d'électricité. Leclercq écrit : « L'exemple de la France montre les avantages tirés d'une politique résolue et opiniâtre » (4.12). Néanmoins en 1975, on compte 19 pays qui disposent de centrales nucléaires pour un total de 80 873 MWe[4]. La moitié de cette puissance est aux USA.

Le milieu nucléaire est conscient depuis plusieurs années qu'il lui faut être moins secret. Il a aussi besoin d'échanges scientifiques pour progresser. Les grandes conférences se sont succédé à Genève. Au cours de celle de 1971 par exemple, plus de 7 000 participants sont venus du monde entier, à l'exception notable de la Chine[5]. L'énergie nucléaire est reconnue alors pour son importance croissante, c'est une réalité industrielle, écrivent les journaux. À quoi *Le Monde* ajoute[6] : « L'argument tiré de l'inexistence d'accidents graves a du poids certes. Sa validité cesserait le jour où un pareil accident se produirait ce qui peut sembler très improbable mais dont l'impossibilité n'est pas démontrée ». Prémonitoire.

---

[4] *Le Monde*, 12 mai 1977.
[5] *Le Soir*, 5-6 septembre 1971.
[6] *Le Monde*, 11 septembre 1971.

Dompter le dragon nucléaire ?

La grande majorité des grands groupes industriels s'intéresse à cette technologie. En Allemagne, les sociétés se groupent : Siemens avec AEG forme Kraftwerk Union pour réaliser des PWR alors que Krupp, BBC et GHH-MAN forment un autre groupe pour offrir des BWR. Siemens s'associe à Deutsche B&W dans Interatom qui s'associera avec Belgonucleaire et Neratoom dans INB[7] pour réaliser le réacteur surgénérateur de Kalkar, projet auquel j'ai contribué pendant plus de 10 ans. En France, Framatome qui domine le marché est issue d'une association de Creusot-Loire avec Jeumont-Schneider. En Belgique les ACEC se groupent avec Cockerill (ACECO) pour réaliser ou participer à la réalisation des premières centrales. Ce mouvement se produit aussi en Suède, aux Pays-Bas, en Italie, etc.

De la fin de la guerre en 1945 jusqu'aux chocs pétroliers, l'économie connaît une période de croissance exceptionnelle que l'économiste Jean Fourastié a baptisé les 'Trente Glorieuses'. La demande d'électricité progresse avec régularité à un rythme en Europe de l'ordre de 7,5 %/an. L'interconnexion des réseaux s'accentue et permet d'augmenter rapidement la taille des unités ce qui peut favoriser le choix de centrales nucléaires. Tout cela semble justifier les ambitions nucléaires des constructeurs et des producteurs d'électricité.

Mais cela ne se passe pas sans contestations. Je décrirai plus loin l'évolution des mentalités et les réactions de la « rue ». Mais le débat se déroule aussi au sein des parlements. Les commissions parlementaires se saisissent du problème. Par exemple, celle qui en France s'occupe de la pollution de la Méditerranée, « s'est étonnée de l'atmosphère de secret qui entoure tout ce qui concerne le nucléaire »[8]. De son côté la presse ajoute une couche de dramatisation : un magazine dit sérieux, *L'Expansion* qualifie en décembre 1974, les réacteurs nucléaires de « chaudrons du diable »[9].

Le milieu nucléaire est conscient qu'une ouverture vers le public est indispensable et dans l'esprit des grandes conférences de Genève, s'organise la première European Nuclear Conference, à Paris en avril 1975. Le comité des programmes est présidé par un scientifique remarquable, un homme de grande expérience ouvert au dialogue, Guy Tavernier par ailleurs directeur général de Belgonucleaire. Lors de l'ouverture, un militant des Amis de la Terre a jeté des paquets de tracts antinucléaires vers la tribune des journalistes pendant le discours de Jacques Chirac. Ce dernier s'est interrompu et a lancé : « Laissons sortir

---

[7] Internationale Natriumreaktor Bau GmbH.
[8] *Le Monde*, 22 novembre 1974.
[9] *La Libre Belgique*, 19 janvier 1975.

cet irresponsable »[10]. On aurait pu espérer une présence active et participative des opposants lors des ENC successives. Ils étaient invités tant à Paris que les années suivantes (ces conférences existent toujours) ; ils ont toujours préféré manifester de l'extérieur.

> **The Uranium Institute**
>
> En 1975 est fondé à Londres UI (devenu par la suite la WNA, World Nuclear Association) qui réunira dès lors les industries du cycle du combustible tant minières que manufacturières, rapidement rejointes par les sociétés de production d'électricité, leurs clients. Cet Institut a dû régulièrement se défendre contre l'accusation de former un cartel, un trust, notamment de la part de la justice américaine. Cette accusation était probablement injustifiée. Comme disait son premier dirigeant, Terry Price : « Les consommateurs d'uranium ne resteraient probablement pas dans un club dont le but serait de tenter de fixer les prix et les quotas ». Très britannique, Price me reçut lorsque je le rencontrai fin des années 1970, dans le salon du Reform Club ; il était heureux de nous montrer la grande horloge qui trône au sommet de l'escalier d'honneur, élément essentiel du tour du monde de Phileas Fogg. Rencontre d'un visionnaire du XIXe siècle et d'une aventure d'aujourd'hui, la maîtrise de la fission.
>
> Pour une industrie confrontée à la gestion d'un produit où toute décision a des conséquences sur de longues années, il est indispensable de disposer d'un institut chargé de prévisions et de confrontations. Qu'il s'ouvre comme il l'a fait progressivement à l'information des gouvernants et du public, lui donne évidemment aussi l'image d'un lobby. Pour avoir participé à ses groupes de travail, j'en ai vécu le professionnalisme, la qualité et le sérieux des rapports.

De nombreuses instances sont convaincues alors que le développement de l'énergie nucléaire ne pourra se faire qu'avec l'appui et le contrôle des gouvernements. La montée de la contestation aux USA bloque tout nouvel investissement. Cependant les alternatives n'apparaissent pas encore clairement. D'autre part, l'inquiétude concernant les possibilités de détournement à des fins militaires, la prolifération des armes nucléaires, prend de l'ampleur. Le président des USA, Carter, est un ancien sous-marinier nucléaire, ce qui apporte une certaine crédibilité à ses positions. Or en fin 1976, il s'inquiète des possibilités de détournement du plutonium que l'on obtient en retraitant le combustible usé. Il n'est pas le seul : au Royaume-Uni, la Royal Commission on Environmental Pollution a publié un rapport sur le nucléaire et l'environnement où elle déclare que « le problème de la prolifération est très sérieux et il ne disparaîtra pas en refusant de le reconnaître »[11]. Ce

---

[10] *La Libre Belgique*, 22 avril 1975.
[11] *The Financial Times*, 5 octobre 1976.

problème va être géré par un groupe de pays exportateurs baptisé *London Group* (devenu ensuite le *Nuclear Suppliers Group*) qui appuie son contrôle sur la liste d'objets établie précédemment au sein d'un comité mené par le professeur suisse Claude Zangger. L'exportation de ces objets sera soumise à des règles sévères ou parfois tout simplement interdite. L'application des procédures dites « safeguards »[12] et la surveillance effectuée par les inspecteurs de l'AIEA et autres organismes n'ont cependant pas pu éviter certains écarts, dont les développements par la suite au départ du Pakistan sont les plus renommés.

Carter au printemps 1977 décide de reporter sine die toute activité de retraitement aux USA. Il arrêtera aussi le programme de construction d'un surgénérateur à Clinch River. Il ne peut imposer ce choix aux autres pays mais espère qu'ils se joindront aux USA dans cette décision. Ce ne sera pas le cas et cela se justifie entre autres par le fait que contrairement aux USA, l'Europe occidentale et le Japon sont pauvres en ressources énergétiques propres. Utiliser au maximum l'uranium importé est positif pour la sécurité d'approvisionnement. Retraiter et continuer le développement des surgénérateurs semble indispensable à ces régions.

Un programme international d'évaluation du cycle du combustible nucléaire (INFCE) va alors être lancé à l'initiative des USA. La France, la Grande-Bretagne, l'Allemagne, le Japon, le Canada et l'Italie les rejoignent ; finalement une cinquantaine de pays participent. Des experts belges qui connaissent bien le recyclage du plutonium sont de la partie et co-président le groupe réacteurs surgénérateurs. Une conférence d'organisation a lieu à Washington en octobre. Huit groupes de travail sont formés. L'objectif est strictement technique et scientifique ; ce n'est pas une négociation. La conclusion sera présentée à Vienne en février 1978 : l'INFCE a identifié des voies et des moyens pour renforcer le contrôle des fournitures nucléaires civiles et minimiser le risque de prolifération des armes nucléaires (6.1).

Fin septembre 1977 se réunit à Istanbul une gigantesque conférence mondiale de l'énergie à laquelle participèrent 3 500 experts[13]. Parmi les très nombreux rapports, certains bien évidemment suscitent la controverse. L'un tente d'évaluer la demande et les ressources jusqu'en 2020. Il confirme l'intérêt de poursuivre l'exploration en mer où se situeraient 45 % des ressources mondiales. Un autre affirme que l'on ne pourra se passer du nucléaire pour couvrir la demande d'électricité. Il faudrait que la part du nucléaire soit de 45 % en 2000 et de 57 % en 2020[14]. Foster,

---

[12] En français « garanties », mais ce vocable est beaucoup moins utilisé dans le franglais nucléaire courant.

[13] *Le Monde*, 20 septembre 1977.

[14] *La Libre Belgique*, 21 septembre 1977.

président de l'énergie atomique au Canada, déclare « qu'il y aura une réduction considérable des niveaux de vie si on n'adopte pas le surgénérateur »[15].

6.2 Des décisions démocratiques

Mais ce choix ne sera pas suivi par tous les pays engagés jusqu'alors dans le développement du nucléaire. Si la politique du gouvernement de droite alors au pouvoir en **France** est très volontariste, la gauche ne la suit pas. Si elle arrive au pouvoir, déclare Mitterand le 11 octobre 1977, elle déclarera une « pause » de 18 mois à 2 ans sur la construction des centrales. Elle organisera alors une consultation nationale et développera les consultations locales pour trouver les sites s'il est décidé de poursuivre le programme[16].

Un sondage exécuté par la SOFRES en 1978 donne 49 % des sondés favorables au nucléaire pour 42 % d'opposants. Cette petite majorité considère ce développement comme inévitable pour faire face à la pénurie et au renchérissement des autres formes d'énergie. 64 % sont hostiles à l'arrêt des programmes. Comme l'écrit la presse, « il s'agit d'une résignation raisonnée »[17].

En **Suède**, des manifestations ont eu lieu dès août 1976 contre le nucléaire et le parti du centre opte pour suivre cette opinion : s'il gagne « il n'y aurait plus une seule centrale nucléaire en Suède en 1985 »[18]. Fälldin, le leader du parti, gagne les élections en 1978. Sa campagne se basait sur l'arrêt de l'expansion du parc nucléaire. Mais ses partenaires gouvernementaux libéraux et conservateurs sont pour le maintien du développement au-delà des dix centrales existantes ou en chantier. Le débat va se développer toute l'année et conduira à la chute du gouvernement faute d'accord sur ce sujet en octobre. Ce ne fut qu'en 1980, que trois alternatives sont soumises au vote des Suédois. Seule la troisième prévoyait un arrêt des réacteurs dans les dix ans. Les premières prévoyaient qu'il y aurait au maximum 12 réacteurs en service et que l'extinction serait progressive en fonction de la disponibilité d'alternatives énergétiques. La question du devenir des combustibles usés avait été aussi au centre des débats politiques. De ce point de vue, une solution fut adoptée avec le stockage en sous-sol granitique. Ce ne fut pas la fin du débat qui repartit de plus belle après l'accident de Tchernobyl.

---

[15] *Le Monde*, 23 septembre 1977.
[16] *Le Monde*, 14 octobre 1977.
[17] *La Libre Belgique*, 16 décembre 1978.
[18] *Le Monde*, 6 octobre 2011.

Les **Suisses** vont également s'interroger sur l'avenir de leurs centrales nucléaires. Déjà en juillet 1977, six mille citoyens avaient manifesté contre la construction de la centrale de Goesgen, au sud de Bâle. C'était la deuxième fois en 8 jours et ils furent dispersés par un millier de policiers. Ce même mouvement avait obtenu le mois précédent une très forte majorité, 47 633 voix contre 14 816, dans une votation cantonale d'initiative populaire s'opposant à toute construction nucléaire. Les mouvements d'opposition prendront de l'ampleur et une initiative visant à soumettre les constructions nucléaires au contrôle populaire est proposée à l'ensemble de la population suisse à la mi-février 1979. Près de la moitié de la population a participé au vote ce qui est considéré comme élevé en Suisse. À une très faible majorité, la proposition écologiste est rejetée (965 271 voix contre 919 923)[19]. Le gouvernement va donc devoir agir en conséquence. La loi adoptée par le Parlement comporte de nouvelles exigences en matière de garanties sur le stockage et le traitement des déchets. La centrale de Goesgen est reliée au réseau fin 1979. La seule unité à être mise en service ultérieurement est à Leibstadt, un BWR relié au réseau en 1984.

Mais la situation la plus étonnante se déroule en **Autriche**. Une unique centrale a été construite dans ce pays, à Zwentendorf située à 60 km de Vienne environ. Le parti populiste d'opposition, qui avait pourtant voté sa construction en 1969 alors qu'il était au pouvoir, s'oppose à sa mise en service. On est à un an des élections. Le chancelier Kreisky, socialiste, partisan de la mise en service, décide de passer au référendum. Il est soutenu par les dirigeants syndicalistes mais une partie de son parti le lâche. Ce sera non par 50,47 % contre 49,53 % ; 30 000 voix d'écart ont condamné la centrale. La facture sera lourde.

On trouve un intéressant commentaire de cet événement dans le *Financial Times*[20] :

> Comme le montre le cas autrichien, l'opposition aux centrales nucléaires vient d'une grande variété de groupes et il est souvent difficile de voir ce qui les réunit. Il est tentant de suggérer que si seulement les gens en savaient plus sur la puissance nucléaire y compris sur sa sécurité, leurs doutes se dissiperaient. Mais comme Mr Justice Parker le pointe dans son rapport sur la *Windscale inquiry*, dans certains cas l'anxiété et l'hostilité peuvent se dissiper par une meilleure connaissance mais dans d'autres, ils grandiront, et dans d'autres cas encore, ils subsisteront même si ceux qui les ressentent savent qu'ils sont irrationnels. Le mouvement antinucléaire inclut certains éléments d'une frange lunatique tant à Gauche qu'à Droite, mais aussi cer-

---

[19] *Le Soir*, 20 février 1979.
[20] *The Financial Times*, 7 novembre 1978.

tains porte-parole à l'expression claire et persuasive qui plaisent à une vaste audience, en particulier aux USA.

En **Belgique**, l'art du compromis dit « à la belge » va une fois de plus se montrer efficace. La gestion de la production électrique et les décisions d'investissement ont été longtemps essentiellement l'affaire des producteurs, en concertation avec le gouvernement. Suite à la demande de Synatom, société belge chargée par les producteurs d'électricité de gérer les activités liées au cycle du combustible nucléaire, en 1965 le gouvernement est informé des projets de centrales nucléaires. Les principales lignes du programme sont discutées en 1965-1966 au sein de la commission Boereboom, treize membres dont quatre représentants des producteurs (6.2). Dans l'ensemble, les partis politiques se manifestent peu jusqu'à ce qu'en 1974, lorsque, cherchant un troisième site d'implantation nucléaire, l'électricien EBES – comme on appelle communément les exploitants de centrales électriques en Belgique – qui gère le nord du pays introduise une demande d'autorisation de bâtir pour un site en bord de mer à Zeebrugge (qui avait d'ailleurs été envisagé en même temps que Doel et Tihange dès 1965). L'extension du port a motivé la création d'un groupe d'action locale, REM-U-235 qui avec d'autres groupes de protection de l'environnement estiment qu'une centrale nucléaire serait une charge trop lourde pour ce milieu. Dans la foulée, le 15 février 1974 se crée le VAKS[21] qui veut que soit arrêtée toute nouvelle construction nucléaire y compris la participation au réacteur surgénérateur de Kalkar. À quoi le ministre des Affaires économiques André Oleffe réplique que la politique nucléaire « a été voulue par les gouvernements successifs »[22].

Entre-temps, les discussions avec les constructeurs sont menées par les électriciens. En juin 1974 (4.6), Synatom en réunion avec les bureaux d'études opte pour deux unités Framatome et deux Westinghouse, associé aux ACEC et Cockerill qui devraient être mises en service entre 1979 et 1982 à Doel et Tihange. Elles sont commandées en décembre 1974 et avril 1975. Mais l'opinion publique réclame un débat parlementaire. En janvier, le journaliste Jos Schoonbroodt écrit : « On assiste à propos de l'équipement du pays en centrales thermonucléaires, à un lent éveil de l'opinion publique. Inter-Environnement[23] a déjà fait connaître

---

[21] Verenigde Actiegroepen voor een Kernstop (6.2).
[22] *Bulletin des questions et réponses*, Chambre, 29 octobre 1974 cité par 6.2.
[23] Inter-Environnement fédère des associations de défense de l'environnement : nationale lors de sa fondation en 1971, elle se scinde en 1974 en une branche en Wallonie, deux à Bruxelles francophone et flamande, et une en Flandres, le Bond Beter Leefmilieu.

des réserves à ce propos et devrait développer une action d'information plus vaste dans les semaines qui viennent »[24].

Le ministre décide en mars 1975 de créer une Commission des Sages chargée de lui faire rapport sur les aspects économiques du recours à l'énergie nucléaire, les solutions alternatives, la sécurité, la santé, l'écologie et enfin le cycle du combustible (4.6). Le professeur André Jaumotte qui en fut le co-président avec le professeur Julien Hoste, rappelle dans son témoignage (4.6) que le gouvernement avait promis un débat dès 1973 et que dans un manifeste dit des 400, les milieux universitaires avaient présenté un avis critique sur les programmes avancés. Le travail fut réparti sur 9 groupes – au total 68 experts et 17 rapporteurs – dont le résultat sera évalué par 9 assesseurs de haut niveau. Une liaison avec le public est organisée par l'intermédiaire des trois grands syndicats et d'Inter-Environnement. C'est une première. La presse doit être informée par le délégué du ministre. La Commission évalua divers scénarios de croissance de l'économie et de la demande énergétique qui conduisirent à prévoir de 1 à 9 tranches nucléaires de 1 300 MWe avant 1990. En pratique la croissance de la demande fut assez faible, 2,7 %, et seules deux unités supplémentaires ont été construites, 1 000 MWe à Doel et autant à Tihange.

Le rapport de synthèse[25] remis en mars 1976 aux parlementaires n'a donné lieu à aucun débat. Il a cependant conduit à une vaste information du public par le volume des questions/réponses qu'il a suscité avec les syndicats et Inter-Environnement. La presse se fait l'écho de ces travaux mais évoque aussi des possibilités qui ne verront jamais le jour. *Le Soir* évoque ce rapport de 2 000 pages, en titrant : « Les "sages" ne s'opposent pas au développement du nucléaire. Pas de décisions d'ici à un an au moins pour l'implantation en Belgique de nouvelles centrales nucléaires ». Effectivement la croissance de la demande a été fortement ralentie par la crise économique. Le rapport confirme la validité du choix du PWR à court terme et l'intérêt du surgénérateur pour le futur. Le journaliste Jacques Poncin souligne que le rapport est très complet et que dans sa conclusion, il admet que si le problème des déchets est grave, il faut rester optimiste car de nombreuses études sont en cours.

Fin 1976, M. Herman, ministre des Affaires économiques, confirme qu'aucune nouvelle implantation ne sera décidée sans consultation du Parlement. En janvier 1977, Inter-Environnement convoque la presse

---

[24] *La Cité*, 29 janvier 1976.

[25] Le rapport complet faisait 2 000 pages et comprenait un chapitre sur les énergies renouvelables.

une nouvelle fois pour manifester son opposition au nucléaire. Marc Dubrulle, son président déclare[26] ;

> Ce n'est pas que nous voulions faire le procès de ceux qui ont cru en cette forme d'industrie mais plutôt le procès de ceux qui s'obstinent encore à la défendre alors que même le rapport des sages ne soit nullement parvenu à établir qu'il est inéluctable d'y recourir. Toutefois, et c'est un des reproches d'Inter-Environnement, les sages, malgré cette absence de démonstration, semblent considérer dans leur conclusion finale que le nucléaire n'est pas évitable et c'est ce qui aux yeux des défenseurs de la nature, rend si peu crédible leur travail.

Les électriciens cependant sont toujours à la recherche d'un nouveau site. Intercom envisage un site proche d'Andenne ou de Bas-Oha, un peu plus en aval toujours sur la Meuse et confirme cette intention dans une lettre au conseil communal d'Andenne en avril 1977.

Une 8ᵉ centrale nucléaire belge à Andenne ?

Le jeune bourgmestre Eerdekens n'est pas convaincu par les arguments du professeur Vanden Damme, directeur d'Intercom, et, en particulier, il estime que « le respect des règles internationales les plus sévères et rencontrer tous les desiderata de la Commission des sages n'offre pas les assurances requises »[27]. Il compte organiser un référendum populaire local. Le conseil communal ne veut pas d'une implantation à moins d'un kilomètre du cœur de la ville.

À Huy également, Intercom est en conflit avec la ville sur l'extension Tihange III et sa tour de refroidissement. Vanden Damme défend le projet avec compétence mais aussi une certaine arrogance qui déplaît énormément à ses opposants. Il affirme que rien ne peut plus s'opposer à la construction de la tour de refroidissement puisque les services nationaux et ceux de la province de Liège ont marqué leur accord. Le ministre Califice accorde le permis mais Inter-Environnement introduit en juillet un recours « pour excès et détournement de pouvoir ».

À Andenne, Intercom propose un compromis : l'achat d'une centaine d'hectares de terres de culture sur le plateau à quelques kilomètres au sud-est de la ville, hors de la vue des 23 000 électeurs ! Ce projet n'était plus en bord de fleuve. Le débat va se poursuivre et va conduire à un référendum en octobre 1978, une première en Belgique. En préparation, une équipe d'Intercom était chargée de communiquer avec le public. On m'offrit d'y participer mais je refusai : ce choix me semblait peu défendable dans les campagnes, alors que de nombreux sites industriels désaffectés subsistaient le long de la Meuse. Le débat tout au long de l'été est émaillé de manifestations diverses dont par

---

[26] *Le Soir*, 15 janvier 1977.
[27] *Le Soir*, 14 avril 1977.

> exemple le 23 septembre sur la principale place d'Andenne, une animation antinucléaire avec stands et chanteurs locaux. L'opposition est plus festive et attachante que la campagne d'information d'Intercom qui « scandalise par sa technique et son coût »[28]. L'électricien organise un sondage sur un millier de personnes auxquelles 49 questions sont posées ! Un car d'information a été préparé qui circule à partir du 11 août, avec à bord des ingénieurs et des personnes chargées de relations publiques. Des bulletins d'information sont distribués toutes boîtes, présentés comme devant permettre de « prendre une décision sage et objective pour l'avenir de la commune ». Mais les habitants considèrent que dans ce document, « Intercom manipule astucieusement le conditionnel et le futur, l'idée de simple projet et de réalisation ».

Alors qu'un an avant elles étaient partagées, les trois formations présentes au conseil communal s'accordent pour inviter leurs électeurs à voter « non » à la question posée le 1er octobre 1978 : « Acceptez-vous oui ou non, un investissement nucléaire sur la commune d'Andenne ? » On vote à Andenne mais aussi dans la commune voisine d'Ohey. Sur 12 343 votants à Andenne (75 % des électeurs), 83,99 % votent non. Après un an et demi de tergiversations, et une campagne qui aurait coûté 10 millions de francs belges, Intercom renonce à établir une centrale nucléaire à Andenne. La tension créée par la campagne avait atteint un paroxysme peu favorable au projet. Si ce référendum n'avait finalement aucune valeur légale, et ne sera pas « reconnu » par le conseil provincial, il a certainement pesé sur l'opinion publique belge.

6.3 Une évolution radicale des mentalités et des comportements

Les esprits et les mœurs dans les années 1970 sont profondément marqués par les événements qui se sont déroulés en Occident à la fin des années 1960. Divers mouvements se développent et se font admettre : installations des « néoruraux » dans les campagnes parfois les plus rudes avec l'intention d'y retrouver une vie plus naturelle ; créations de communautés plus ou moins stables, parfois menées par quelques « gurus » idéalistes ; mouvements hippies à travers le monde qui rêvent de rejoindre Katmandou. C'est aussi l'époque de l'extension des associations liées à la sauvegarde de la nature et la protection de l'environnement qui seront à la base des mouvements sociopolitiques écologistes. Des associations de protection de la nature existent depuis longtemps : le Sierra Club aux USA et au Canada par exemple est sans doute l'une des plus anciennes puisque fondée en 1892 à San Francisco dans le but de protéger et jouir des espaces sauvages. Ses membres donneront parfois

---

[28] *Le Soir*, 20 et 21 octobre 1978.

naissance après la Deuxième Guerre mondiale à d'autres mouvements plus agressifs tels que Greenpeace.

Le Sierra Club restera américano-canadien, alors que le **World Wildlife Fund**, le WWF, fondé par le premier directeur général de l'Unesco, le biologiste britannique Julien Huxley en 1961, veut avoir une portée mondiale. Il annonce : « Ensemble nous maîtriserons l'opinion publique et éduquerons le monde quant à la nécessaire préservation de la nature » (6.3). Dès lors ce groupe est soutenu par des moyens importants, s'adjoint des scientifiques compétents et des experts en relations publiques ; il décide de s'associer avec les ONG locales poursuivant des buts similaires. Il choisit un logo tendre et attirant, le célèbre panda. La lutte contre l'extension du nucléaire n'est pas parmi ses premiers objectifs même s'il fut par exemple visiblement mêlé aux combats contre les surgénérateurs dont surtout *Superphénix*, et si en 2003, le WWF a publié un « position statement » rejetant son utilisation (6.4).

Friends of the Earth est créé en 1969 à San Francisco par David Browser. Membre du Sierra Club, il le quitte vu la réticence de ce dernier à s'engager dans une lutte contre les centrales nucléaires. FOE diversifiera ses objectifs mais continuera à lutter activement contre le nucléaire. La branche française va naître dès 1970, menée par Alain Hervé et Edwin Matthews. Ils obtiendront la formation d'un comité de parrainage composé de grands noms comme Claude Levi-Strauss, Jean Rostand, Konrad Lorenz, Jean Dorst, etc. La fédération internationale voit le jour un an après et sera basée à Londres.

Si l'on s'en tient aux principaux mouvements nés à cette époque, il faut citer évidemment **Greenpeace**. Ce groupement est aussi issu de la volonté d'un membre du Sierra Club. Installé à Vancouver, il crée d'abord avec deux autres personnes un mouvement pour affréter un navire et se rendre en Alaska pour empêcher par leur présence les essais atomiques en 1969. Pour diverses raisons, cette première expédition fut un semi-échec mais entraîna cependant l'arrêt des essais en Alaska par la vague d'émotion qu'elle avait pu susciter. Greenpeace en conclut qu'il n'était pas indispensable « d'engager une foule de militants sur un objectif pour réussir mais qu'une poignée de militants "professionnels" bien entraînés et aguerris, pouvait obtenir gain de cause pourvu que l'action soit puissamment relayée par les médias » (6.5). Cette tactique fera la popularité de Greenpeace par son côté spectaculaire. Leur première cible fut les essais de bombes dans le Pacifique par la France, à partir de 1972. Ce n'est qu'à partir de 1977 qu'ils s'attaquent au nucléaire civil en contrant le rejet de déchets radioactifs en mer par la Grande-Bretagne.

La popularité de ces mouvements grandit rapidement car l'ambiance générale leur est favorable. La crise économique fait remettre en question les bienfaits d'une société consumériste. Recycler ses déchets, économiser l'énergie, consommer ses propres productions, ... ces comportements retiennent l'attention même si la mise en pratique reste limitée à quelques enthousiastes (dont je fus avec ma famille).

Dans divers domaines, de nouvelles attitudes sont mises en évidence. *Small is beautiful*, ouvrage de l'économiste germano-britannique E.F. Schumacher, publié en 1973, devient la « bible » de nombreux développeurs. Le sous-titre à lui seul exprime l'objectif poursuivi : *A study of economics as if people mattered*[29]. Il est à l'origine du concept de Intermediate Technology : les unités de travail doivent être plus petites, possédées en commun par leurs exploitants qui vivront au voisinage. Le travailleur ne doit plus être l'esclave du capital. Cette orientation, qui ne rejette pas le développement de moyens technologiques modernes, sera abondamment suivie. Ses tenants ne songent pas à utiliser l'énergie nucléaire. Ils se tournent vers les sources dites plus naturelles telles que le vent, le solaire, l'hydraulique qui peuvent parfaitement satisfaire de modestes besoins locaux, surtout lorsque le changement de vie s'accompagne d'une certaine frugalité.

S'il est parmi les plus connus, Schumacher est loin d'être le seul. En particulier dans le domaine de l'énergie, les propositions alternatives, plus ou moins réalistes, fusent de toutes parts. IEJEG[30] publie des *réflexions sur les choix énergétiques de la France* (6.7). Après une analyse détaillée des ressources possibles notamment nationales telle que la géothermie, ils concluent : « Il faudra procéder à une comparaison attentive des coûts des énergies utiles de différentes provenances, en tenant compte pour chacune d'elles des coûts sociaux qui y sont associés ». Je pense que c'est là une notion qui était rarement prise en compte jusqu'alors mais fera son chemin. Dans le monde anglo-saxon, Amory Lovins, américain, a étudié la physique à Oxford et s'est intéressé alors à la politique énergétique. Il devint représentant en Grande-Bretagne pour Friends of the Earth sous l'égide desquels il publie en 1975 une analyse stratégique énergétique (6.8) qui va servir de référence aux opposants au nucléaire. Il publiera abondamment d'ailleurs sur ce sujet dans les années 1970. Dans son premier ouvrage, parmi ses conclusions : « Les enjeux importants de la stratégie énergétique ne sont pas techniques et économiques, mais plutôt sociaux et éthiques ; ils ne peuvent être convenablement perçus par ceux dont la vision est purement technique ». Cette position sera celle de nombreux contestataires du nucléaire : il n'appartient plus aux seuls producteurs d'électricité de déterminer comment satisfaire les besoins.

---

[29] « Une étude de l'économie comme si les gens étaient importants ».
[30] Institut économique et juridique de l'énergie de Grenoble.

Dès cette époque, certains d'entre nous dans le milieu nucléaire estiment qu'une approche plus conviviale de nos activités n'est pas impossible. Yves Lenoir raconte sans y croire :

> Lors d'une réunion à l'Agence pour l'Énergie Nucléaire, M. Biles avait prononcé cette phrase traîtresse : « Après tout, c'est pour le public que nous travaillons, c'est à lui qu'appartiennent les centrales nucléaires, c'est lui qui finance les entreprises du secteur et je pense qu'il convient d'être attentif à ses désirs. » (6.11)

Pour Lenoir, la technocratie est dominatrice ; sûre d'elle, elle avance en broyant les aspérités. Il concède cependant que « les technocrates ne sont pas des rouages parfaits et il leur reste un soupçon de bon sens et d'humanité » (6.11). Ouf ! Me voilà soulagé !

Louis Puiseux est précisément un de ces « technocrates » humanistes. Économiste chez EDF, il publie d'abord en 1973 *L'énergie et le désarroi industriel*. Puis, il publie *La Babel nucléaire*, qui s'écarte clairement de l'orthodoxie de cet établissement national promoteur du nucléaire à tous crins. Dans ce livre, il écrit : « La défiance envers les institutions, envers la hiérarchie, qui signe la sensibilité occidentale moderne, n'annonce-t-elle pas un retour à l'individualisme, mais la gestation de solidarités inédites ? » (6.12). Puiseux quitte EDF en 1978 (la Confédération française démocratique du travail, syndicat auquel il appartient, parle de chasse aux sorcières)[31] et devient directeur d'études à l'École des Hautes Études en Sciences Sociales. Il participe alors à de nombreux débats publics sur le nucléaire.

6.4 Quelle image du nucléaire le public peut-il avoir alors ?

De grands organismes internationaux se préoccupent de la participation du public aux décisions en cette matière, ce qui implique qu'il soit informé. Selon un rapport de l'OCDE (6.13),

> comme nous l'avons vu avec les diverses expériences nationales de campagnes et de comités d'information sur l'énergie instituées par les gouvernements [ou par un électricien comme décrit plus haut], la façon dont l'opinion perçoit les points les plus importants du débat ne coïncide pas toujours avec celle des pouvoirs publics. Il en résulte que de grandes quantités d'informations techniques ont été diffusées qui n'avaient guère d'intérêt direct pour le citoyen.

C'est probablement le dilemme auquel sont confrontés tous ceux qui tentent officiellement ou par idéal d'informer le public sur le nucléaire. Un auteur canadien, écologiste travaillant avec Friends of the Earth à Londres, Walter Patterson a publié un livre de poche qui s'adresse en

---

[31] *Le Monde*, 4 novembre 1977.

principe au grand public, intitulé tout simplement *Nuclear power* (6.14). Il s'explique : « Nécessairement, ce livre ne peut être que la vision d'un homme sur un réseau de plus en plus controversé de problèmes. [...] Il faut donc avertir : sur les questions nucléaires, ne prenez aucun point de vue comme l'Évangile, y compris celui-ci ». On ne peut mieux préciser la difficulté et je reprends cet avertissement à mon compte.

Ses amis français Brice Lalonde ou Pierre Samuel seront souvent plus catégoriques. Comme le sont par exemple les membres du Groupement de Scientifiques pour l'Information sur l'Énergie Nucléaire (GSIEN) qui dans l'avertissement au lecteur de leur petit fascicule (6.15) déclarent que leur « but est d'informer le public de ce que les différentes instances officielles veulent lui cacher ». Cette accusation est fréquente chez les opposants. Pourtant je crois que déjà à cette époque dans l'électronucléaire, il n'y avait plus de volonté de secret, mais bien une incapacité à comprendre ce qu'attendait le public et un écart monumental entre ce que les uns et les autres estimaient important.

Les tentatives de séduction d'EDF en 1977 en vue de la construction des centrales nucléaires de Cruas et de Meysse se heurtent à une opposition organisée. EDF met en œuvre de grands moyens. « Un matin de 1975, un car EDF rutilant s'est arrêté sur la place de Cruas : il s'est entièrement déplié pour offrir aux habitants de Cruas une exposition nucléaire. Une jolie hôtesse-ingénieur expliquait tout. Le car est reparti avec du sucre dans le moteur »[32]. Les bénéfices qu'en espèrent les élus locaux ne compensent pas les craintes des administrés, entretenues par les écologistes qui font venir Tazieff (ou Bombard) lequel s'il n'est « pas *a priori* contre l'utilisation de l'énergie nucléaire » dit « qu'il y a lieu de se méfier d'un projet de centrales nucléaires aussi dément »[33]. À la recherche de sites pour son programme, EDF lance une vaste consultation des conseils de dizaines de communes en janvier 1975 mais les dossiers sont jugés insuffisants sur plusieurs aspects dont « l'influence sur le terroir, le climat local, sur la rivière, sur les eaux marines »[34].

Le GSIEN voudrait pouvoir « soumettre les documents officiels à la critique scientifique. Pour cela il faudrait y avoir accès, ce qui n'est pas le cas. Et ceux qui sont diffusés ne nous paraissent pas objectifs »[35]. Et Fabien Gruhier de conclure : « Devant une telle "foire d'empoigne" entre spécialistes et autorités compétentes, rien d'étonnant à ce que

---

[32] *Le Monde*, 31 janvier 1977.
[33] *France nouvelle*, 15 mars 1975.
[34] *Le Monde*, 12-13 janvier 1975.
[35] Cité par *Le Monde*, 8 mars 1975.

l'opinion publique soit également partagée. Mais l'opinion publique est-elle suffisamment informée ? »[36]

Le club de Rome avait publié, en mars 1972, un rapport *Limits to Growth*[37] qui avait fait grand bruit. Il tirait la sonnette d'alarme : la croissance exponentielle des activités humaines ne pouvait continuer indéfiniment. Un membre de ce club, Robert Lattès écrit :

> Dans nos régimes démocratiques, l'opinion publique démontre chaque jour son poids, son importance et son rôle croissant : ne pas l'informer aussi complètement que possible sur les problèmes essentiels c'est de ce fait, se montrer coupable par non-assistance à l'opinion publique, de crime contre la démocratie ; ne pas prendre les devants pour cette information, c'est en outre donner à croire qu'on a quelque chose à cacher. C'est déjà paraître plaider coupable lorsqu'on la donnera. Car on finira par la donner mais toujours dans les pires conditions : incomplètement, trop vite, sous les pressions du moment, quand le trouble est déjà dans les esprits[38].

Les entreprises nucléaires en sont conscientes et par exemple, durant l'hiver 1977, Westinghouse définit une nouvelle attitude lors d'une conférence à la SRBII[39]. Il faut être conscient, dit l'orateur, que l'opposition n'est pas une « conspiration » mais le résultat d'une crainte du public, d'une vaste ignorance des problèmes de l'énergie, de la domination médiatique des mauvaises nouvelles. Face à cette situation, se crée un réseau de volontaires convaincus, dévoués à leur cause. La direction de cette société a donc décidé d'entrer en campagne, une campagne politique de longue haleine, s'efforçant de coaliser les pronucléaires tels que syndicats, universités, etc. Elle a encouragé de jeunes ingénieurs aux USA à entrer dans l'arène au sein des campus universitaires mais aussi dans les médias, répondant ainsi aussi à une « frustration de se voir représenter par leur direction, représentation souvent considérée comme inadéquate »[40]. Il est recommandé à ces jeunes intervenants dans les débats publics d'être naturels, simples et francs. Il importe d'être soi-même, s'en tenir aux faits, s'adapter à l'auditoire, viser ceux qui n'ont pas encore pris position et renoncer à convaincre les extrémistes. De son côté l'American Nuclear Society, qui se veut lieu d'échanges scientifiques avant tout, publie un annuaire – *The Communicators* – liste d'experts prêts à répondre à toute demande. En Belgique, un groupe d'ingénieurs lance en 1979 – sans grand succès public – une initiative du même type, *Ener-info*, afin de « rassembler, générer et diffuser une

---

[36] *Sciences et avenir*, mars 1975.
[37] « Les limites de la croissance ».
[38] *Le Monde*, 3 avril 1975.
[39] Société royale belge des ingénieurs et industriels.
[40] C. Poncelet, *Énergie et opinion publique*, Bulletin ASE-UCS, 2 décembre 1978.

information aussi objective que possible [...] afin d'éviter au programme énergétique belge l'écueil des idéologies politiques et des réflexes émotionnels ».

Mais encore faut-il que le public ait envie de savoir. Or « l'intérêt qu'accordent l'opinion publique et les journalistes à un problème n'a que peu de rapport avec son importance réelle. Il est essentiellement fonction de facteurs psychologiques et d'arrière-pensées plus ou moins confuses »[41]. Un exemple : le professeur suisse Oeschger lance un avertissement dès 1976 sur les effets du CO_2 sur le climat. Son cri d'alarme échappe complètement semble-t-il à cette époque aux environnementalistes[42].

Que faire ? La Commission européenne décide d'organiser un grand débat public sur le nucléaire à l'automne 1977. Il aura lieu à Bruxelles dans l'un des grands halls d'exposition du Heysel. Guido Brünner, commissaire pour l'énergie, déclare : « Notre débat ne débouchera pas sur l'unanimité. Ceci n'est pas gênant, l'important étant que le citoyen a pu participer »[43]. Plusieurs organismes officiels, dont les syndicats, ont participé au choix des 22 orateurs. Les débats durent trois jours, les questions doivent être déposées par écrit. Ce qui n'empêche pas une atmosphère « d'assemblée libre », souvent houleuse – c'est le souvenir que j'en garde, j'y étais – même si les journaux concluent en général positivement quant à la qualité des débats. Une deuxième session est organisée dans le même lieu en janvier 1978. Mais comme le considère un groupe de jeunes et d'enseignants belges, le public n'en est pas pour autant informé : ils créent *Infornucléaire*, qui n'émane pas du milieu professionnel. Leur but est de provoquer une animation permanente sur le sujet dans les écoles, les mouvements de jeunesse, les foyers culturels.

À cette époque, de façon totalement indépendante de mon activité professionnelle, je participais aux activités d'une association créée par un groupe d'amies, en vue de promouvoir parmi les enfants la lecture d'ouvrages attractifs et nouveaux. Le milieu littéraire, les parents et les enseignants que je rencontrais de cette façon étaient pour la plupart au moins sceptiques quant aux avantages de l'énergie nucléaire. Dès 1976, je réponds à l'invitation de certains groupes ou écoles. J'ai alors pu constater toute l'influence de la littérature sur l'image que se font les jeunes des activités industrielles. Les ouvrages documentaires sont en général positifs en ce qui concerne les sciences et techniques avec même parfois une glorification quelque peu excessive. Tel que ce titre dans le

---

[41] *Le Monde*, 17 septembre 1975.
[42] *La Libre Belgique*, 25-26 septembre 1976.
[43] *La Libre Belgique*, 30 novembre 1977.

petit album *L'atome en questions*[44] – par ailleurs bien fait – « l'homme, maître de la radioactivité ». Mais une analyse m'avait montré (6.16) que dans les albums littéraires, les machines sont souvent agressives, les inventeurs sont sympathiques et farfelus mais l'exploitant et le technicien occupent plutôt le rôle du traître ou de l'acolyte.

Barbapapa ©1972 Annette Tison & Talus Taylor, all rights reserved

Écrire mon propre roman d'anticipation…

Parti en classe de neige, mon fils avait exigé que je lui écrive quotidiennement. J'optai pour un roman-feuilleton d'anticipation, bien évidemment en milieu nucléaire. L'histoire plut et pour l'éditer, je le retravaillai avec Jean de la Gravière, alias Gil Lacq, un sympathique anarchiste, excellent romancier pour adolescents. Le héros est un ingénieur nucléaire qui a besoin de temps pour terminer la mise au point de son produit et se trouve pressé d'en finir pour des raisons commerciales. Mais des mouvements écologistes vont se trouver sur son chemin, certains partisans de méthodes énergiques, voire brutales, d'autres d'une approche critique scientifique. L'histoire finit mal à la suite d'une intervention de la sûreté nucléaire, une police parallèle.

---

[44] Alain Gree, *L'atome en questions*, « Cadet-Rama », Casterman, 1974.

> Nous avions anticipé pas mal de choses : le développement des mouvements écologistes, dont les tenants de la destruction d'installations et ceux d'une critique scientifique analogue au CRIIRAD. Nous imaginions la généralisation des voitures électriques de société qui commencent à percer aujourd'hui, le suivi des individus par traceurs électroniques sous la peau et satellites, ... Pour des raisons de marketing, l'éditeur refusa mon titre *L'énergie d'un fol espoir* (6.18) pour le remplacer par *L'énergie du désespoir* (6.19). La couverture était d'ailleurs assez sinistre. Heureusement quelques années plus tard, je pus revenir à l'original lors d'une réédition en format de poche.
>
> Sous le pseudo Michel Corentin, j'eus de très nombreux contacts avec des groupes de lecteurs et je pus constater l'efficacité d'un roman comme point de départ d'un débat.

Par le hasard des rencontres, j'avais pu encourager la création d'une collection d'anticipation pour adolescents chez l'éditeur belge Duculot. Je pensais, et j'y crois toujours, que le roman d'anticipation qui se construit sur la question « que se passerait-il si... » est un excellent moyen d'ouvrir l'esprit aux conséquences de nos choix. L'éditrice, Christiane Germain, avait un dynamisme tel que sa collection « Travelling » était diffusée à des dizaines de milliers d'exemplaires grâce à sa pénétration dans les écoles. Sa présence dans de nombreuses bibliothèques augmentait encore le nombre de lecteurs.

C'est de cette époque que date ma recherche sur la présence du nucléaire dans la littérature. Je constatai que dans les années 1970, et surtout dans les toutes dernières années de cette décennie, les romans reflètent l'inquiétude du public au cours des années d'extension du nucléaire. Cependant, il y a peu de romans qui évoquent une possibilité d'apocalypse. Si l'Américain Tim O'Brien évoque ce risque dans *The Nuclear Age*[45], c'est avec une forme d'humour grinçant. Le héros est-il devenu fou de vouloir creuser un trou au fond de son jardin pour y « enterrer ses craintes apocalyptiques ? »

Le risque de compétition atomique entre États est toujours évoqué par exemple par le Gallois Ken Follett dans l'un de ses premiers romans, *Triple*[46]. Il part d'un fait réel, la disparition d'une cargaison d'uranium peu d'années avant pour laquelle Israël fut soupçonné, pour créer tout un univers à la James Bond où ce pays lutte avec l'Égypte et le KGB. Un best-seller : des millions d'exemplaires vont propager ces images troublantes. *The Westminster Disaster*[47] est l'œuvre de sir Fred Hoyle, avec

---

[45] *The Nuclear Age*, publié par morceaux à partir de 1979 ; puis en totalité chez Albert Knopf, New York, 1985. Traduction française : *En attendant la fin du monde*, 10/18, 1987.
[46] MacDonald, Londres, 1979. Traduction française : Laffont, Paris, 1980.
[47] Fred & Geoffrey Hoyle, *The Westminster Disaster*, Heinemann, Londres, 1978.

son fils Geoffrey. Astronome de grande réputation, il écrivit aussi de nombreux romans à partir de 1957. Ce thriller repose sur un chantage nucléaire russe sur la ville de Londres. Dans un autre roman, le chantage vient d'hommes déterminés d'extrême droite aux USA qui pour dominer le pays, s'emparent d'armes atomiques[48].

Le terrorisme fait son apparition de plus en plus souvent dans la fiction. Il peut partir d'un fait réel : dans *La scomparsa di Majorana*[49], Leornado Sciascia évoque la disparition très mystérieuse de ce savant nucléaire en 1938 au cours d'une traversée de Palerme à Naples. On ne le retrouva jamais. Les romanciers s'appuient surtout sur l'anxiété que crée l'existence des déchets nucléaires, en particulier en Allemagne, qui pourraient être utilisés comme outil de chantage : dans *Der Atomkrieg in Weiherbronn*[50], les Brigades Rouges menacent de contaminer l'eau potable de Stuttgart. Dans *The Judas Squad*[51], paru en français dans une collection soutenue par Gérard de Villiers, une équipe d'anciens marines s'attaque à une centrale nucléaire, l'occupe et menace de tout faire sauter, provoquant une panique monstre aux alentours de Pittsburgh. L'auteur veut démontrer que l'on pénètre alors dans une centrale nucléaire sans difficulté : il faut renforcer les mesures de sécurité.

Et puis il y a le plutonium, ce produit qui inquiète si facilement. Dans *Final Score*[52] des as de la cambriole veulent s'emparer de plutonium. Non pas pour « fabriquer tellement d'bombes, y a pas tellement d'clients. Mais l'truc qu'y a dedans, dans ces bombes et missiles, est un produit qui pourrait baiser tout l'marché, question énergie ? Le plutonium 239, qu'est l'produit l'plus important comme source d'énergie atomique pour l'industrie nucléaire ». Là j'approuve, on ne peut mieux dire. Mais hélas ce n'est pas ce que retient le public. Dans *Le réseau Pluton*, le vol de plutonium au centre nucléaire de Marcoule sur le Rhône est le sujet de l'intrigue. Pas mal documenté, c'est un roman pour adolescents[53]. En Allemagne, paraît en livre de poche, une série baptisée *Plutonium Police* (*Der neue Atomkrimi : brandheiss, aktuelle, informativ*)[54]. L'un des titres

---

[48] Joseph Dimona, *The Benedict Arnold connection*, 1977. Traduction française : *Vengeance atomique*, Gallimard, Paris, 1979.

[49] Leornado Sciascia, *La scomparsa di Majorana*, Turin, 1975. Traduction française : *la disparition de Majorana*, Les lettres nouvelles, 1977.

[50] Felix Kuby, *Der Atomkrieg in Weiherbronn*, Rowohlt, 1977.

[51] James N. Rowe, *The Judas Squad*, Little & Brown, 1977. Traduction française : *Chantage atomique*, Presses de la Cité, 1978.

[52] Emmett Grogan, *Final Score*, Holt, Rinehart & Winston, New York, 1976. Traduction française : *La dernière manche*, Le Seuil, Paris, 1980.

[53] Jean-Pierre Decrest, *Le réseau Pluton*, « bibliothèque verte », Hachette, Paris, 1979.

[54] Série mensuelle, publiée chez Erich Pabel Verlag, Rastatt (RFA).

– *Die Entsorger*, écrit par Eliot Spencer et publié en 1978 –, traite des méfaits des industriels chargés de traiter les déchets nucléaires.

L'Ankou (Spirou et Fantasio) © Fournier, Dupuis 2013

Un sujet fréquent est la centrale nucléaire, notamment en bande dessinée. Chez Edgard P. Jacobs[55], c'est cette centrale qui fournit aux Atlantes l'énergie nécessaire à leur survie souterraine. L'image est positive comme dans *Objectif Lune* (Tintin). Mais pour Fournier, dans les célèbres aventures de Spirou et Fantasio, une centrale nucléaire, c'est l'abomination[56].

Auclair a créé une série post-apocalyptique, *Simon du fleuve*[57]. Les survivants habitent dans des sortes de communautés villageoises. Simon en explorant les marais, découvre les ruines d'une centrale nucléaire où une troupe d'êtres fantomatiques survivent et continuent à rendre un culte au réacteur. Est-ce le sort qui nous attend ?

Les romanciers s'inquiètent des possibilités de black-out, perte totale d'électricité dans un vaste réseau. Cette crainte ne porte pas nécessairement sur les seules centrales nucléaires. Le black-out sur New York dans *Matt domine Zeus*[58] résulte d'une action des Soviétiques, un chantage pour arrêter le développement de la bombe à neutrons aux USA. Il est intéressant de constater que c'est à propos de l'opposition à la cons-

---

[55] Edgard P. Jacobs, *L'énigme de l'Atlantide*, Éditions du Lombard, 1977.
[56] Fournier, *L'Ankou*, Dupuis, 1977.
[57] Auclair, *Maïlis*, Éditions du Lombard, 1978.
[58] François Chabrey, Fleuve Noir, Paris, 1978.

truction d'une centrale au charbon qu'Arthur Hailey met en évidence les risques de black-out par défaut de puissance disponible[59]. Lors des « hearings » nucléaires de 1977, nous étions tenus de rester « techniques » mais j'aurais parfois aimé tenir les propos que Hailey prête au porte-parole du projet :

> Certains des soi-disant écologistes ont cessé d'être des croyants dans une cause raisonnable et sont devenus des fanatiques. Ils sont une minorité. Mais par leur fanatisme bruyant, rigide et hostile à tout compromis, ils s'efforcent d'imposer leur volonté à la majorité. En agissant ainsi, ces gens ont corrompu le processus démocratique, ils en ont usé sans scrupules pour contrecarrer tout ce qui n'est pas conforme à leurs objectifs à courte vue.

Dominant tout cela, il y a la crainte de l'accident, de la contamination, de la mort lente qui serait causée par la simple présence des centrales nucléaires. Ce qui justifierait la lutte même violente des mouvements écologistes. Ce combat est l'objet par exemple du livre *Les enfants de l'enfer*[60]. De ce comportement, Barjavel a écrit : « Ils n'ont pas réfléchi. Ou alors les solutions qu'ils proposent tiennent du rêve. Ils ne savent pas très bien ce qu'ils veulent mais ils savent ce qu'ils ne veulent pas : le nucléaire »[61].

Les romans autour d'un accident nucléaire dans une centrale sont, à cette époque, plutôt américains. John Fuller[62], journaliste à Detroit, a présenté le récit d'un accident qui s'est véritablement déroulé en le dramatisant un peu. Le réacteur à neutrons rapides refroidi au sodium liquide Fermi avait été construit à la fin des années 1950 par la société APDA à laquelle Belgonucleaire était associée. Dès 1956 une équipe belge est détachée à Detroit et participe à la conception. Une présence belge est ensuite maintenue jusqu'à la fin des années 1960. Nous étions donc bien informés lorsque le 5 octobre 1966, le cœur a partiellement fondu suite à un défaut de refroidissement. L'origine était un bouchage par une pièce défectueuse au pied de l'un des assemblages. Cependant à aucun moment, il n'y eut de contamination externe. La réparation fut longue et difficile – je visitai les lieux en 1967 – mais le réacteur fut remis en service et fonctionna de manière intermittente jusqu'en 1972.

---

[59] Arthur Hailey, *Overload*, Double day & Co, New York, 1978. Traduction française : *Black Out*, Albin Michel, Paris, 1979.
[60] Nataël et Maskolo, *Les enfants de l'enfer*, Éditions Jean Goujon, Paris, 1978.
[61] René Barjavel, *Lettre ouverte aux vivants qui veulent le rester*, Albin Michel, Paris, 1976.
[62] John Fuller, *We almost lost Detroit*, Crowell, 1975.

Dompter le dragon nucléaire ?

The Nuclear catastrophe[63] relate une catastrophe fictive, l'explosion du réacteur qui alimente Los Angeles, dû au blocage de ses barres de contrôle suite à un léger tremblement de terre. Il s'appuie sur le fait que « la récente manifestation contre la centrale d'Indian Point montre l'inquiétude croissante face aux monstres nucléaires, avec leur capacité inhérente d'annihilation ». Mais surtout il y eut la sortie du film porté par Jane Fonda avec la participation de Jack Lemmon et Michael Douglas : *The China Syndrome*. L'impact de ce film est tellement lié à l'accident réel de Three Mile Island que j'attendrai le chapitre suivant pour en parler.

6.5 Le nucléaire entraîne-t-il suspicion et violence ?

En 1977, un journaliste allemand, Robert Jungk, publie *Der Atom-Staat*, sous-titré *Vom Fortschritt in die Unmenschlichkeit*[64]. À côté des craintes déjà citées, Jungk ajoute un risque pour la démocratie. Car pour se prémunir contre le détournement de matières fissiles dont principalement le plutonium, il faudra, dit-il, renforcer les mesures de surveillance des citoyens. Certains droits seront progressivement grignotés. Il écrit :

> On a le droit de se demander si les élites au pouvoir dans les pays industrialisés ne se sont pas décidées en faveur de l'énergie nucléaire, avant tout parce qu'elles escomptent que cela leur fournira des bases matérielles permettant de justifier leur « politique dure », leur « voie dure » et leur style de « gouvernement dur ». Et celui qui ne suit pas sera taxé de subversif.

L'affaire Traube

Est-ce ce qui est arrivé au dirigeant d'Interatom, Klaus Traube ? Comme Belgonucleaire a collaboré avec cette société dans la réalisation du surgénérateur de Kalkar, SNR-300, je l'ai fréquemment croisé. À première vue, il ne se distinguait pas des autres dirigeants allemands : « Je suis un ingénieur enthousiaste et la technique me donne du plaisir, de même que les sciences et les mathématiques. Mais depuis longtemps, je suis allergique à une domination totalitaire des sciences et des techniques »[65]. Ce refus d'une sorte de dirigisme autoritaire me l'a rendu fort sympathique mais n'a pas dû plaire aux dirigeants du groupe Siemens auquel Interatom appartient, lorsque la sûreté de l'État allemand s'est intéressée à lui de façon abusive. Les amitiés qu'il avait conservées à gauche depuis ses années à l'université et notamment

---

[63] Bett Pohnka & Barbara C. Griffin, *The Nuclear catastrophe*, Ashley Books, USA, 1977.
[64] Kindler Verlag, München, 1977. Traduction française : *L'État atomique. Les retombées politiques du développement nucléaire*, Robert Laffont, Paris, 1979.
[65] *Müssen wir umschalten ? Von den politischen Grenzen der Technik*, Rowohlt Verlag, 1978.

celle d'une avocate qui avait défendu un jeune terroriste allemand, avaient attiré l'attention des services chargés de la protection de la Constitution (Verfassungschutz), en fait l'équivalent des Services Généraux français qui « protègent » le territoire. Ceux-ci avaient placé sans les autorisations judiciaires indispensables, des micros dans ses logements et fouillé sa modeste maison située dans la campagne de la région de Cologne. Dans sa vie privée, Traube ne ressemblait sans doute pas assez aux dirigeants habituels dans ce milieu : son goût pour les musiques étranges, la présence d'une couchette dans son grenier pour loger un ami de passage, ... Dans l'interview du *Spiegel*, il dit lui-même que l'inspecteur qui fouilla sa maison « comme un cochon » (*saumässig*) a dû être surpris de ne pas trouver la « belle maison » des autres dirigeants d'industrie et que cela l'a conduit à des idées stupides (*dumme Gedanken*). « Selon les indications données par l'entreprise KWU aux renseignements généraux, monsieur Traube était "pratiquement irremplaçable". Il a été cependant licencié fin février 1977, vraisemblablement après l'intervention des autorités. »[66] C'est l'opinion du journal *Le Monde* mais à l'époque j'avais été profondément choqué des réticences d'autres dirigeants de ce milieu à prendre sa défense. Le magazine *Der Spiegel* s'est emparé de l'affaire, indigné de ce qu'il considère comme un abus de pouvoir.

Deux semaines d'affilée, ce magazine consacre sa couverture à « l'affaire » avec chaque fois une quinzaine de pages intérieures. Un article pose la question : *Atomstaat oder Rechtstaat ?* Dans les premiers jours de mars, tous les quotidiens allemands sont plein de débats autour de cette affaire qui secoue le gouvernement. Le journal régional *Kölner Stadt-Anzeiger* du 1er mars y consacre trois pleines pages illustrées. Le ministre de l'Intérieur Maihofer défend son service et engage sa responsabilité.

© 1977 *Der Spiegel*

---

[66] *Le Monde*, 1 mars 1977.

> Mi-mars, Traube est lavé de tout soupçon[67] (ce qui sera confirmé par la suite par la plus haute instance de justice allemande, la Bundesgerichtshof de Karlsruhe). Écœuré sans doute, il devint par la suite un opposant au nucléaire, et professeur à l'Université de Brême. Dès 1978, il publie le livre *Müssen wir umschalten ?* où il conclut que l'État atomique doit être évité par un contrôle démocratique d'une technique proliférante.

Les manifestations parfois violentes de la population lors de projets d'implantation de centrales nucléaires, sont-elles une réaction à des décisions jugées non démocratiques ? C'est certainement l'une des motivations. Les décisions des pouvoirs publics ont maintes fois confirmé les craintes des manifestants. C'est ainsi que lorsque fondamentalement, on n'en veut pas dans son voisinage, le comportement baptisé par les Anglo-Saxons NIMBY[68], on accuse les décideurs d'avoir procédé non démocratiquement.

Le mouvement s'est amorcé aux USA, où l'opposition populaire était bien rodée à se mobiliser après les grandes manifestations contre la guerre du Vietnam à la fin des années 1960. Par exemple, l'opposition à la centrale prévue à Shoreham (Long Island) pose à l'automne 1970 des conditions suspensives auxquelles il serait quasiment impossible de répondre tels des rejets thermiques nuls. L'avocat Ralph Nader qui combat en permanence l'establishment industriel soutient le mouvement. Cela n'a pas empêché la poursuite de la construction de 1973 à 1984. « Après l'accident de Three Mile Island, la campagne pour empêcher d'ouvrir le chantier de Shoreham est devenue populaire. Troublée par l'impossibilité d'évacuer alors que les routes sont déjà bloquées pendant les vacances, j'ai rejoint l'opposition », écrit Gwyneth Cravens. Cette auteure de romans et nouvelles va cependant en 2007, après une longue quête d'informations, publier un livre (6.19) qui défend un point de vue des plus informés en faveur de l'usage du nucléaire aux USA.

Le mouvement de protestation prend une telle ampleur aux USA que des dizaines d'autorisations de mise en service sont suspendues[69]. Des scientifiques qui ont travaillé pour L'Atomic Energy Commission rejoignent l'opposition : les objections scientifiques d'Arthur Gofman et John Tamplin reçoivent un large écho dans les universités et dans les médias. En Europe, les mouvements d'opposition commencent à manifester également, souvent pour s'opposer à une centrale précise : le 12 avril 1971, 1 500 personnes marchent sur Fessenheim, l'un des premiers PWR français, sur le Rhin. En juillet 1971, 15 000 personnes

---

[67] *La Libre Belgique*, 16 mars 1977.
[68] *Not In My Back Yard*, soit « pas derrière chez moi ».
[69] *La Libre Belgique*, 16 mars 1972.

cette fois manifestent face à la centrale du Bugey. En Morbihan en 1974, le conseil municipal d'Erdeven refuse l'implantation d'une centrale nucléaire. Un comité d'opposition, le CRIN[70] est formé « à l'initiative d'un jeune kinésithérapeute, de deux cafetiers et d'un couple d'artistes parisiens repliés dans la région depuis un an »[71].

Ce sont aussi des habitants locaux qui en Allemagne à Wyhl sur le haut Rhin vont occuper le site en février 1975. Ils sont évacués par la police avec une certaine violence qui immédiatement appelle la sympathie d'une masse d'opposants au nucléaire. Les *Bürgerinitiativen* qui rassemblent les protestataires de tous bords poursuivent leurs actions d'information autour du site (entouré de barbelés), réaction fréquente aux interventions fédérales, souvent ressenties comme une intrusion dans le pouvoir local. C'est d'autant plus flagrant dans le cas du nucléaire qui heurte, à tort ou à raison, un sentiment pacifiste très répandu. Il n'est pas surprenant dès lors que rapidement 500 manifestants se rassemblent devant l'hôtel de ville de Fribourg[72]. Le site de Wyhl va être réoccupé. Le journal *Le Monde* écrit[73] :

> Bonheur ! Voilà rassemblés depuis trois semaines à l'appel d'une trentaine de comités, d'associations, de clubs et de partis, des gens venus de France et d'Allemagne et dont les « curriculum vitae » n'étaient pas destinés à se croiser. Rassemblés « illégalement » sur 40 hectares de forêts germaniques sauvés « des bulldozers et des flics de la Badenwerk » par vingt mille villageois en colère. Oui, une croisade. Le mot convient pour ce qu'il suggère de certitudes définitives, de manichéisme abrupt mais pas forcément naïf.

Dans un second article le lendemain : « L'esprit de Wyhl – comme celui du Larzac – qui mêle chaleureusement l'écologie, le pacifisme, le régionalisme, la poésie alsacienne et la révolte antitechnocratique, participe davantage d'une "sensibilité" que d'une idéologie. C'est peut-être sa faiblesse. C'est sûrement sa force ».

Les occupations de site, les votes pour et contre des conseils communaux ou régionaux se multiplient en Suisse, en Allemagne, en France. Le vote communal à Flamanville dans le Cotentin en avril 1975 prend valeur de symbole[74]. 80 % des électeurs sont venus voter et ils acceptent la centrale par 485 voix contre 228. Le dépouillement s'est déroulé dans une atmosphère tendue faite d'ébauches de bagarres et de propos aigres-doux. La majorité ouvrière du village l'a emporté sur une

---

[70] Comité régional d'information nucléaire.
[71] *Le Monde*, 25 décembre 1974.
[72] *Frankfurter Allgemeine Zeitung*, 22 février 1975.
[73] *Le Monde*, 20 mars 1975.
[74] *La Libre Belgique* 7 avril 1975.

tradition agricole et maritime défavorisée par l'exode des jeunes générations.

À la fin de l'année, alors que l'on croyait le calme revenu, les manifestations reprennent de plus belle dans toute la France de même qu'en Belgique à Tihange, Visé ou Andenne. Autant sur des sites qui ne seront pas retenus, Port-la-Nouvelle proche de Narbonne par exemple que ceux qui deviendront importants tel Gravelines près de Calais qui comprendra six « tranches » soit 5 460 MWe, quasiment autant que la totalité des centrales nucléaires belges. En Bretagne, le Conseil régional et le Conseil économique ont donné leur accord de principe pour la construction d'une centrale nucléaire. EDF n'ira pas contre le vote du village d'Erdeven mais envisage dans le Finistère, les sites de Ploumoguer ou Plogoff, proche de la pointe du Raz. Juin 1976 : premières barricades à Plogoff lors de la venue de techniciens d'EDF pour des sondages sur le site. Les barricades restent en place quatre jours ; les techniciens renoncent.

6.6 *Superphénix* et la « bataille » de Creys-Malville

L'arrogance de certaines entreprises nucléaires, le refus du débat par le gouvernement français, les interrogations et anxiétés que suscite ce super surgénérateur parmi la population et les élus locaux, vont conduire à un choc qui ne sera jamais oublié et aboutira bien plus tard à l'abandon de ce projet qui offrait cependant une voie d'avenir. Il est intéressant de revoir les faits avec un certain détail.

À la Pentecôte 1976, je revenais d'un bref congé dans le sud de la France et je proposai à mon épouse de passer par le site de Creys-Malville où se préparait la construction de *Superphénix*. De la colline qui le dominait sur la rive opposée du Rhône, je pus lui faire remarquer qu'il n'occupait pas un très grand espace : environ un kilomètre de rive, de l'ordre de 150 hectares tout de même. Nous traversâmes le Rhône et à l'approche du site, les routes de campagne se transformèrent en « boulevard » de grande largeur. Le chantier était à peine entamé mais déjà il était solidement clôturé de diverses façons plus ou moins agressives. À l'entrée, une guérite, un gardien armé et un chien berger. Il m'intima l'ordre de dégager, je tentai de lui expliquer que j'avais consacré dix ans de ma vie à développer ce genre de projet ; rien n'y fit.

Le 4 juillet 1976, des milliers de personnes, peut-être jusqu'à 20 000, dont des personnalités pacifistes comme Lanza del Vasto, organisent des campements proches de Creys-Malville, et marchent autour de la clôture de la centrale, heureusement dans le calme[75]. Mais certains franchissent

---

[75] Document EDF/NERSA du 12 juillet 1976, reproduit dans le bulletin *Superpholix* n° 11 des comités Malville.

la clôture[76] ce qui entraîne « une intervention violente des forces de l'ordre contre des manifestants pacifiques » (6.21). Suite à l'évolution de la situation au cours de l'année qui suivit, tout en restant persuadé que l'avenir du nucléaire passait par ce type de réacteurs, je perdis l'espoir que ce serait dans un avenir proche.

La lecture des bulletins des comités locaux met plus en évidence l'indignation des populations face à la « brutalité » de certains processus de décisions, que les craintes que le projet suscite. Mais l'opposition aux réacteurs à neutrons rapides surgénérateurs, en plus de l'habituelle peur des radiations et des suites d'un accident, était accrue par le fait qu'ils produisent plus de plutonium qu'ils n'en consomment et qu'ils sont refroidis par du sodium liquide à haute température, de l'ordre de 600°C. Sodium et plutonium suscitaient la crainte du grand public. Le premier était associé à une expérience qu'aimaient pratiquer les professeurs de chimie : le faire pétouiller sur un bol d'eau et donc on s'inquiétait d'une possible explosion si ce métal dans le circuit qui refroidit le réacteur rencontrait accidentellement l'eau dans le générateur de vapeur, intermédiaire jugé alors indispensable pour faire tourner la turbine. Quant au plutonium, les opposants l'associaient à l'enfer, le qualifiaient de produit le plus toxique qui soit. Ce qui est loin de la vérité mais cette réputation colle à son image. Pour qu'il tue, il faut le respirer or comme métal ou comme oxyde, il est lourd et ses aérosols retombent vite.

L'opposition des scientifiques de la région en 1976 se base plutôt sur le fait que la concentration de la recherche et du développement sur ce type de réacteurs jugés coûteux limiterait la diversification des technologies énergétiques, qu'elle entraînerait une multiplication des transports et donc une augmentation des risques de « disparition » de plutonium et « qu'enfin et surtout cette technique de production d'énergie électrique présente des dangers potentiels d'une nature jamais connue dans d'autres procédés de fabrication » (6.21).

De son côté, le Conseil général de l'Isère décide d'organiser deux journées de débats en septembre 1976, car il faudra bien répondre un jour et mettre un terme à cette rétention systématique d'information et au refus permanent du gouvernement d'instaurer un débat de fond au niveau des assemblées politiques (6.22). Les pouvoirs locaux sont impliqués dans le projet depuis l'enquête publique sur le site en octobre 1974. Le calendrier d'avis par les autorités nationales s'est déroulé très vite ; ce qui montre la détermination du gouvernement de faire aboutir le projet, et ce, sans consultation des élus ni de la population (6.22). En 1975, deux associations locales écologiques introduisent un recours en

---

[76] *Le Monde*, 6 juillet 1976.

référé contre EDF, sans grand espoir mais avec l'objectif d'éveiller l'attention des populations locales[77]. Le syndicat socialiste CFDT en avril exprime son opposition. Tout cela n'a pas empêché le gouvernement de donner son feu vert au projet ce qui mit en branle l'organisation des manifestations de juillet. Cependant après celles-ci, le Conseil général de l'Isère décide de poursuivre par des voies légales et pour commencer, il organise des débats.

Des sommités vont participer : Leo Kowarski, un grand ancien, et Louis Neel, prix Nobel. Puis s'expriment des opposants tels que Dominique Finon, chercheur économiste, ou des partisans dont Georges Vendryes, du CEA, qui défend le projet sous l'aspect de la nécessaire sécurité d'approvisionnement en matière fissile pour l'avenir énergétique de la France. Il ne veut pas s'étendre sur les aspects techniques mais souligne que les choix faits par le CEA sont aussi ceux que suivent les autres pays. Il s'inquiète de tout délai dans la mise en route du projet qui verrait les équipes se démobiliser et se disperser, or la « sécurité véritable est au prix du maintien et de la continuité de cette expérience chèrement acquise ». À la suite de cela, le président du Conseil général adresse une lettre le 5 novembre au premier ministre (6.22) où il précise un certain nombre de conditions à la poursuite du projet et dans cette attente, il demande au gouvernement de surseoir à la réalisation. Or il constate dans la même lettre que NERSA a passé ses premières commandes nécessaires à la réalisation dès le 15 octobre.

Depuis les marches de juillet, un bulletin est publié par les opposants locaux au projet : *Superpholix*. Dès son 3e numéro, il devient le *journal des comités Malville*. On y trouve une masse d'information sur les actions d'opposition dans tous les sites de France et même d'ailleurs en Europe, un fabuleux enthousiasme à s'associer de toutes parts. Il y a parfois comme un air de fête et d'humour dans ces luttes qui attirent les sympathisants bien plus que ne pourront jamais le faire les séances d'information pour le nucléaire.

Durant l'hiver, 300 manifestants arrivent à bloquer l'accès du site aux ouvriers. Cette action faisait suite à des assises qui avaient réuni 2 500 personnes dans la salle des fêtes de Morestel à proximité. Les socialistes relancent à leur tour le débat cet hiver. Depuis l'été des dizaines de comités locaux se sont formés. La coordination de tous les groupes en vue des manifestations de juillet s'avère difficile. « C'est l'improvisation la plus totale ! » (6.23). Une mise au point s'avère nécessaire, jointe au bulletin n° 12, confirmant la déclaration des comi-

---

[77] *Le Monde*, 4-5 mai 1975.

tés suite à une coordination du 22 mai dans le village de Courtenay proche de Malville dans laquelle on trouve entre autres[78] :
- Le risque de pollution chimique et radioactive généralisée est considérable (usage de plutonium et de sodium)
- D'autres sources d'énergie pourraient suffire à une consommation plus réfléchie
- Les surgénérateurs (et la France se propose d'en vendre) produisent des tonnes et des tonnes de plutonium : huit kilos de plutonium suffisent à fabriquer une bombe atomique

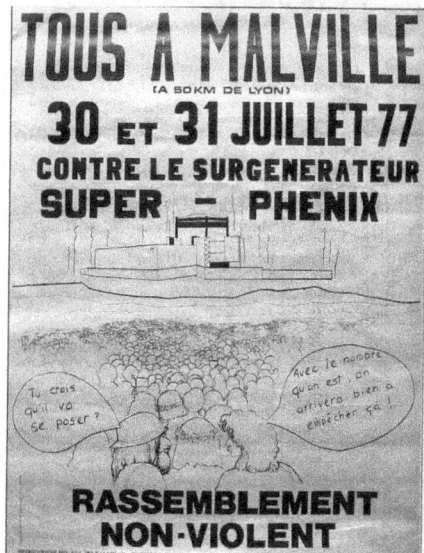
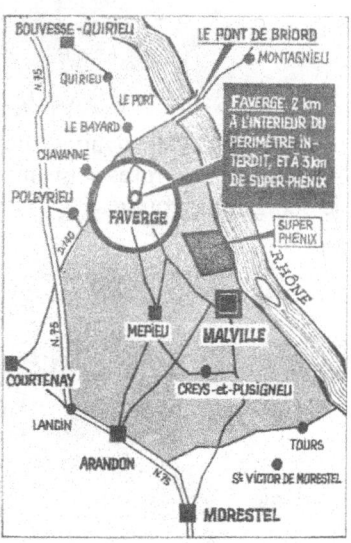

Le Matin, 1er août 1977

La mise au point rappelle que « le 30 juillet sera consacré à des débats, des forums, de la musique, etc. Le 31 juillet auront lieu des marches pacifiques convergeant vers le site […] la non-violence n'excluant pas certaines actions (découpage de la barrière) qui ne portent pas atteinte à l'intégrité des personnes physiques ». Mais fin juillet, les autorités ont défini une zone interdite aux manifestants : elle rend l'accès à la centrale théoriquement impossible. Le parti socialiste (de même que les syndicats) décide de ne pas participer directement aux manifestations mais d'organiser un meeting à Courtenay.

---

[78] *Superpholix* n° 12.

Dompter le dragon nucléaire ?

Le Point, 8 août 1977

Si en 1976 les manifestations se déroulèrent sous un soleil de plomb – c'est l'un des rares souvenirs de ma nièce qui y était – cette fois c'est le déluge. Les comités les espéraient festives, la réalité fut tragique.

Le Point, 8 août 1977

Dans sa conférence de presse, le préfet Jannin, hautain, haineux, clamait sa détermination : « Ils ne passeront pas. Des instructions formelles ont été données. Si nécessaire je donnerai moi-même l'ordre d'ouvrir le feu »[79]. Il avait déjà annoncé aux CRS qu'ils pourraient « casser du barbu ». Le rassemblement des manifestants – ils sont 50 à 60 000 – s'est fait dans un désordre certain mais finit par pénétrer la zone interdite et ils se trouvent face aux CRS à Faverges. C'est d'abord une confrontation silencieuse de deux groupes immobiles vers midi. « Chacun à distance prudente s'observe ». Le bruit circule parmi les écologistes qu'il « est inutile d'avancer encore ». Mais bientôt pour « quelques milliers de "durs", manifestement venus pour en découdre, il

---

[79] *Le Matin*, 1 août 1977.

n'est pas question d'en rester là ». Ce sera la bagarre à coups de bâtons, de matraques mais aussi de grenades lacrymogènes, explosives ou offensives soufflantes (6.23). « Prévu rude, l'affrontement a été sanglant. Un mort, 100 blessés dont 5 grièvement »[80]. Douze manifestants sont arrêtés et six feront de la prison ferme[81]. Les récits et le débat feront rage dans toute la presse pendant les jours suivants. Selon Henry Chevalier, « Malville aura été un désastre pour les antinucléaires du fait d'une absence de riposte appropriée. Une bonne organisation militante aurait pu retourner la situation en déclenchant une campagne d'indignation mobilisatrice » (6.23). Ce ne fut pas le cas.

On observe après cela, une large démobilisation dans l'opposition à *Superphénix* mais les militants reportent leurs luttes sur d'autres sites en France ainsi que principalement en Allemagne, qui n'avait pas été à l'abri des violences. Un an auparavant, la centrale de Brockdorf dans le Schleswig-Holstein avait été transformée « en camp retranché. Des engins élargissent les fossés autour des 30 hectares protégés par des fils de fer barbelés et un grillage de 2,5 m de haut. Derrière, des ouvriers construisent hâtivement un mur de béton de 3 m qui sera surmonté d'un grillage de 1,5 m. Au pied du mur, un chemin de ronde où des policiers patrouillent avec leurs chiens. […] Tout ce dispositif a été mis en place en un temps record »[82]. Est-ce la construction du mur de Berlin en 1961 qui les a inspirés ? Tout cela n'empêcha pas les bagarres avec la police.

À la fin de ces années 1970, la Belgonucleaire me confie quelques responsabilités en matière d'information du public. Mais dans un tel contexte, que faire si ce n'est préparer un programme qui vise le long terme ? Ce que nous ferons. En attendant des jours meilleurs, la société m'offre une opportunité, une exceptionnelle expérience : participer à la conception et la construction d'une des premières centrales électriques solaires thermiques.

---

[80] *Le Figaro*, 1 août 1977.
[81] *Le Soir*, 7-8 août 1977.
[82] *Le Monde*, 14-15 novembre 1977.

CHAPITRE 7

Faudra-t-il se passer du nucléaire ?
(1978-1987)

Les manifestations contre les implantations nucléaires se développent de plus en plus fortement durant cette période. Les premiers prototypes de production d'électricité à partie d'énergies renouvelables donnent l'espoir à certains de se passer du nucléaire. L'accident à la centrale de Three Mile Island en 1979 marque un coup d'arrêt aux USA. En 1986, la catastrophe à Tchernobyl renforce les craintes et les oppositions.

7.1 Les énergies renouvelables vont-elles remplacer le nucléaire ?

Alors que je suis profondément troublé par les événements qui se passent autour du chantier de *Superphénix* et par l'attitude des entreprises concernées, la Belgonucleaire reçoit une demande du SPPS[1] : peut-elle détacher pour une à deux semaines, un ingénieur compétent en matière d'utilisation du sodium liquide comme réfrigérant ? Depuis une dizaine d'années, cela fait partie de mes travaux et je me retrouve ainsi à Madrid au sein d'un groupe très international chargé d'établir en dix jours les grandes lignes d'une première centrale solaire CRS[2]. Ce projet doit être réalisé sous l'égide de l'AIE[3] par un certain nombre de pays membres : l'Allemagne participe pour près de 40 % du budget, les USA et l'Espagne couvrant un autre tiers ; ensuite l'Italie, la Belgique, la Suisse, l'Autriche et la Suède avec de l'ordre de 5 % et enfin une participation symbolique de la Grèce.

Après le « conclave » de Madrid, un travail intensif en vase clos, les différentes étapes de conception et d'établissement des cahiers des charges se déroulèrent en six mois. En février 1978, le choix se porta sur un consortium mené par Interatom, groupe dont ma société faisait partie pour établir les volumineux dossiers d'appel d'offres. En 1979, ce

---

[1] Services de programmation de la politique scientifique, qui en Belgique dépendaient du Premier ministre.
[2] Central Receiver System, la chaudière étant au sommet d'une tour pour recevoir les rayons concentrés du soleil.
[3] Agence internationale de l'énergie.

groupe reçut la commande de la réalisation. Elle entra en service en septembre 1981.

La centrale CRS d'Almeria en Espagne (7.1)

D'une puissance électrique de 500 kWe, ce prototype CRS a été réalisé en même temps qu'une unité de taille comparable utilisant des miroirs en gouttière, la collecte de l'énergie solaire étant considérée comme « distribuée » au lieu d'être concentrée dans une chaudière unique placée au sommet d'une tour. Dans l'unité CRS, les 93 miroirs plans dits héliostats d'environ 40 m² chacun, sont pilotés automatiquement pour concentrer les rayons du soleil dans une chaudière unique, placée au sommet d'une tour. Il faut donc un fluide caloporteur acceptant une telle intensité : le choix s'est porté sur le sodium qui à 600°C reste à basse pression.

Sur la photo d'ensemble, on distingue le champ d'héliostats à droite et la tour à la lisière des bâtiments. La photo inférieure montre la tache formée par les rayons concentrés dans la chaudière.

© Alain Michel

Faudra-t-il se passer du nucléaire ?

© Alain Michel

Il est évidemment passionnant de participer – comme chef de projet adjoint – à une réalisation totalement nouvelle avec tant de pays dans un délai aussi court. Assister depuis la terrasse de la tour, au lever du soleil, au « réveil » des héliostats qui cherchent le soleil et forment une tache unique qui se rabat ensuite sur la chaudière, était aussi un spectacle exaltant.

La rencontre avec le public sur ce thème fut un autre stimulant. J'avais fréquemment participé à des rencontres à propos du nucléaire et lors d'une conférence sur la formation des ingénieurs, j'avais écrit (7.2) :

> Lorsque les coups commencèrent à pleuvoir, au propre comme au figuré, les ingénieurs de l'industrie nucléaire sentirent que le silence dans l'isolement n'était plus acceptable. Nous descendîmes dans l'arène. La plupart savaient de quoi ils voulaient parler mais bien peu purent se faire entendre, encore moins comprendre. Ce qui se voulait dialogue était confrontation. Quelques années plus tard, d'autres ingénieurs – qui parfois étaient les mêmes – partirent à la rencontre du public pour lui parler du soleil. Cette fois l'enthousiasme était dans l'assistance et les promoteurs des techniques se trouvaient contraints de freiner les espoirs tout en évitant de briser l'élan.

Les obstacles politiques qui ralentissaient alors le développement du nucléaire incitèrent les bureaux d'études de ce domaine à élargir leur secteur d'activité aux énergies renouvelables, leurs compétences s'adaptant parfois aisément à ce nouvel objet. Nous participâmes à d'autres projets solaires, en Sicile ou en Tunisie. J'explorai les possibilités qu'offrait la méthanisation des déchets agricoles : je visitai notamment une grande ferme d'élevage dans le Kent qui appliquait déjà ce procédé et en tirait assez de gaz pour les besoins de sa laiterie. En Belgique, un groupe se forma autour de l'Université de Louvain pour mettre au point un procédé. Chargé de développer ce type d'activités, j'explorai aussi les possibilités de rénovation de moulins à eau ; certains propriétaires que je visitai produisaient déjà leur électricité de cette façon. Nous avons visité de nombreuses entreprises pour envisager les possibilités d'économiser plus d'énergie dans leur secteur mais la plupart ne nous avaient pas attendus pour agir, vu l'augmentation sévère du coût de l'énergie.

Assez rapidement, il est apparu que dans le secteur des énergies renouvelables, telles qu'elles se présentaient à l'époque, l'organisation et le coût de la participation d'un bureau d'études industriel étaient trop lourds. La méthanisation agricole, par exemple, ne pouvait se justifier que si le fermier prenait directement l'entreprise en charge, évitant de payer des études, avec des suivis et garanties rapidement prohibitives. Certains projets pouvaient bénéficier d'une aide des États ou de la CEE, mais il leur fallait des qualités démonstratives et un appui politique pas toujours présents. Les énergies renouvelables allaient rester principalement pour deux décennies encore le fait d'enthousiastes autoconstructeurs, adeptes d'une vie plus autonome, avec la recherche d'une certaine autarcie, ce qui implique aussi une prise de responsabilité.

Même ce que nous avions pu développer dans le domaine solaire dut être arrêté vers 1985, le prix du pétrole repartant à la baisse après une période de forte augmentation. On avait pu penser qu'il atteindrait les 80 $/baril, seuil de compétitivité alors pour le solaire mais ce ne fut pas le cas. Dans le rapport d'un projet solaire récent, les auteurs évoquent les nombreux projets lancés à cette époque : Eurelios en Sicile, Themis en France, Solar One en Californie, etc. Et ils concluent : « Nombre d'entre eux furent proposés dans un environnement hostile qui n'offrait pas le support suffisant pour tenir bon face au coût des réajustements technologiques » (7.3). Ils ajoutent que seuls les USA, Israël et l'Espagne ont poursuivi les développements dans les années 1990 et les premières années 2000, ce qui a permis aujourd'hui de voir la construction de très grandes unités comme par la centrale de 19,9 MWe qui occupe 185 hectares près de Séville. Elle est financée à 40 % par Abu Dhabi. En novembre 2012, Tractebel Engineering a annoncé la signature d'un contrat de réalisation d'une centrale solaire à concentration de 100 MWe en Afrique du Sud. Actuellement le parc de centrales solaires à concentration a dépassé les 1 000 MWe ; les constructions en cours le porteront à plus de 3 000 MWe. Il semble que nous sommes entrés dans l'ère solaire tant attendue par certains, que ce soit sous forme concentrée dans ce genre de centrales électriques, ou plus dispersées telles les toitures photovoltaïques.

7.2 Accident à Three Mile Island

En 1979 donc, l'utilisation intensive des énergies renouvelables restait un espoir plus qu'une réalité économique. L'énergie nucléaire est en Europe et aux USA une option suivie : en moyenne, une quinzaine de nouveaux réacteurs sont raccordés aux réseaux chaque année et ils fonctionnent bien.

En Europe, la part de l'électricité nucléaire en 1984 varie de 20 à 55 % selon les pays. Le cycle du combustible est complet de l'enrichissement en matière fissile jusqu'au retraitement, suivi du recyclage du plutonium (dont je parlerai plus longuement au chapitre 8). Les prototypes de surgénérateurs à neutrons rapides (*Phénix*, PFR) fonctionnent correctement et semblent promettre un bel avenir à cette filière et dès lors au nucléaire puisqu'ils permettent de multiplier plusieurs dizaines de fois l'usage des ressources en uranium.

Ce développement ne s'est pas fait sans quelques accidents : j'ai cité précédemment celui du réacteur Fermi – remis en service ensuite – mais avant cela un réacteur avait pris feu à Windscale dans le Lake District en 1957. Un autre s'était produit à Lucens en Suisse en 1966, suite à quoi la caverne du réacteur avait été condamnée. En 1974, c'est le réacteur de Browns Ferry (USA) qui est endommagé suite à un incendie provoqué malencontreusement par un ouvrier qui utilisa une bougie pour vérifier le sens de circulation de l'air de ventilation dans une galerie de câbles (4.12). Ces accidents de même que bien d'autres incidents furent relativement peu médiatisés. Ils ne provoquèrent la mort de personne.

L'accident à la centrale nucléaire de Three Mile Island (TMI) toujours aux USA ne tua personne non plus mais son impact médiatique et social fut immense. Ses conséquences sur les programmes nucléaires aussi.

Que s'est-il passé à TMI ?

Ce PWR de 906 MWe faisait partie d'une centrale installée sur une île de la rivière Susquehanna, 15 km en aval de Harrisburg. Peu avant l'aube le 28 mars 1979, un incident se produit sur une installation annexe du circuit secondaire, celui qui alimente la turbine depuis les générateurs de vapeur. Ceci entraîne une série de séquences automatiques conduisant à l'arrêt de la turbine, puis du réacteur.

À ce moment, la pression monte dans le circuit primaire et une vanne de décharge s'ouvre. Cela ne devrait être que temporaire mais elle ne se referme pas complètement ; aucun signal n'informe l'opérateur de cette situation. Dès lors la pression continue à baisser et les pompes d'injection d'eau de sécurité se mettent en route automatiquement. Cependant l'opérateur voit monter le niveau du pressuriseur – suite à des circonstances techniques trop longues à expliquer ici[4] – c'est sans doute pour cela qu'il arrête l'injection, provoquant involontairement le dénoyage du cœur.

Il faut se rendre compte que cette séquence se déroule en quelques minutes dans un environnement où les alarmes se multiplient sur plusieurs mètres de panneaux d'information. C'est pourquoi des séquences automatiques sont planifiées. Mais dans ce cas-ci l'opérateur ne reçoit pas l'information utile concernant la vanne défectueuse – elle n'est pas équipée de détecteurs pour cela – et il interprète mal dès lors ce qu'il observe.

Ensuite c'est un mélange d'eau et de vapeur qui circule dans le circuit primaire faisant fortement vibrer les pompes que l'opérateur arrête. Mais la puissance résiduelle est suffisante avec ce défaut de refroidissement pour faire fondre une partie du combustible, relâchant des produits de fission dont certains parviennent dans l'enceinte de confinement. Un peu de xénon et de krypton s'échappent avant que la décision d'isoler totalement l'enceinte ne soit prise, mais heureusement ni iode ni aérosols, tous piégés dans l'installation (4.12). D'autres manœuvres ultérieures provoquèrent une explosion d'hydrogène résultant d'une réaction entre l'eau et les gaines surchauffées mais sans dommage extérieur.

In fine, la vanne défectueuse fut refermée et des conditions de refroidissement plus normales purent éviter une catastrophe externe.

Visite du président Carter © US gov. /J.G. Kemeny *et al.*

---

[4] Le lecteur qui veut connaître tous les détails et les différentes analyses qui en ont été données pourront lire M. Llory (7.4).

Dans son récit de l'accident, Leclercq écrit (4.12) : « Quelques heures après le début de l'incident, des représentants des autorités de Washington vinrent sur le site, la presse nationale et internationale accourut. Le moins qu'on puisse dire des déclarations faites est qu'elles ne brillèrent ni par leur cohérence, ni par l'exactitude ». Dès lors, le gouverneur de l'État a conseillé l'évacuation des enfants en bas âge et des femmes enceintes. Les habitants des environs de la centrale ont été de plus en plus inquiets.

Dans ces circonstances, la sortie du film de Jane Fonda *The China Syndrome* va ajouter à l'anxiété. Le film est sorti en salle aux USA douze jours avant l'accident de TMI. C'est évidemment une pure coïncidence. Mais ce que racontent le film et la popularité des acteurs renforcent les sentiments antinucléaires.

Synopsis de *The China Syndrome*

La journaliste Kimberly Wells (l'actrice militante Jane Fonda) et son cameraman Richard Adams (Mike Douglas) visitent une centrale atomique dont l'intègre Godells (Jack Lemmon) est le directeur. Ils sont témoins d'un accident qu'ils filment clandestinement. La chaîne de télévision qui les emploie refuse de passer ce (trop explosif) reportage. Richard toutefois réussit à le montrer au cours d'un meeting antinucléaire. Ébranlé par la grogne consécutive à cette projection, Godells tient à s'assurer de la sécurité de la centrale avant de la remettre en marche. Mais chaque journée qui passe, coûte une fortune, et sous la pression des actionnaires, l'usine reprend son activité. Réalisant qu'un État entier est mis en danger pour de simples raisons économiques, Godells refuse de se laisser ainsi bâillonner et avec les deux journalistes à ses côtés, il va tenter le tout pour le tout pour se faire entendre.

Conduit comme un thriller, le film de James Bridges aborde le grave problème du danger nucléaire. De sa mise en scène efficace naît un suspense qui tient le spectateur en haleine de bout en bout. Jack Lemmon s'est vu décerner le Prix d'interprétation masculine pour ce rôle lors du festival de Cannes 1979.

Texte repris du dos du boîtier du VHS sorti par Columbia Pictures

---

Ce qui ajoute à la crédibilité du film, c'est la similitude de la situation décrite : ils ont frôlé l'accident majeur, résultat d'une erreur humaine due à un indicateur de niveau d'eau qui fonctionnait mal. Et cet incident aurait pu dégénérer jusqu'à la fusion du cœur qui aurait, dit le film, traversé la cuve et pénétré dans le sol « jusqu'à la Chine ». Le jour où le film est sorti à Bruxelles, je me précipitai à la première séance à midi. Par hasard j'y rencontrai un ami, régisseur à la télévision belge. En sortant, il me dit : « De tels comportements sont-ils possibles ? » Je ne pus que répondre : « Hélas oui, et celui des journalistes est-il réaliste ? »

Aux USA cependant, l'industrie nucléaire attaque les producteurs car ce film serait « un acte irresponsable de gauchistes voulant engendrer la peur »[5].

Michael Douglas, producteur du film avec Jane Fonda, n'était pas aussi fermement antinucléaire qu'elle. Mais lorsqu'il vit la relation de l'accident de TMI à la télévision, illustré d'extraits de son film, « ce fut comme un éveil religieux, dit-il dans une interview, je sentis que j'étais dans les mains de Dieu »[6]. Par la suite, il devint un intervenant fréquent dans des débats publics où sa grande popularité crédibilisait ses positions. Ce film fut un succès commercial. Mais sans doute ce qui réjouit le plus Jane Fonda fut son impact sur l'opinion quant à l'avenir du nucléaire.

La combinaison de la réalité et de la fiction eut un effet puissant, ralentissant pour de longues années tout nouveau programme, surtout aux USA. Selon B. Grove[7], 74 nouveaux projets furent annulés, de nombreuses installations furent mises à l'arrêt et « aucune nouvelle installation ne fut commandée pour près d'une génération aux USA ».

Le choc social au sein du milieu nucléaire a été analysé par Michel Llory (7.4). Après des études d'ingénieur, écrit-il sur son site personnel, j'ai passé vingt-sept années au Centre de recherches d'EDF, où j'ai finalement créé et dirigé pendant sept ans un département de recherches sur les grands risques, les accidents industriels et les causes humaines des catastrophes, et sur les moyens de s'en prémunir. Il a donc vécu le choc de TMI alors qu'il baignait dans le milieu nucléaire.

Selon lui,

lorsqu'il atteint une certaine gravité, un accident produit des perturbations importantes sur les plans émotionnel, psychique et psychosocial. […] Nous avons été amenés nous-mêmes à « vivre » plus ou moins directement des incidents, des accidents du travail, et bien sûr l'accident de TMI, pour attester de l'intérieur, par le vécu personnel, subjectif, des perturbations induites, du **trouble des consciences**.

À la suite de cet accident, il y eut un foisonnement de visiteurs, de travaux d'analyse, de remises en cause des installations existantes et de leurs règles de fonctionnement. Ce fut sans doute l'aspect positif des réactions. La presse eut malheureusement aussi tendance à faire « mousser » les événements. Il y eut aussi des réactions sans doute excessives comme celle du bourgmestre Hubin à Huy, qui ordonna la fermeture de

---

[5] Stephen J. Dulmer and Steven D. Levitt, in *Freakeconomics*, septembre 2007.

[6] *Ibid.*

[7] Benjamin Grove, *Three Mile island still haunts nuclear policy*, Connecticut News Story, WFSB Hartford, 27 mars 2009.

la centrale ce qui était alors possible vu qu'elle ne produisait que 6 à 8 % de la consommation belge à ce moment[8]. Sa décision est qualifiée par les exploitants « comme entachée d'excès de pouvoir et de l'arbitraire le plus caractéristique ». Intercom envisage de réclamer des dommages et intérêts à M. Hubin[9]. L'arrêt est cassé par le gouvernement après deux trois jours.

La réflexion de fond a conduit à de nombreuses prises de position. Celle que relate Alvin Weinberg, un des pionniers du nucléaire, me paraît particulièrement intéressante. De 1955 à 1973, il a dirigé le laboratoire national d'Oak Ridge, l'un des plus importants et des plus anciens centres de recherches nucléaires aux USA. Ensuite, il fonde et dirige un *energy think tank*, l'Institute for Energy Analysis (IEA). Il avait organisé avant l'accident, un atelier avec des représentants de l'industrie et des experts critiques. Ils avaient mis en évidence la possibilité d'un accident avec fusion du cœur sans effets externes à l'enceinte, espérant secouer par la perspective d'une catastrophe économique pour le propriétaire, l'industrie qui estimait qu'aucun changement profond n'était nécessaire. Sans succès : « C'était un cas classique de dissonance cognitive. Le spectre d'un exploitant nucléaire en faillite parce que l'un de ses réacteurs aurait fondu était trop terrifiant pour être considéré comme une réelle menace » (7.5).

Les propositions et commentaires de l'IEA de A. Weinberg

Les réacteurs doivent être regroupés dans des parcs de plusieurs unités en sites isolés.

Aurait-on la volonté de remettre en question les LWR et de construire de nouveaux types de réacteurs intrinsèquement plus sûrs ?

Il faut séparer la production de l'électricité de sa distribution.

Les cadres du nucléaire ont une responsabilité très importante ; ils doivent être hautement qualifiés et rémunérés en conséquence.

Les suites d'un acte terroriste sur une centrale nucléaire peuvent être plus graves que sur une autre installation et les mesures de sécurité doivent être adaptées.

Le public doit être éduqué quant aux effets des rayonnements. Si le public ne surmonte pas sa peur des faibles niveaux de radioactivité, l'avenir de l'énergie nucléaire est sombre.

---

[8] *Le Soir*, 7 avril 1979.
[9] *La Libre Belgique*, 10 avril 1979.

Sur ces bases, l'IEA tente de convaincre l'industrie de développer d'autres réacteurs plus sûrs. On lui objecte que cela jetterait le doute sur les réacteurs existants et entraînerait la demande de les fermer. Weinberg rétorque que ce n'est pas parce que les 747 sont plus sûrs que les DC3 ne volent plus. Certains affirment que le choix des LWR a été fait parce qu'ils étaient jugés les plus sûrs. Il réplique que leur développement a été entièrement le résultat du choix de l'amiral Rickover pour la marine dans les années 1950. Une fois que les LWR ont dominé le marché terrestre, il n'a plus été possible pour un autre type de réacteur de s'imposer. En 1986, il ajoute qu'il s'interroge sur la possibilité d'améliorer ces réacteurs de façon telle que le public les accepte plus aisément. C'est bien ce que l'on observe encore actuellement.

Ces incertitudes favorisent l'éclosion d'une littérature tournant autour d'accidents imaginaires. Le problème de la sécurité est clairement mis en avant en particulier lorsqu'ils s'adressent aux adolescents : dans *When the sirens scream*[10], la ville voisine de la centrale est partagée entre ceux qui y voient leur emploi et ceux qui craignent l'accident, malgré les mesures prises. Un incident se produit qui jette le doute sur la sécurité de l'installation. Néanmoins après de longues investigations, la ville votera pour le maintien de l'activité. Dans *Downwind*[11], l'accident majeur se produit et la panique s'en suit, entraînant le blocage de toutes évacuations. L'auteur écrit : « J'ai voulu écrire un livre sur les dangers d'un accident nucléaire. Je le considère comme un livre effrayant sur un aspect de la vie effrayant ». Dans *Panique au Pellerin*[12], l'intrigue repose sur la pression qu'exerce un mouvement écolo sur un spécialiste de la détection du risque sismique pour qu'il déclare le site du Pellerin dangereux et provoque ainsi une panique. À noter que dans la réalité, il y eut une telle opposition que ce site sur l'estuaire de la Loire n'a jamais été utilisé.

7.3 Les technologies avancées suscitent toujours anxiété et remise en cause

Au cours des années 1980, les **manifestations d'opposition** resteront nombreuses. Le symbole le plus connu de ce refus est ce soleil souriant entouré du slogan : *Nucléaire ? Non merci*. Ci-dessous, il est en breton car ce symbole souriant, sans agressivité mais percutant, griffonné un jour de 1975 par une étudiante danoise pour illustrer une manifestation de son association locale, est disponible en 45 langues. Greenpeace annonce aussi en 2011 que jusqu'à présent plus de 20 millions d'articles

---

[10] Robert E. Rubinstein, *When the sirens scream*, Dodd, Mead & Cy, New York, 1981.
[11] Louise Moeri, *Downwind*, E.P. Dutton, New York, 1984.
[12] Marc Vion, *Panique au Pellerin*, Éditions Jean Picollee, 1982.

arborant ce soleil amical ont été vendus. La force d'un tel symbole est qu'il est adopté à tout âge par des gens de tous bords.

Parmi les oppositions les plus médiatisées, il faut citer Plogoff, un village situé à proximité de la pointe du Raz qui dès 1976 s'est opposé aux décisions d'accepter une centrale nucléaire en ce lieu prises par le Conseil régional et le Conseil économique et social de Bretagne. En 1978, c'est cette fois le Conseil général du Finistère qui vote favorablement et 10 000, puis 15 000 personnes, manifestent leur opposition. En 1980, le conflit s'envenime et de janvier à mars vont se succéder ce qu'ils appelleront cinq « nuits des barricades ». Au printemps, Plogoff a gagné ; il n'y aura pas de site nucléaire à proximité. Le lieu réunira par la suite de gigantesques rassemblements festifs, plus de 100 000 personnes, autour des alternatives au nucléaire. Ce fut entre autres la fête de la Pentecôte 1980 dans la baie des Trépassés.

Ces événements sont longuement retracés dans deux ouvrages : le premier est paru dès la victoire de la révolte en 1980 et contient d'admirables archives photographiques (7.6). L'autre est plus récent et reprend plus globalement les luttes antinucléaires qui se sont poursuivies (7.7).

Plogoff-la-révolte © Noel Guiriec ou Paul Bilheux

La **polémique** autour de l'extension du site nucléaire à Chooz a ceci de particulier qu'elle fut **internationale** car non seulement le site est enclavé dans la Belgique, mais la Meuse alimente en eau potable ce pays ainsi que les Pays-Bas. Le projet initial d'EDF supposait l'installation de 4 unités de 1 300 MWe et le risque de rejets radioactifs dans le fleuve inquiétait ces pays situés en aval. Dès 1979, la Belgique avait pris conscience de la mise en route de ce projet.

Lors d'une conférence à Liège, EDF avait présenté une maquette et j'attirai l'attention de leur représentant sur l'intérêt qu'il y aurait à consulter aussi la population belge, lors de l'enquête publique. Après tout, le voisinage de la centrale est plus largement belge que français. Il me répondit, avec toute la suffisance des « hauts responsables français », que cela ne concernait pas EDF mais les Affaires étrangères. Effectivement, comme le rappelle Marcel Depasse (4.6), ce ministère allait se trouver au cœur des négociations, souvent en difficulté d'ailleurs avec d'autres ministères belges qui avaient du mal à définir une position belge.

En novembre 1979, de très nombreuses associations écologistes mais aussi des partis politiques principalement de gauche organisent une manifestation à Liège. Ils réclament la suspension des activités sur Doel III et Tihange II et l'abandon des projets suivants, dont l'arrêt du retraitement des déchets. Ils refusent la mainmise des grands groupes sur l'énergie, alertent quant à la menace sur les libertés démocratiques, etc. Ils demandent un développement accéléré des énergies douces.

J.P. Poncelet[13] – alors membre du comité directeur du PSC[14] – s'interroge sur l'attitude des pouvoirs publics : « Difficultés il y a ; sans doute est-il devenu impossible d'obtenir un consensus parmi un ensemble correctement représentatif des diverses tendances, toutes de bonne foi ». Et plus loin : « La production, la distribution et la consommation de l'énergie de l'avenir vont conditionner globalement notre façon de vivre et le monde dans lequel nous vivons : le problème n'est pas unidimensionnel et réductible à la seule logique des techniciens, fussent-ils "aidés" par des CRS ».

Malheureusement dès le mois de mai, c'est cette dernière logique qu'utilise le gouvernement français lorsque l'enquête publique est lancée. Les convois de quelques dizaines de manifestants comprenant aussi bien des Amis de la terre que des riverains belges et même quelques politiques se voient « filtrés » impitoyablement à la frontière

---

[13] *La Libre Belgique*, 24 avril 1980.
[14] Parti social chrétien belge. Poncelet sera plus tard ministre de la Défense et de l'Énergie.

par douaniers et CRS. *Le Soir* titre : « La frontière française, près de Chooz, étanche aux écolos errant en bande »[15].

À Chooz, le registre d'enquête est solidement protégé par les CRS mais les affiches de l'opposition foisonnent, parfois avec humour. Une bande dessinée provoque les CRS en faction devant la mairie. On y voit un cadre d'EDF attaché-case pendant à la main droite, soutenu moralement par trois personnages casqués, dire à un groupe d'indigènes ; « Nous venir apporter civilisation, pas la peine discuter : gentils, hein ! »[16] Peu avant la clôture de l'enquête, diverses actions plus ou moins spectaculaires ont encore eu lieu. Mais au sein du village, certains voudraient soutenir le projet, vu l'emploi qu'il promet ; la division règne là aussi.

Lorsque la Commission d'enquête remet son rapport en juillet, elle constate que des milliers de lettres objectant à la construction ont été remises. Cela ne pèsera pas lourd dans les décisions de l'État français. Les manifestations ne semblent pas non plus avoir beaucoup impressionné les négociateurs belges si l'on en croît le témoignage de M. Depasse (4.6). Ce ne sera qu'en 1984 que les diverses parties concernées : gouvernements, producteurs d'électricité et fournisseurs d'équipements arriveront à un accord. Les Belges participeront à la réalisation et bénéficieront d'une partie de la production. Réciproquement, les Français devaient participer à une 8e unité belge mais elle ne verra jamais le jour.

Obtenir une forme de **consensus** comme le suggère Poncelet, va être tenté en Grande-Bretagne une nouvelle fois. Après divers épisodes, la CEGB[17] annonce en 1980 qu'elle ne désire construire – à terme – qu'une seule nouvelle centrale avec un PWR et que la suite dépendra des résultats. Prudence et modération. Elle serait située sur le site de Sizewell, à côté d'une unité Magnox existante. Des organismes officiels émirent cependant des objections et de toute manière, le projet devait être soumis à une enquête publique que certains envisageaient avec doutes (7.8). Patterson mentionne que le coût d'élaboration d'un argumentaire à présenter devant les enquêteurs peut atteindre £100 000 ce qui est très élevé pour les objecteurs. Le gouvernement a refusé de les financer.

À côté du CEGB, un effort est fait par l'organisation A Power for Good (APG) pour présenter une défense du nucléaire financée par des intérêts industriels. Dans son bulletin *Sizewell issues*, APG décrit l'ambiance de carnaval de la séance d'ouverture qui se teint dans un hall

---

[15] *Le Soir*, 17 mai 1980.
[16] *La Libre Belgique*, 5 juin 1980.
[17] Central Electricity Generating Board.

de concert le 11 janvier 1983. Théâtre des rues, clowns, banderoles, ... « accueillent » les participants. Le patron de CEGB, sir Walter Marshall discute avec ces opposants dans la rue. La salle est comble. Mais dès le troisième jour, le public est pratiquement absent.

Les débats et présentations vont entrer dans un tel détail qu'il faudra des mois pour aboutir. On expliquera par la suite la longueur des débats par le fait que l'on ne se tint pas au seul cas de l'acceptabilité de cette centrale mais de façon plus générale, à celle de l'énergie nucléaire. Un volumineux rapport de 16 millions de mots sera publié après deux ans. Selon Greenhalgh (7.9) qui a suivi tout le processus pour APG, la passion du détail a caché l'essentiel. Il estime que l'enquête n'aura pas secoué l'apathie du public et que la décision de construire qui va à l'encontre des vœux des objecteurs ne les satisfera évidemment pas. Cet échec peut s'expliquer pour lui du fait qu'il ne s'agit pas ici de vérité objective mais bien plutôt d'opinion et de jugement.

C'est bien tout le problème de l'acceptation des technologies nouvelles. Il va d'ailleurs à cette époque faire l'objet de nombreuses études. Certains parlent de leur vécu avec émotion et parfois violence. Xavière Gauthier dans *La Hague, ma terre violentée*[18] s'écrie : « Je dis la violente colère qui m'envahit, contre ce qui défigure et empoisonne la terre qui m'a nourrie, contre ce qui menace mon avenir, contre ce qui blesse et souille ma chair de femme. Alors j'en appelle à la révolte de tous pour sauver un territoire de vie, une région, qu'on veut sacrifier au mythe du progrès ».

Le sociologue Alain Touraine publie avec son équipe une étude sur le mouvement antinucléaire (7.10) en se basant sur une succession de séances de travail avec deux groupes d'une douzaine de militants de Paris, La Hague et Malville. La question que pose Touraine est :

> Explorant les luttes sociales d'aujourd'hui pour y découvrir le mouvement social et le conflit qui pourraient jouer demain le rôle central qui a été celui du mouvement ouvrier et des conflits du travail dans la société industrielle, nous attendons de la lutte antinucléaire qu'elle soit la plus chargée de mouvement social et de contestation, la plus directement porteuse d'un contre-modèle de société.

Et plus loin :

> Pourquoi ne pas penser que nous venons de vivre une brève période, inaugurée par le mouvement de Mai 68, pendant laquelle la crise des valeurs de la société industrielle a précédé la conscience de la crise économique ? Ce décalage a pu créer un mouvement de contre-culture et de critique idéologique, passionné et contagieux mais fragile, et dont l'importance décroît vite dès

---

[18] Xavière Gauthier, *La Hague, ma terre violentée*, Mercure de France, Paris, 1981.

que s'imposent les dures réalités d'une crise économique. Cette crise culturelle durera peut-être longtemps mais elle ne sera pas toujours capable de susciter un mouvement de protestation sociale.

Dans le cadre du programme d'études européen FAST[19], Jean-Jacques Salomon étudie la résistance au changement technique (7.11). « C'est aujourd'hui parmi les groupes plus avantagés que se trouverait la source de l'insatisfaction et de la protestation politiques. Et ce sont ces groupes "postmatérialistes" qui se mobilisent le plus aisément pour une participation plus directe au processus de décision. Cette exigence ne facilite pas la tâche des décideurs en place ! » Salomon rappelle que le mot de Valéry vaut toujours d'être médité quand on plaide pour le renforcement ou l'extension de la participation : « Toute politique se fonde sur l'indifférence de la plupart des intéressés, sans laquelle il n'y a point de politique possible ». Mais la demande du public est forte alors il rappelle que « le partage de l'information n'est qu'un premier pas et demeurera un leurre s'il ne s'appuie sur une politique d'éducation qui, tout en élevant le niveau général des connaissances scientifiques, saura rééquilibrer le savoir avec les autres formes de connaissance ». Aujourd'hui encore, on en est loin. Et l'on peut comme Olivier Todd, se poser la question : même s'il y avait chaque soir dans chaque école de France des cours de physique nucléaire et d'économie, 35 millions de Français trancheraient-ils intelligemment dans un dossier d'une complexité inouïe ?

Patrick Lagadec (7.12) considère que

> Il faut en premier lieu, une prise de conscience de la gravité du problème, des limites de nos modes actuels de traitement. Pour cela le doute doit toucher les esprits. Doute sur la capacité des systèmes d'indemnisation – compensation. Doute sur la capacité des moyens de lutte en cas de sinistre grave. […] Je crois que sur ces points, le doute a pleinement pénétré les esprits dès cette époque en ce qui concerne l'énergie nucléaire.

7.4 Progrès techniques, guerre nucléaire et terrorisme

L'industrie nucléaire n'est malheureusement pas la seule à mettre des vies en danger. En 1976, des vapeurs toxiques (dioxine) échappées de l'usine Icmesa à Seveso avaient entraîné l'évacuation de plus de 700 personnes et fait craindre un accroissement de naissances d'enfants malformés et de cancers du foie. C'est à la suite de cet accident que la CEE a adopté en 1982 une directive imposant une série de règles de prévention, de contrôle et d'information aux usines potentiellement

---

[19] Forecasting and Assessment in Science and Technology.

dangereuses. Plusieurs centaines d'entreprises en France par exemple, sont soumises à ces règles.

Les techniques spatiales évoluent rapidement : première navette Colombus « récupérable » en avril 1981 mais aussi premier accident avec l'explosion de la navette Challenger en janvier 1986. Premiers travaux de montage par la NASA dans l'espace en décembre 1985 mais en janvier 1978, la désintégration au-dessus du Grand Nord canadien d'un réacteur nucléaire spatial russe provoquant une alerte atomique sans précédent[20].

Certaines technologies de pointe éveillent cependant peu d'inquiétudes. C'est le cas du TGV qui relie pour la première fois Paris à Lyon en 2 h 40 en septembre 1981 et qui est la « gloire » de la technique française. La naissance des Airbus, résultats de la coopération industrielle européenne, suscite essentiellement admiration et enthousiasme des foules. L'apparition des ordinateurs personnels d'abord chez Apple puis chez IBM, qui se perfectionnent rapidement au cours des années 1980 crée un véritable engouement pour ces nouveaux moyens d'expression. De même le walkman né chez Sony en 1978 est rapidement suivi du CD ainsi que des jeux vidéo : le célèbre personnage Mario date de 1982.

Cette familiarité croissante avec une évolution rapide de certaines technologies n'entraîne cependant pas la confiance en d'autres telles que le nucléaire. D'autant plus que la menace que constitue l'existence de l'armement atomique pèse sur l'image du nucléaire civil. L'arrivée de la gauche au pouvoir en France avait fait espérer à certains que les programmes civils et militaires seraient revus. Ce ne fut pas vraiment le cas : une trentaine d'unités sont mises en service durant les années 1980 et de nombreuses autres sont commandées. Elles fonctionnent bien. Mais ce sont les accidents qui intéressent le plus les médias comme le jour où le cargo Mont-Louis avec 30 conteneurs soit 450 tonnes d'hexafluorure d'uranium à bord, entre en collision avec un ferry allemand et coule au large de la côte belge. Comme le transporteur tarde à admettre le contenu de la cargaison, c'est Greenpeace qui donne l'alerte et en profite pour attaquer le principe du transport maritime de matières nucléaires. Pourtant, le dernier fût sera récupéré deux mois plus tard ce qui aurait pu rassurer...

Côté applications militaires françaises, la France poursuit ses activités dans le Pacifique et veut se protéger des actions de Greenpeace. L'affaire du Rainbow Warrior va au contraire rendre ce mouvement particulièrement populaire. Le gouvernement veut l'empêcher d'intervenir contre les essais qui doivent se dérouler à Mururoa cet été-là. Le

---

[20] *Chronique du XXe siècle*, Éditions J. Legrand, Périgueux, 1985.

10 juillet 1985, deux agents de la DGSE[21] coulent le bateau de Greenpeace dans le port d'Auckland en Nouvelle-Zélande, entraînant la mort d'un photographe resté à bord. La France n'en sort pas grandie.

Aux USA, Reagan est arrivé à la présidence aux élections de novembre 1980. Un raz-de-marée républicain. Ils sont au pouvoir. Les arsenaux atomiques sont en cours de renouvellement. Ce n'est qu'en 1983 que Reagan prend connaissance des gestes qu'il aurait à accomplir en cas d'attaque nucléaire (5.8) et la perspective d'une destruction inévitable de part et d'autre l'horrifie. Ce serait ce qui l'a poussé à promouvoir un « bouclier » antimissile qui n'aboutira pas mais sera perçu par les Russes comme une préparation à la guerre. Brejnev a poursuivi le renouvellement des armements atomiques. À sa mort en 1982 Andropov lui succède. La tension entre ces deux pays est à son comble en 1983. Puis en 1984, le climat des relations américano-soviétiques s'apaise. Avec l'arrivée de Gorbatchev en 1985, les négociations avec les USA reprennent sur les traités qui visent à limiter et même éliminer certains armements. Un traité est signé à Washington le 10 décembre 1987. « Il prévoit l'élimination par les deux pays de tous leurs missiles ayant une portée comprise entre 500 et 5 500 km qu'ils soient stationnés en Europe ou en Asie » (5.8). Une inspection réciproque est prévue. On constate que s'il y a progrès, le sujet reste cependant bien présent dans l'esprit de tous. La poursuite d'essais atomiques permet d'imaginer le pire.

Ce dont ne se privent ni les romanciers ni les cinéastes. La télévision américaine présente ces années-là deux films qui se veulent terrifiants mais qui se concentrent en fait sur l'importance du lien familial dans une situation postapocalyptique après une attaque surprise. *Testament*[22] conçu initialement pour la chaîne PBS[23] a eu assez de succès pour passer en salle et gagner un Oscar. Évidemment ce film inclut l'horreur d'une telle situation et la nécessité d'agir pour protéger le futur de nos enfants, mais il met aussi en avant « la qualité naturelle de la famille américaine […] Malgré toutes leurs souffrances, la famille et la communauté restent un havre de générosité dans un monde sans cœur » (7.13).

La même année sort *The Day After*[24]. Ce téléfilm a reçu l'une des plus vastes audiences qui soit. Selon Shapiro (7.13), « il a reçu d'immenses louanges de la critique ». Il cite William J. Palmer – professeur

---

[21] Direction générale de la sécurité extérieure.
[22] Paramount, 1983.
[23] Public Broadcasting System.
[24] ABC Motion Pictures Inc., 1983.

de littérature et cinéma à Purdue University – qui s'écrie[25] : « *The Day After* a tellement frappé l'opinion qu'il a poussé le gouvernement Reagan à poursuivre de sérieuses négociations sur les armes nucléaires avec la Russie ». Le film montre les événements apocalyptiques, les maladies et souffrances qui s'ensuivent, ce qui a sans doute choqué les spectateurs et a poussé certains dans un activisme antinucléaire. La sortie de ce film a été accompagnée d'un effort publicitaire exceptionnel. Un demi-million de fascicules « guides » ont été distribués. Les autorités ont dû participer à des débats. Le film a été vu en salle ou à la télévision dans une quarantaine de pays.

En France, le film de Claude Lelouch, *Viva la Vie*[26], n'a certainement pas eu le même retentissement. C'est une science-fiction qui voudrait faire renoncer à une guerre nucléaire et débute d'ailleurs sur la foule se précipitant vers les abris au son des sirènes. Ensuite on flotte un peu dans un rêve peu intelligible. Un critique[27] écrit récemment : « Un film qui se révèle plein de bonnes intentions mais qui aura beaucoup de peine à intéresser un public adulte ».

Si ce film fut sans conséquence, ce n'est pas le cas du dessin animé[28] anglais de Raymond Briggs, basé sur l'album[29] qu'il avait publié en 1982 et des adaptations pour BBC radio 4. On s'attache à un vieux couple, retraité dans une campagne solitaire. Lorsqu'ils entendent à la radio qu'une attaque nucléaire est proche, le mari sort le fascicule officiel d'instructions – *The household's guide to survival* – et le suit à la lettre, préparant réserves et protections, plutôt sommaires. Dans leur maison, tout sera détruit par le souffle, puis viendront les retombées radioactives. Se souvenant de l'attitude anglaise pendant le Blitz de 1940, l'homme a confiance : les secours vont venir. Il encourage sa femme qui se sent de plus en plus mal, vomit, perd ses cheveux, ... *In fine*, ils meurent côte à côte dans leur abri de fortune. Briggs pose clairement la question dans une interview : « Qu'arrivera-t-il à l'homme de la rue prévenu aussi tardivement ? » On sort ému de cette histoire et convaincu que rien ne nous protégera en cas d'attaque.

Plusieurs romans s'inquiètent de cette possibilité : dans *Deadeye Dick*[30], Vonnegut évoque la bombe à neutrons. Dans *The Fourth*

---

[25] W.J. Palmer, *The films of the eighties : a social history*, Southern Illinois University Press, Carbondale, 1993.
[26] Les films 213 et TF1 Productions 1981.
[27] Sur le site « Art et "poïesis" », 15 mai 2011.
[28] *When the wind blows*, Meltdown Ltd, 1986.
[29] *When the wind blows*, Hamish Hamilton Ltd, Londres, 1982.
[30] Kurt Vonnegut, *Deadeye Dick*, Dell Publishing, New York, 1982.

Protocol[31], Forsyth imagine un plan russe qui devrait conduire à la révolution en Grande-Bretagne. Un autre roman encore se déroule sur le site de Los Alamos : une histoire d'espionnage. J'y relève une remarque intéressante de l'un des héros : « C'est une réelle opportunité de se trouver ici si vous pensez que l'histoire de la psychologie s'est construite sur les anxiétés [...] Nous pouvons être à la base d'une anxiété primaire pour le reste de l'histoire ». Et les enfants recevront aussi leur dose d'anxiété si l'on observe la publication de romans qui s'adressent à eux. Tel *Die letzen Kinder von Schewenborn*[32] qui évoque à nouveau les terribles difficultés de survie après un bombardement atomique. L'auteur espère contribuer à conscientiser les jeunes afin de les voir agir pour que cela n'arrive jamais.

Mais l'un des romans les plus populaires à l'époque fut sans doute *The fifth Horseman*[33]. Cet ouvrage se réfère ouvertement aux cavaliers de l'Apocalypse et place en exergue le verset 7-8 : « Et je vis apparaître un cheval de couleur pâle. Celui qui le montait se nommait la Mort, et l'Enfer le suivait. On leur donna le pouvoir sur la quatrième partie de la Terre, pour faire tuer par l'épée, par la famine, par la mortalité et par les bêtes féroces de la terre ». Dans l'Apocalypse, le 5e cavalier est le Christ lors de son retour sur terre, monté sur un cheval blanc. Il détruit la Bête (associée à une dictature militaire), les rois de la terre et leurs armées (verset 19). Mais pour Lapierre et Collins, le 5e cavalier serait-il les terroristes qui veulent la fin de l'Occident jouisseur, égoïste et capitaliste en menaçant de détruire la ville qui en est le symbole le plus excessif, New York, en y dissimulant une bombe atomique ? Les auteurs de cette fiction jouent le réalisme : la lettre de menace est signée Khadafi, les terroristes kamikazes sont aux ordres « d'argentiers » arabes. Un ouvrage quelque peu prémonitoire, si l'on pense à la destruction des tours du World Trade Center en 2001. L'ouvrage est très bien documenté et va avoir un très grand retentissement, car de tout temps et aujourd'hui encore, les hommes ont craint la « fin du monde ». Le lien entre nucléaire et situations apocalyptiques s'en trouve une fois encore renforcé.

---

[31] Frederick Forsyth, *The Fourth Protocol*, Hutchinson, Londres, 1984.
[32] Gudrun Pausewang, *Die letzen Kinder von Schewenborn*, Otto Maier Verlag, Ravensburg, 1983. Traduction française : *Les derniers enfants du Schewenborn*, Travelling Casterman, Tournai, 1993.
[33] D. Lapierre et L. Collins, Granada Publishing Ltd, St Albans (UK), 1980. Traduction française : *Le 5e cavalier*, Robert Laffont, Paris, 1980.

Dompter le dragon nucléaire ?

Tapisserie de l'Apocalypse – Château d'Angers
© CRC92-0227 recadrage – Caroline Rose/Centre des monuments nationaux

Le chantage au nucléaire est loin d'être inimaginable dès cette époque même si jusqu'à présent, peut-être grâce à la vigilance des inspecteurs de l'AIEA, il ne s'est pas produit. Parmi ceux qui ont réussi à contourner cette surveillance, A.Q. Khan occupe une place exceptionnelle. Cet ingénieur pakistanais, formé dans les meilleures universités européennes, s'est fait engager chez Urenco, usine d'enrichissement de l'uranium par centrifugation aux Pays-Bas. Il retourne en 1975 dans son pays avec les plans et la liste des fournisseurs de ce matériel. Dans le texte de proposition d'un film sur cet individu, Pierre Combroux écrit :

> Khan a transformé la nature du phénomène de la prolifération. Il a mis sur le marché mondial deux des secrets les mieux gardés : la technologie de l'enrichissement de l'uranium et la conception d'armes atomiques. La prolifération est devenue un véritable marché noir dont ont bénéficié le Pakistan, l'Iran, la Corée du Nord, la Libye, la Syrie… et certainement d'autres pays. Au cours des années 1980, alors que les intentions militaires du programme nucléaire pakistanais ne font plus aucun doute, ce pays continue de bénéficier de transfert de technologie de la part d'industriels. Khan, à la tête d'un laboratoire qui porte son nom, continue de se rendre en Europe pour obtenir les équipements dont il a besoin pour doter son pays de l'arme atomique. Comment A.Q. Khan a-t-il pu pendant 30 ans agir à sa guise sans jamais

être inquiété ? Il est difficile de croire qu'il n'ait pas bénéficié de complaisances frisant la complicité.

En 1986, une task force incluant 5 spécialistes réputés aux USA a examiné la question : la fabrication d'une bombe par des terroristes est-elle une hypothèse réaliste ? Ils concluent que si la technologie leur était accessible, accumuler la quantité de matière fissile nécessaire leur serait difficile. Mais est-il vraiment nécessaire de posséder cette arme pour le faire croire ? Selon Jenkins, « si le terrorisme nucléaire est plus fonction de la communication et de la perception que de faits concrets, alors une société caractérisée par une communication permanente sans entrave est un terrain fertile pour la propagation de la peur » (7.14). Il ne faudrait pas cependant introduire un contrôle global et permanent de la communication qui détruirait la démocratie.

Mais pour se faire craindre, des mouvements tels que l'ETA en Espagne ont préféré s'attaquer aux installations nucléaires civiles. Ce ne sont cependant pas eux qui ont provoqué la situation qui a le plus freiné le développement du nucléaire à la fin des années 1980.

7.5   La catastrophe de Tchernobyl

Dans la nuit du 26 avril 1986, vers 1 h 30, le réacteur n° 4 explose ; le toit du hangar qui le recouvre est soufflé, une trentaine d'incendies se déclarent dans le voisinage (7.4). Curieusement, selon Medvedev, « les opérateurs et responsables exploitants de la tranche éprouveront des difficultés pour se rendre compte réellement de l'importance considérable du désastre, et en particulier pour réaliser les dangers qu'ils encourent du fait du très haut niveau de radiations autour du réacteur »[34]. Dès qu'elles sont informées, les autorités vont selon les habitudes alors en URSS, imposer un black-out sur l'information, surtout en matière de contamination.

Comment l'accident s'est-il déroulé ?

Comme ce réacteur devait être arrêté pour entretien, il avait été décidé d'en profiter pour faire un test qui demandait la mise hors service d'un certain nombre de systèmes de sécurité. C'était considéré comme une tâche de routine.

La diminution de puissance commença le 25 à 1 h du matin mais à 14 h, la société de distribution demanda de remonter en puissance pour répondre à la demande. Ce n'est que 9 heures plus tard que le test a repris. Suite à une erreur, la puissance descendit trop bas et normalement, le réacteur aurait dû être arrêté. Or ces réacteurs RBMK sont neutroniquement instables à basse

---

[34] G. Medvedev, *La vérité sur Tchernobyl, 4 ans après*, Albin Michel, Paris, 1990.

> puissance. Mais les opérateurs voulurent poursuivre en remontant la puissance.
>
> Ils y réussissent plus ou moins et s'obstinent à poursuivre l'expérience prévue. À partir de ce moment, ils vont prendre une succession de mauvaises décisions qui conduiront, une vingtaine de minutes plus tard, à l'explosion du réacteur.
>
> Ils réduisent la marge de réactivité en deçà de la limite admissible ce qui réduit l'efficacité du système de protection. De même, ils réduisent la puissance sous le niveau spécifié pour le programme d'essai et entrent ainsi dans une zone instable du réacteur. Les actions suivantes conduisent à la perte de la possibilité d'arrêt automatique du réacteur et voulant à tout prix réaliser l'essai prévu malgré le fonctionnement instable du réacteur, ils mettent hors circuit le système de protection du réacteur lié à ses paramètres thermohydrauliques. Toujours dans le même but, ils mettent hors service le système de refroidissement de secours du réacteur.
>
> L'ensemble de ces décisions va conduire à la catastrophe.
>
> D'après M. Llory (7.4).

Les réacteurs russes de type RBMK sont très différents des réacteurs utilisés alors en Occident. « L'industrie nucléaire et les autorités publiques à l'Ouest avaient rapidement affirmé qu'un tel accident ne pouvait se produire dans leur pays » (7.16). En particulier l'absence d'enceinte de confinement à Tchernobyl était mise en avant. En Belgique, le dôme qui enferme la partie réacteur est double. Mais ce n'était pas le cas partout notamment aux USA, et le hall des réacteurs Magnox alors en service en Grande-Bretagne n'était pas plus renforcé qu'à Tchernobyl.

600 000 personnes, principalement des pompiers et des militaires, sont intervenues, mettant sérieusement en danger leur santé. Le rapport du CEN donne de nombreuses informations sur les doses reçues (7.15). Les « liquidateurs », selon l'expression adoptée, ont subi des doses élevées : les premiers intervenants ont atteint des doses provoquant la maladie des rayons. Vingt-huit d'entre eux sont morts dans les quatre mois suivants l'accident. Par la suite, vingt-un autres en moururent. Plusieurs centaines d'autres présentèrent des symptômes de cette maladie.

Après quelques jours de tergiversations, l'évacuation du voisinage est décidée ; la ville de Prypiat est devenue une ville fantôme. Selon (7.18), 350 000 personnes ont été évacuées des zones les plus contaminées en Ukraine, en Russie et en Biélorussie. On a constaté, dans les années qui ont suivi, une nette augmentation des cancers de la thyroïde : par exemple (7.15), ce cancer est apparu de façon de plus en plus fréquente au cours des années 1990 chez des enfants qui avaient moins de 4 ans en 1986 (plusieurs dizaines de cas par an). Ce type de cancer est heureusement traitable avec succès dans la plupart des cas. *In fine*, selon le *Chernobyl Forum* chargé de suivre la situation, de l'ordre de 4 000 personnes décéderaient des suites de l'accident « soit une augmentation de l'ordre de 3 % de la mortalité par cancer dans une population "normale" » (7.15). Mais comme l'écrit Pascal Bruckner : « L'hallucinante querelle des chiffres sur les victimes de Tchernobyl prouve que les radiations altèrent le cerveau de certains commentateurs : 212 morts pour l'OMS, 200 000 selon Greenpeace, neuf millions selon Corinne Lepage dans *L'Express*. Neuf millions, cela fait génocide, ça, c'est du sérieux ! » (7.20).

Contamination ne veut pas dire que toute vie a disparu. À ce sujet, le lecteur intéressé lira avec profit l'ouvrage de Mary Micio (7.18), journaliste et biologiste ukraino-américaine qui a exploré la zone d'exclusion qui entoure le site. Elle y découvre une vie parfois florissante, une faune riche en l'absence de présence humaine intense mais parfois aussi des poches de concentration de radioactivité. Un film remarquable a été tourné en 2009 sur cette situation « idyllique et paradoxale d'une nature préservée des ravages de la civilisation (…) Les espèces ne sont apparemment pas égales devant les radiations, les résultats des recherches sont contrastés, troublants, révélant la complexité du monde vivant »[35]. Il montre également l'influence d'autres facteurs que la radioactivité dans un milieu totalement naturel. Et puis il y a une très belle et très prenante bande dessinée par Emmanuel Lepage (7.21). Envoyé sur place par un groupe d'artistes et d'amis antinucléaires, il se rend compte à quel point il sera difficile de rendre compte par le dessin de la tension que crée la présence de la radioactivité et de l'accoutumance qui s'installe, avec une volonté de vivre à proximité malgré tout, de ne pas quitter son village. Il écrit : « La zone, une terre sans les hommes… et qui s'en passe. Une terre en ces jours de printemps, éclatante de beauté, qui pourrait même avoir un air de paradis. Une terre d'où les hommes sont exclus… se sont chassés eux-mêmes ! » Foisonnement de la nature, mais aussi ruines de la présence des hommes, bâtiments qui lentement s'effondrent.

Si une partie de la population de ces zones a fui ou a été évacuée, entre 100 000 et 200 000 personnes vivent dans des zones contaminées où selon un rapport des Nations Unies, ils ne seraient pas en danger. Mais quoi qu'il en soit, l'ensemble des Européens est marqué par cette nouvelle peur. Comme on peut le lire dans les Annales de l'Association

---

[35] Extrait de la présentation sur le site d'Arte du film : *Tchernobyl, une histoire naturelle* (réalisation Camera Lucida, Luc Riolon).

belge de radioprotection : « La confrontation courante de la population avec une contamination est une cause sous-jacente d'une perturbation psychologique. Le risque radiologique est perçu comme radicalement nouveau, car invisible et cause d'anxiété » (7.17).

Cette anxiété va être vive même dans des pays qui n'ont été que très peu atteints par le nuage radioactif. Par exemple en Belgique, les limites admises en césium et iode dans le lait sont respectivement de 1 000 et 500 Bq/l. En mai 1986, le lait des laiteries les plus atteintes a atteint entre 100 et 660 Bq/l en iode et bien moins en césium (7.15). Il est absurde dans nos pays, d'attribuer des cas de cancers à cet accident.

Mais, par contre, les déclarations des autorités et certaines décisions prises ont provoqué

> l'émergence du double thème de la transparence de l'information et de l'indépendance de l'expertise, véritable leitmotiv des nouveaux lanceurs d'alerte. Ce sont en effet les incertitudes sur l'impact du nuage de Tchernobyl qui ont motivé la création de deux laboratoires dits indépendants : l'ACRO[36] et le CRIIRAD dont l'essentiel de l'activité va consister à produire des contre-mesures de radioactivité dans l'environnement. (7.19)

À côté de ces « lanceurs d'alerte » scientifiques, on constate une floraison d'ouvrages romanesques suscités par l'accident, en général profondément lanceurs d'inquiétudes. Il me semble que le roman d'un auteur américain prolifique tel que Frederick Pohl[37] atteint sans doute un plus vaste public que tous les travaux de journalistes et analystes qui ont suivi le désastre. Tout en étant un roman passionnant, c'est un ouvrage bien informé. Pohl y mêle les acteurs réels du drame et ses personnages de fiction, mais il se base sur une connaissance aussi approfondie que possible des faits tels qu'ils se sont déroulés. Par ce roman, écrit l'éditeur, « nous voyons, à travers les yeux des acteurs, la bouleversante réalité du désastre et nous revivons avec des détails inoubliables, leur héroïsme, leur sacrifice, leur peur, ... ». Dans son roman *Fusions*[38], Daniel de Roulet fait s'exprimer une journaliste japonaise qui s'interroge : « Une catastrophe nucléaire ne se décrit pas avec des chiffres seulement, l'immense peur des hommes devant leur propre démesure, pourquoi ne parlerait-elle pas de ses sentiments ? »

C'est aussi une expérience profondément ressentie que relate l'auteure allemande Christa Wolff[39]. Alors qu'elle attend des nouvelles

---

[36] Association pour le contrôle de la radioactivité dans l'Ouest.
[37] *Chernobyl*, Bantam Books, 1987.
[38] *Fusions*, Buchet-Chastel, Paris, 2012.
[39] *Störfall, Nachrichten eines Tages*, Aufbau Verlag, Berlin, 1987. Traduction américaine : *Accident, A Day's News*, Farrar, Straus & Ginoux, USA, 1989.

de l'opération chirurgicale que subit son frère, elle apprend l'accident. Les deux inquiétudes se mêlent. Elle suit les nouvelles que déversent radio et télévision. Elle s'indigne de la froideur et de la « technicité » de certains intervenants. Ce physicien qui s'obstine à expliquer que la probabilité de cet accident n'était que de 1 sur 10 000 ans ! Et alors ? C'est aujourd'hui que cela s'est passé ! « Les physiciens continuaient à nous parler dans leur langage incompréhensible. Que veut dire 15 mrem de retombées ? Combien de temps faudrait-il pour moi, pour un enfant d'un an, pour un embryon dans le ventre de sa mère, pour en souffrir ? » Elle remarque que « l'explosion de ce réacteur nous imprégnera autant dans le futur que le champignon atomique ». Et pourtant selon elle, la plupart des gens, ces travailleurs silencieux, préféreront écouter les intervenants sérieux en costume trois pièces que les contestataires en pull, écouter les gens qui rassurent. Ils resteront assis au plus profond de leur fauteuil, une boisson fraîche à la main avec l'espoir secret que tout se réglera pour le mieux. Et personne ne peut leur en vouloir. Il a aussi provoqué de nombreux échanges d'articles et de lettres qui ont été rassemblés sous le titre *Verblendung – Disput über einen Störfall*[40].

En 1987 toujours, sort un roman français[41] qui cette fois s'appuie sur l'événement pour tenter de relancer le débat sur la centrale de Nogent-sur-Seine en amont de Paris qui va démarrer en 1988/89. C'est un roman catastrophe : ils imaginent qu'en 1990, un accident majeur survient et que le nuage contaminé va survoler Paris. Comme tout roman écrit par des spécialistes du secteur qui défendent une thèse, il est alourdi par une certaine technicité.

Ce n'est pas le cas de *Die Wolke*[42] (« Le nuage ») par Gudrun Pausewang, auteur antinucléaire que j'ai déjà cité précédemment. Elle imagine un accident majeur au très réel réacteur allemand de Grafenrheinfeld, qui entraîne évacuation et panique. Elle relate le drame d'une jeune fille et de son petit frère, qui fuient en l'absence de leurs parents. Le roman décrit les malades affectés par les retombées, annonce des milliers de morts. Le retour dans les zones évacuées après plusieurs mois fait aussi l'objet de passages tragiques. Ce roman quelque peu mélo qui s'adresse aux adolescents a été traduit en anglais[43] et publié par une maison à large diffusion en 1994. En 2003, l'éditeur a publié une brochure à l'intention des enseignants pour soutenir l'emploi de ce roman dans leur enseignement. Il a été repris dans une collection de la *Süddeutsche Zeitung Junge Bibliothek* en 2005. Lorsqu'en 2006,

---

[40] *Verblendung – Disput über einen Störfall*, Aufbau Verlag, Berlin, 1991.
[41] H. Crié & Y. Lenoir, *Tchernobyl-sur-Seine*, Calmann-Lévy, Paris, 1987.
[42] *Die Wolke*, Ravensburger Buchverlag, Allemagne, 1987.
[43] *Fall-out*, Penguin Books, Londres, 1994.

G. Schnitzler a réalisé un film pour la télévision à partir de ce roman, Ravensburger a sorti une nouvelle édition de poche. C'est un bel exemple de la continuité de l'action et de la vigueur de l'opposition au nucléaire en Allemagne, au plus profond d'une population très soucieuse de pacifisme et de sécurité, ouverte aux sensibilités écologistes.

Et à côté de ses images de panique, certains Américains trouvent audacieux de se servir de ce souvenir pour vanter la puissance de leurs produits…

CHAPITRE 8

Le plutonium : ressource ou fléau ?
(Principalement les années 1990)

Avec le retraitement des combustibles usés, les stocks de plutonium s'amplifient. L'engagement de désarmer progressivement libère également des quantités importantes de cette matière fissile. Il faut la recycler dans les réacteurs ou la traiter comme déchet. Le débat est intense tant au niveau national qu'international.

8.1 Une question très personnelle

J'ai passé l'essentiel de ma carrière d'ingénieur dans le milieu nucléaire. La société qui m'employait, Belgonucleaire, avait notamment pour spécialité l'étude, la fabrication et le suivi de l'emploi du combustible MOX, un mélange d'uranium et de plutonium. Responsable de la stratégie et de la communication dans les années 1990, j'ai donc été largement impliqué dans les débats qui entourèrent alors l'utilisation de ce combustible et le sort des stocks de plutonium tant civils que militaires.

> **Petit rappel scientifique**
>
> La découverte de l'existence du plutonium date de 1941 dans un laboratoire américain par G.T. Seaborg et son équipe. Dans la table des éléments (table de Mendeleev), il fait suite à l'élément 92, l'uranium, et au 93, le neptunium, d'où le choix logique de son nom qui provient de la suite des planètes. Ce nom est aussi associé au dieu Pluton, dieu des puissances souterraines, de ses richesses minières et agricoles. Il signifie « dispensateur de richesses ». Mais dès sa découverte, il fut décidé de l'utiliser pour réaliser une bombe atomique (voir chapitre 3) ce qui contribua à son association avec l'enfer.
>
> Le plutonium n'existe pratiquement plus à l'état naturel et s'obtient par l'irradiation de l'uranium 238 dans les réacteurs nucléaires. La « famille » comprend de nombreux isotopes du Pu232 au Pu247 : ils ont toujours 94 protons et un nombre de neutrons qui varie de 138 à 153. Seuls les isotopes 238 à 242 concernent l'industrie. La radioactivité du Pu238 et donc le dégagement de chaleur qui en résulte a permis de l'utiliser comme source d'énergie dans les satellites. Le plutonium 239 est indispensable pour la fabrication des bombes. Les isotopes 239, 240, 241 et 242 composent le

plutonium que l'on extrait par retraitement des combustibles usés des réacteurs, qui peut être recyclé.

Le rayonnement de ces isotopes est principalement alpha qui est peu pénétrant et est arrêté par exemple par la paroi en plexiglas des boîtes à gants dans lequel l'industrie le travaille. Il est accompagné par un rayonnement gamma faible qui pour certains isotopes nécessite une protection supplémentaire telle qu'un rideau de plomb. Si l'on décharge le combustible après une irradiation de courte durée, on obtient une proportion maximum de Pu239. C'est ainsi que l'on a obtenu le plutonium nécessaire pour les bombes, en général dans les réacteurs graphite-gaz qui permettent un déchargement continu.

Dans les réacteurs actuels de type LWR dans lesquels le combustible séjourne plusieurs années, la teneur en isotopes 240, 241 et 242 rend pratiquement impossible la réalisation de bombes efficaces et contrôlables. Une accumulation de ce plutonium civil peut néanmoins être explosive. Ce qui n'empêche pas ce « mélange » d'être parfaitement utilisable dans les réacteurs, en particulier ceux à neutrons rapides dans lesquels le processus peut être surgénérateur. Cela signifie que l'on retrouvera après usage plus de plutonium que l'on en a chargé, suite à la transformation d'une partie de l'uranium 238 toujours présent comme matrice du combustible. C'est son attrait principal pour l'avenir de la production d'électricité puisque cette propriété permet de multiplier par plus de 50 le potentiel de production électrique des ressources en uranium.

Comme pour tout corps radioactif, la radioactivité du plutonium décroît avec le temps. On appelle demi-vie le temps qu'il faut pour qu'elle décroisse de moitié. Un corps très radioactif aura une demi-vie bien plus courte qu'un corps qui l'est faiblement. Il faut 10 demi-vies pour réduire la radioactivité au millième de la valeur initiale. Le Pu239 est faiblement radioactif ; c'est pourquoi l'on parle dans son cas de centaines de milliers d'années pour que sa radioactivité soit comparable à celle du minerai d'uranium initial. À l'état pur, c'est l'un des corps les plus lourds : une densité près du double de celle du plomb ! À l'état d'oxyde, sous lequel on le transforme le plus fréquemment pour l'utiliser dans les réacteurs nucléaires, sa densité reste comparable à celle du plomb. Cet oxyde ne fond qu'à 2 300°C. De plus il n'est pratiquement pas soluble dans l'eau[1]. Il est donc difficile d'imaginer comment il pourrait être ingéré ou inhalé aisément par la population mondiale et la faire périr comme certains se plaisent à le dire.

Il reste que comme tous les métaux lourds, le plutonium est toxique et sa radioactivité peut contribuer à accentuer le risque. Encore faut il l'absorber et qu'il reste suffisamment longtemps dans le corps. Si on l'ingère avec l'alimentation par exemple, il traverse le corps trop rapidement pour causer

---

[1] Cependant selon les observations faites à Tchernobyl par l'IRSN, le plutonium peut être entraîné par le courant des rivières.

des dégâts. Si par contre des particules très fines de ce matériau sont inhalées, elles passeront très lentement des poumons essentiellement dans le foie et le squelette. Les essais de bombes ont dispersé dans l'atmosphère de l'ordre de 5 tonnes de plutonium sans que l'on puisse détecter d'effet sur la santé. Les travailleurs du nucléaire se protègent des poussières de plutonium en travaillant en boîtes à gants qui ressemblent à de grandes couveuses ! En un demi-siècle d'usage, on n'a pas constaté un excédent de cancers parmi eux.

Le lecteur qui voudrait une information plus poussée et néanmoins intelligible lira avec profit l'ouvrage du journaliste scientifique Herman Hendrickx, publié initialement en néerlandais en 1995 et réédité après mise à jour en anglais, français et néerlandais (8.1).

Les entreprises européennes qui ont travaillé le plutonium soit Belgonucleaire en Belgique, Alkem en Allemagne, BNFL en Grande-Bretagne et Cogema en France (devenue AREVA, qui opère l'usine MELOX dans le Gard) ont un bilan santé des plus satisfaisants. Le chargement de combustible MOX dans les réacteurs en France, en Belgique, en Allemagne et en Suisse a donné d'excellentes performances. Cela n'a pas suffi à rassurer l'opinion publique. L'opposition a été vigoureuse dans ces années 1990, tant dans les parlements nationaux ou européen que dans la rue.

En 1987, j'avais tenté d'apporter quelques éléments à ce débat en réunissant une douzaine d'experts de tous bords, belges, français et allemands pour une journée d'entretiens à huis clos[2]. La question posée était : comment l'existence du nucléaire et les incertitudes qu'il soulève, affectent-ils notre comportement, quelles en sont les retombées sociales et politiques ? La question du plutonium fut évidemment abordée : la principale préoccupation de ceux qui admettaient difficilement son usage civil était le lien avec les applications militaires. Il est indéniable que les premières installations de retraitement ont été construites tant aux USA pendant la guerre qu'ensuite en Europe, afin d'obtenir la matière nécessaire aux bombes. La justification de leur exploitation actuelle en France et en Grande-Bretagne n'a plus ce lien : il résulte soit de la nécessité physique de traiter certains combustibles extraits des réacteurs du type Magnox ou AGR, soit de la promesse d'une certaine autonomie énergétique.

---

[2] Une vingtaine d'Entretiens de Rômont eurent lieu chez moi dans ce hameau du Condroz entre 1985 et 1993. Ils respectaient les mêmes obligations que le théâtre classique : unité de lieu, d'action et de temps soit un cadre bien déterminé sans aucune perturbation externe donc sans public, un sujet unique bien délimité et préparé, 24 heures de disponibilité totale. La retranscription intégrale des discussions était soumise aux participants avant publication.

Dompter le dragon nucléaire ?

D'autre part, le programme de construction de réacteurs à neutrons rapides se justifiait par son potentiel de surgénération et donc d'utilisation efficace de l'uranium. Cette possibilité a notamment été démontrée aux USA de 1964 à 1994 par le réacteur EBRII qui comprenait un cycle complet du combustible, associant sur ce même site retraitement et recyclage (8.2). J'ai parlé précédemment de ce type de réacteurs qui a fonctionné en Europe. La France, l'Allemagne, l'Italie et les pays du Benelux s'étaient associés pour développer, sur la base de l'expérience acquise, un réacteur commercial dans la foulée de *Superphénix*, auquel d'ailleurs ils collaboraient. Mais ce bel élan commun s'est arrêté.

D. Finon, ingénieur et économiste, a publié une étude sur les raisons de cet échec. Il écrit : « Le surgénérateur est le chaînon le plus facile à sacrifier pour satisfaire les opposants ; il est ainsi le premier remis en cause » (8.3). Parmi ces opposants, deux auteurs suisses avaient tenté en 1988 de remuer l'opinion avec un roman[3] qui « suscita en Suisse un mouvement de l'opinion publique, qui devint de plus en plus réticente à l'égard de la centrale de Creys-Malville »[4]. Mais il n'eut pas d'écho ailleurs. Ce n'est qu'une dizaine d'années plus tard que Lionel Jospin pour former un nouveau gouvernement début juin 1997 auquel il associe les Verts, doit sacrifier un élément du programme nucléaire français : ce sera *Superphénix*. « On ne lui a pas laissé tenir ses promesses, bien qu'il soit l'installation industrielle la plus audacieuse jamais entreprise », reconnaît Daniel de Roulet[5], qui fut pourtant un opposant de la première heure, présent à Malville en 1977. Le romancier suisse Jacques Neyrinck décide alors de faire rééditer son roman en France car il veut contribuer à ce que les promesses soient tenues. Cette fois, *Les cendres de Superphénix* sera un succès : l'idée que la chute du pont tournant qui surmonte le réacteur pourrait se produire à la suite d'un séisme et provoquer l'explosion du réacteur avec la panique qui en résulterait, fait son chemin dans les esprits. Quoi qu'il en soit, un arrêté ministériel du 30 décembre 1998 confirme l'arrêt définitif, le justifiant par le faible prix de l'uranium et sa disponibilité qui rendent peu pressant le développement de la surgénération. Mais il est certain que la première motivation était de répondre à une partie de l'opinion.

Lorsque ce programme a été arrêté pour des raisons principalement politiques, la question s'est posée : continuer à retraiter ou non ? Que faire des stocks de plutonium existants ?

---

[3] A. Decotte et J. Neyrinck, *Et Malville explosa*, Éditions Favre, Lausanne, 1988.

[4] J. Neyrinck, dans l'avertissement de *Les cendres de Superphénix*, Desclée De Brouwer, Paris, 1997.

[5] D. de Roulet, *Tu n'as rien vu à Fukushima*, Buchet-Chastel, Paris, 2011.

Quand à partir de 1989, j'ai coordonné la stratégie et la communication de la Belgonucleaire, son usine tournait à pleine charge pour fabriquer du MOX à livrer aux centrales LWR[6]. La France défendait l'option du retraitement comme la meilleure solution pour conditionner les déchets (voir chapitre 9) et valoriser les matières fissiles résiduelles dont le plutonium. La société belge avait adapté son procédé de fabrication prévu initialement pour le combustible des réacteurs rapides, pour fabriquer du MOX qui puisse être retraité. En 1989, elle se retrouvait leader de ce marché car Alkem en Allemagne avait été contrainte de fermer son usine sous la pression du pouvoir dans le Land de Hesse ; en Grande-Bretagne et en France, la conversion des chaînes de fabrication plutonium pour les adapter aux LWR n'était pas prête.

À la pointe du progrès en ce domaine, nous étions confrontés aussi à un certain nombre de questionnements, parfois devenus de sérieux obstacles :

- ➢ Comment répondre à certaines objections et émotions résultant d'événements du passé ?
- ➢ Serions-nous autorisés à accroître la capacité de l'usine pour répondre à la demande européenne et japonaise ?
- ➢ Pourrions-nous participer à la réduction des stocks de plutonium tant civil que militaire ?
- ➢ Comment les risques de prolifération des armes nucléaires, le terrorisme et les trafics illicites évoqués après la chute de l'URSS allaient-ils affecter notre activité ?
- ➢ Fallait-il nous engager dans un programme de communication visant à apaiser les anxiétés du grand public ?

Je vais dans les pages suivantes tenter de décrire successivement chacun de ces sujets, mais avant cela, il faut rappeler le contexte des années 1990.

8.2 Sciences et techniques sur le banc des accusés

1985 avait été une année au cours de laquelle plus de quarante centrales nucléaires avaient été mises en service, soit plus de deux fois la moyenne des années précédentes. Mais l'accident de Tchernobyl marqua un coup d'arrêt, sans pour autant que ne soient définitivement arrêtés tous les chantiers en cours. Le nombre de mises en service annuelles a donc été constamment décroissant pour n'être plus que d'une demi-douzaine en moyenne à la fin de la décennie. La France est

---

[6] Pendant la vingtaine d'années qu'a duré son exploitation industrielle, cette usine a fourni de l'ordre de 40 tonnes/an de combustible MOX en France, en Belgique, en Suisse, en Allemagne et au Japon.

restée la plus volontariste : c'est au cours de cette période que les nouvelles unités de 1 300 MWe furent mises en service et que celles de 1 450 à 1 500 MWe ont été lancées.

Politiquement, le monde change profondément au cours de ces années-là. En août 1989, Solidarność a pris le pouvoir en Pologne. En automne, la Hongrie ouvre sa frontière avec l'Autriche puis le 10 novembre, le Mur de Berlin s'effondre. En février 1990, Nelson Mandela retrouve la liberté et à la tête de l'ANC, il négocie avec le président De Klerk ce qui aboutira l'année suivante à la fin de l'apartheid en Afrique du Sud.

En novembre 1990, trente-cinq chefs d'État réunis à Paris proclament solennellement la fin de la guerre froide. Mais dès janvier 1991, les USA lancent l'opération *Tempête du désert* en Irak et à l'automne, la guerre éclate en Yougoslavie. La guerre en Irak est le prélude à une série d'engagements militaires de l'OTAN mais surtout des USA dont le budget militaire va aller sans cesse croissant. Cependant en 1997, l'OTAN et la Russie signent ce qui sera appelé « Acte fondateur » par lequel ils s'engagent à une « relation forte, stable et durable ». Entre autres choses, l'OTAN s'engage à ne pas implanter d'armes nucléaires dans les pays d'Europe de l'Est.

Si en mars 1996, les États du Pacifique signent le Traité de Rarotonga qui proclame la fin des essais dans le Pacifique et la création d'une zone sans armes nucléaires, cet accord a été précédé des ultimes tirs français à Mururoa. Le président Chirac et son gouvernement estimaient indispensables ces derniers essais pour mettre au point les méthodes de simulation. Mais la réprobation hors de France a été unanime. En 1998, c'est le Pakistan qui répond à des essais indiens considérés comme une provocation, par sept tirs nucléaires. Ces faits ne facilitent pas les tentatives d'améliorer l'image du nucléaire civil, toujours associé dans l'esprit de beaucoup de gens aux activités militaires.

Si dans l'esprit du public, ces diverses tensions associent souvent la technologie à une image négative, quelques grands projets technologiques populaires qui voient le jour sont bien médiatisés. C'est le cas du tunnel sous la Manche, imaginé depuis 1802 ! La percée a été réussie le 1er décembre 1990. Il est inauguré le 6 mai 1994 ; le chantier a duré sept ans. Un autre projet spectaculaire commence à la fin de la décennie : le 20 novembre 1998, le premier module de la station spatiale internationale ISS est placé en orbite par une fusée russe.

Mais le changement qui va le plus affecter les attitudes futures du public vis-à-vis des activités industrielles, est sans doute la prise de conscience au cours de cette période de la nécessité de préserver l'environnement. À l'initiative du Club de Rome mené par l'industriel italien

Aurelio Peccei, une étude avait été faite au MIT au début des années 1970 par trois jeunes chercheurs. Publiée sous le titre *The Limits to Growth*[7], « ce livre a soulevé la tempête »[8].

Plusieurs scientifiques tentent d'attirer l'attention des pouvoirs publics et des industriels sur les conséquences des activités humaines sur le climat de la Terre. Par exemple, en Belgique, le professeur André Berger s'efforce de diffuser ces connaissances. Contrairement à beaucoup de ses collègues, il ne considère pas qu'il faille rejeter l'énergie nucléaire, allant même jusqu'à défendre sa contribution potentielle à restreindre les effets du CO_2. Dans un ouvrage publié en 1992 (8.4), on trouve l'énumération des nombreuses conférences qui se sont penchées sur la question depuis la première conférence mondiale sur le climat tenue à Genève en 1979. Une Commission mondiale pour l'environnement et le Développement créée par les Nations Unies s'est réunie pour la première fois en 1984. Trois ans plus tard, elle déposait son rapport sous le titre *Notre avenir à tous*, plus connu sous le nom de sa présidente, G.H. Brundtland. Ce rapport a lié développement et environnement, résumés dans un concept désormais dominant : « répondre aux besoins des générations du présent sans compromettre la capacité des générations futures à répondre aux leurs ».

Les tenants du nucléaire ont cru y voir une voie royale pour leurs propositions. C'était sans compter sur les anxiétés qui accompagnent cette technologie. D'une façon plus générale, le bel enthousiasme face au progrès des techniques du début du XXe siècle a fait place à un scepticisme général assez largement répandu. Ce sont les prémices d'un système où, comme l'a prédit Yves Lafargue, toute nouvelle implantation doit se négocier faute de quoi « les nouvelles technologies seront inefficaces car mal utilisées, au pire elles seront rejetées » (8.5). Le développement technique fait l'objet d'études économiques, sociales, philosophiques même. Jacques Ellul, renommé pour ce genre d'approche, écrit : « Nous avançons dans un univers de plus en plus fait par la technique, mais nous vivons dans une incertitude croissante au sujet de ces techniques (non pas de leur origine et de leurs mécanismes mais de leurs effets) » (8.6). D'autres chercheurs rappellent la nécessité de réconcilier nature, culture et technique. Pour cela, Jacques Robin envisage quatre objectifs :

> Transformer les règles économiques du système industriel pour que, au lieu de nous mettre en condition, elles s'adaptent à nos besoins.

---

[7] Universe Books, New York, 1972.
[8] Préface de *Beyond the limits*, Donnella et Dennis Meadow avec J. Randers, Earth Scab Publications Ltd, Londres, 1992.

Infléchir les comportements d'agressivité, reconvertir la volonté de puissance pour qu'elle se découvre d'autres fins que son propre accroissement.

Organiser les instances d'arbitrage démocratique pour accueillir les forces du changement.

Soumettre les données fournies par la science et les techniques à l'appréciation consciente de l'homme individuel et de la société. (8.7)

Le lecteur du XXIe siècle peut mesurer que ces beaux espoirs sont loin d'être réalisés aujourd'hui ! On a plutôt vu se développer la peur face à la science, la technique et leurs dangers pour reprendre des éléments du titre du livre de Denis Duclos. On constate, dit-il, que

Plutôt que d'affronter la complexité d'une technologie (comme le nucléaire), les individus cherchent à obtenir une image simple de sécurité ou de non-sécurité, à partir d'informateurs auxquels ils accordent du crédit. […] Le contrôle social de la compétence devient donc un enjeu central dans la modernité constamment renouvelée de la science […] Pour les individus ou les citoyens, il s'agit d'abord de conserver la maîtrise mentale et affective des faits de savoir et de compétence, pour ne pas sombrer dans le sentiment désespérant de l'inaccessibilité définitive de la culture scientifique ; car c'est bien de ce désespoir, en partie inavoué, que surgissent les reformulations idéologiques de la peur ; intégrismes ou integralismes antiscientifiques, hallucinations paranoïaques contre des « complots » technologiques planétaires (comme dans l'hypothèse de l'invention humaine du sida) ou frayeurs millénaristes (accompagnant par exemple la découverte du trou d'ozone aux pôles). (8.8)

Alors l'expert pourra-t-il « reconnaître la présence de traits sociaux dans chaque élément de la technique ? » Sa compétence sera-t-elle acceptée comme rassurante par le « bon peuple ». C'est en quelque sorte l'une des questions qu'aurait pu se poser le ministère de l'Environnement français en réunissant en septembre 1989 les chercheurs dont j'ai eu le plaisir de faire partie à Arc & Senans sous le titre quelque peu ironique : « Les experts sont formels ». Mais l'accent a plutôt été mis sur la relation entre les experts scientifiques et le pouvoir. Le rôle des scientifiques apparaît alors :

pour ne citer à titre d'exemple que l'effet de serre ou les risques liés aux biotechnologies ou le risque nucléaire, il est bien clair que la visibilité en ces matières appartient aux seuls scientifiques. […] L'écologie en tant que science est donc le révélateur de quelques-unes des questions qui agitent aujourd'hui la classe politique et les médias. C'est cette agitation qui inquiète les scientifiques parce qu'elle provoque des réflexes plus ou moins contrôlés et la prolifération d'informations fantaisistes où se mêlent des parts de vérité et des quantités d'affabulations[9].

L'Anglais Jérôme Ravetz[10] a précisé le rôle des groupes d'intérêt public. Ils s'interrogent sur la compétence et l'intégrité intellectuelle des analystes ; leur système de valeurs est-il compatible avec le leur ? La formulation du problème est-elle acceptable ? Ces groupes s'interrogent sur les conclusions : sont-elles équitables, ne visent-elles pas à reporter une décision, tous les points de vue ont-ils été considérés ? Enfin ces groupes espèrent une participation, la communication des données et l'observation de règles de procédure strictes.

8.3 Les « casseroles » que traîne le plutonium

À la fin des années 1980, suite à la publication d'un rapport au Congrès américain, le public a appris que dans la suite du Manhattan Project, inquiets des conséquences que pourrait avoir le plutonium sur la santé des travailleurs de ce secteur (on avait détecté du plutonium dans leurs urines), des médecins liés à l'armée firent injecter de petites doses de plutonium à 18 personnes soignées par divers hôpitaux (8.9). Ces « expériences » eurent lieu de 1945 à 1947 à l'insu des patients et les résultats furent tenus secrets, même pour le corps médical, jusque dans les années 1960. Lorsqu'elles furent révélées, elles jetèrent une ombre sur la crédibilité de ce que les instances officielles voulaient bien publier sur le plutonium et elles semèrent l'inquiétude.

Certains chercheurs parmi l'équipe initiale de Los Alamos ont été contaminés par le plutonium vers 1945. Vingt-six personnes ont donc été suivies très régulièrement depuis. Vers 2002, le Dr Voelz résume la situation comme suit :

> Dans l'ensemble, le groupe se porte bien. Néanmoins, sept sont morts. Seul un est mort d'un cancer du poumon, deux sont morts d'autres causes alors qu'ils étaient atteints. Mais tous trois étaient de grands fumeurs, comme d'ailleurs quatorze autres à l'époque où fumer était un comportement socialement positif.[11]

Magel, l'un des contaminés aujourd'hui fort âgé, s'exclame : « Qu'un grain de plutonium puisse tuer la population mondiale et que les médias répètent cela encore et encore, me rend fou ». L'attractivité populaire de cette image est très forte. Comme je reprochais à l'auteur

---

[9] Paul Cornière, *La situation de la communauté scientifique et des experts dans ses rapports avec le pouvoir politique*, Arc & Senans, 1989.

[10] J. Ravetz, *Usable knowledge, usable ignorance : incomplete science with political implications*, Arc & Senans, 1989.

[11] Cité dans 8.11.

d'un livre (8.11) son sous-titre dramatisant – *A history of the world most dangerous element* – alors que lui même modère cette affirmation, il m'a répondu : « Le sous-titre n'est pas mon choix »[12].

Aux USA, un registre existe qui suit toute personne ayant été exposée au plutonium (pas nécessairement contaminée) qui déjà en 1974, incluait des milliers de personnes. Ce suivi est assuré en Europe également, par exemple à la Belgonucleaire qui a employé, pendant des dizaines d'années, de 100 à 250 personnes dans son usine MOX à Dessel en Belgique. La santé de ces employés n'a jamais été affectée dangereusement par leur travail. D'une façon plus générale, Métivier conclut (8.10) :

> Dès sa découverte aux États-Unis, des études toxicologiques ont été immédiatement entreprises pour assurer la protection des travailleurs. Les résultats sont excellents : dans les pays occidentaux, il est quasi impossible d'imputer mort d'homme à une contamination par du plutonium à ce jour. La comparaison des expériences américaines et soviétiques montre bien que, manipulé selon des règles strictes, le travail du plutonium est un risque maîtrisé. Et pourtant il reste pour certains le poison absolu, même si certains produits chimiques ou naturels le sont tout autant. De plus, en cas de contamination nous ne sommes pas démunis.

Il existe effectivement des traitements applicables lors d'une absorption accidentelle.

Le public est plus au courant des scandales que des études scientifiques. L'affaire *Karen Silkwood* a fait grand bruit lorsqu'elle s'est tuée en voiture en 1974 alors qu'elle se rendait à un rendez-vous avec un journaliste auquel elle voulait remettre des documents attestant des mauvaises conditions de sécurité dans l'usine de plutonium de Kerr McGee (USA). Elle-même avait été contaminée dans des conditions assez étranges. Jeune syndicaliste, elle se montrait particulièrement active et certains considèrent que sa mort ne fut pas accidentelle. De nombreux ouvrages ont été publiés sans que le mystère ne soit totalement élucidé[13].

Le thème a rebondi lorsque Michael Nicholls en a fait un film sorti aux USA en 1983 et en Europe en 1984 sous le titre : *le mystère Silkwood*, avec des actrices très appréciées du public : Meryl Streep et Cher. Le film frappe, entre autres par des images violentes de décontamination de l'héroïne ! La gestion de l'usine de Kerr McGee n'était pas un modèle de rigueur. Elle a été fermée dès 1975.

---

[12] Correspondance par courriel avec Jeremy Bernstein, 18 janvier 2008.
[13] Par exemple : Richard Rashke, *The Killing of Karen Silkwood*, Houghton Mifflin Cy, 1981.

Plutonium : ressource ou fléau ?

Il reste très difficile pour des industriels travaillant dans des conditions correctes de corriger les images désastreuses qui sont propagées. D'autant plus que certains auteurs opposés à l'usage du plutonium se soucient peu de rigueur dans leurs ouvrages. Stanley Berne par exemple écrit : « L'eau des réacteurs nucléaires est refroidie dans d'immenses tours qui donnent leur aspect caractéristique aux centrales nucléaires, mais 1 % de cette eau bouillante contaminée évapore du plutonium dans l'air que devons respirer »[14]. Non seulement ces tours n'ont rien de spécifiquement nucléaire mais elles ne contiennent aucun fluide contaminé et leur panache de vapeur d'eau est parfaitement pur. Mais rien de tel que de choisir ce qui s'impose à la vue du public pour créer une phobie.

Lorsqu'un produit est associé avec tant d'anxiétés diverses : bombes, toxicité, fraudes, etc. le silence ouvre la voie à tous les fantasmes mais la communication des faits réels perd aussi inévitablement de sa crédibilité. Les mouvements d'opposition s'en emparent et propagent ces idées par des moyens populaires tels que la bande dessinée :

Main basse sur le plutonium, édité par Les Européens contre Superphénix, Lyon.

Un barde beatnik américain, Allen Ginsberg[15] s'empare du sujet. Cela donne un poème désespéré évoquant la mort provoquée par un microgramme dans un poumon, cinq kilos de poussière de plutonium flottant sur les Alpes, élément non naturel, monstre de colère né dans la peur.

Plus analytique est la réaction d'une ethnologue qui s'inquiète des conséquences de l'implantation d'une usine de retraitement, donc d'extraction de plutonium, dans une zone qui fut agricole et sauvage : la presqu'île du Cotentin (8.12). Françoise Zonabend a poursuivi des entretiens répétés avec des hommes et femmes de La Hague tant techniciens de l'usine qu'élus locaux ou opposants écologistes. Elle a voulu

---

[14] Stanley Berne et Arlene Zekowski, *Every person's little book of PLUTONIUM*, Rising Tide Press, Santa Fe, 1992.
[15] Allen Ginsberg, *Collected poems 1947-1980*, Harper & Row, New York, 1988. Traduction française : *Ode plutonienne*, Christian Bourgois, 1994.

« saisir l'émotion, l'irraisonné, l'imaginaire, toutes sortes d'aspects du réel et de l'existentiel qui échappent, trop souvent, à l'observation dite objective ». Elle note le silence qui entoure cette activité : « Tout se passe comme si pour mieux les aider à supporter leurs tâches, il fallait les envelopper d'un halo de calme. À moins que l'on ne craigne qu'à faire trop de bruit, trop de vacarme, on ne réveille des puissances endormies. Avec le nucléaire, on ne prend jamais assez de précautions ». Dieu que les mythes restent proches ! Elle rapporte « qu'à l'usine de La Hague les chiffres concernant le plutonium sont tenus secrets. D'où, du reste, ces rumeurs qui courent et susurrent que "des aiguilles de plutonium ont été perdues à l'usine" ».

Une telle inquiétude est-elle justifiée ? Je vais tenter d'y répondre par un exemple vécu.

8.4 Recycler le plutonium venu de La Hague : l'exemple belge

En 1990, l'usine de la Belgonucleaire tourne à pleine charge pour fournir du combustible MOX aux exploitants de centrales nucléaires qui ont confié le retraitement de leur combustible usé à l'usine de la Cogema à La Hague. Aucun d'entre eux ne souhaite conserver des stocks de plutonium. EDF par exemple au travers de la Cogema a confié à cette usine la fabrication de MOX depuis quelques années, en l'absence d'une capacité équivalente en France. Il est donc assez logique d'avoir envisagé – dès 1987 – l'extension de l'usine belge et les démarches sont en cours pour obtenir l'autorisation. Mais dès le mois de juillet, ce projet devient une « affaire » politique suite à l'intervention du député écolo Geysels à la Chambre qui s'inquiète de l'absence de débat sur ce sujet. Les échanges de questions parlementaires et de réponses préparées par l'industrie vont croître continuellement. Néanmoins, l'Arrêté royal d'autorisation de l'extension est signé le 10 avril 1991 mais comme il est d'usage alors, seules les parties impliquées dont les pouvoirs locaux, sont informées et il n'est pas fait de publication au journal officiel. Dès la fin 1991, Greenpeace International s'en indigne et distribue une première étude contestant le bien-fondé du recyclage du plutonium[16], immédiatement suivie d'une étude plus poussée toujours faite par un institut allemand[17].

---

[16] Michael Sailer, *Technical paper on MOX application prepared for Greenpeace International*, Öko Institut, Darmstadt, juillet 1991.

[17] U. Fink & H. Hirsch, *Einsatz von plutoniumhaltigen Mischoxidbrennelementen in Leichtwasserreaktoren*, Gruppe Ökologie Hamburg in Auftrag von Greenpeace International, November 1991. Une version en anglais est également publiée.

Comme les exigences du ministère de la Justice sur le contrôle des visiteurs de l'usine BN à Dessel deviennent de plus en plus contraignantes, BN décide qu'il est temps de produire un film très simple qui montre la totalité du processus de fabrication. Il sera disponible en français, en flamand et en anglais. Une version avec uniquement les sons de l'usine est remise aux chaînes de télévision avec l'espoir qu'elles illustrent leurs commentaires avec ces images plutôt qu'avec des souvenirs d'explosions atomiques.

Monstre MOX à Dessel (Campine belge) © *Belang van Limburg*, 24 avril 1992

Le monde politique s'agite de son côté : le député Geysels pose onze questions le 3 avril, suivi le 22 par le socialiste Sleeckx, député de la région de Mol-Dessel. À son tour, la sénatrice Martine Dardenne, écolo, « reprend le refrain entonné la semaine dernière par Greenpeace »[18]. En effet le 24 avril, profitant de la proximité de l'anniversaire de l'accident de Tchernobyl, Greenpeace a organisé à Mol des grandes manifestations antinucléaires. Il s'attaque évidemment au MOX de façon très figurée en sortant un serpent de mer dénommé MOX.

---

[18] *Le Soir*, 24 avril 1992.

Les relations de BN avec Greenpeace sont tendues : si la société leur transmet des documents publiés lors de conférences publiques, elle refuse de leur permettre de visiter l'usine. En mai, un long débat à la Chambre aboutit au dépôt d'une motion qui « demande au gouvernement de ne pas autoriser la société Belgonucleaire à doubler la production de combustible MOX ». Mais la position du gouvernement reste ferme.

Confrontée à cette montée d'opposition, BN décide de confier à un bureau de relations publiques un programme de contacts et de suivi des médias. Elle décide aussi d'adapter le film au grand public afin d'en faire une plus large diffusion notamment autour de l'usine. Elle publie un encart rédactionnel dans la presse flamande[19]. Elle explique que l'extension veut répondre à une demande à l'exportation qui n'entraîne aucune augmentation des déchets en Belgique, entraîne un investissement de 5 milliards de francs belges et crée 160 emplois. La presse va suivre ces échanges intensément : on relève 159 articles entre mi-avril et fin juillet 1992.

Electrabel introduit à ce moment une demande d'autorisation pour charger le MOX belge dans les centrales de Doel III et Tihange II. Le 23 juin – est-ce en réplique ? – Greenpeace introduit un recours devant le Conseil d'État pour faire casser l'arrêté d'extension de l'usine BN. À côté d'arguments techniques faibles, il contient malheureusement un argument fort : une erreur de procédure irréparable. BN ne pourra jamais construire l'extension car le climat politique ayant évolué, il n'y a pas d'espoir d'obtenir un nouvel arrêté.

La campagne d'information va néanmoins s'intensifier en collaboration avec Electrabel, car le chargement de MOX dans les centrales est aussi contesté. Entre autres actions, une brochure très complète sur le MOX est préparée qui sera largement distribuée en 1993 (100 000 exemplaires en français et en flamand).

---

[19] *Financiel-Economische Tijd*, 17 avril 1992.

Plutonium : ressource ou fléau ?

CE QUE VOUS DEVEZ SAVOIR SUR LE COMBUSTIBLE MOX POUR JUGER EN CONNAISSANCE DE CAUSE.

1. → Le MOX est un combustible pour centrale nucléaire composé d'uranium et du plutonium issu du retraitement des combustibles déjà utilisés dans nos centrales.

2. → Tout comme on recycle aujourd'hui du verre ou d'autres produits, Electrabel souhaite réutiliser dans deux de ses centrales le plutonium issu du retraitement de ses anciens combustibles, et économiser ainsi les ressources naturelles.

3. → Le recyclage du plutonium, sous la forme de combustible MOX, permet de réduire les quantités de plutonium produites dans les réacteurs nucléaires. Pour notre pays, cela signifierait une réduction de la production de plutonium, à raison de 224 kg par an.

4. → Le combustible MOX usé peut être retraité. Même si l'on envisage de le stocker définitivement, il n'y a pas de différence significative par rapport au stockage du combustible standard.

5. → Deux camions par an et par centrale suffisent à alimenter les réacteurs en combustible MOX. Le combustible MOX étant fabriqué en Belgique à l'usine de Dessel, ces convois remplaceront ceux destinés à nos pays voisins. Ces transports sont faits en toute sécurité.

6. → L'utilisation de combustible MOX dans les réacteurs belges ne modifie en rien leur excellent niveau de sûreté.
Les autorités publiques chargées de contrôler la sûreté des installations nucléaires ont conclu que les réacteurs de Doel 3 et Tihange 2 peuvent fonctionner en toute sécurité, avec le combustible MOX prévu, sans modification de leurs installations ni de leurs procédures d'exploitation.

7. → L'exposition du public aux radiations ne sera pas du tout modifiée par l'utilisation du combustible MOX dans les centrales. L'énergie nucléaire n'intervient d'ailleurs, aujourd'hui, que pour 0,1% dans le total des rayonnements reçus par tous les Belges, chiffre que l'on peut comparer aux 12% pour les usages médicaux et aux 87% pour la radioactivité naturelle.

8. → Pour les travailleurs des centrales, seules les opérations de réception du combustible neuf seront adaptées. Les limites légales, fort contraignantes, de la dose de rayonnement sont et seront très largement respectées.

9. → Le combustible MOX est utilisé couramment et sans problèmes de sécurité, dans des réacteurs similaires en Suisse, en Allemagne et en France. Du combustible MOX a été utilisé avec succès depuis 1963 au Centre d'Etudes Nucléaires de Mol et depuis 1974 à la centrale Franco-Belge de Chooz A.

Dos de la brochure publiée par Electrabel « Toute la clarté sur le MOX »

Greenpeace Belgium s'active aussi et son « nuclear campaigner », Eloi Glorieux, signe un document[20] où il met en avant le risque de prolifération[21]. Il est soutenu par une publication similaire de Greenpeace International[22]. Ce même mois, le 2 mars 1993, une cinquantaine de leurs activistes accompagnés de la presse viennent s'attacher aux grilles des usines de BN et FBFC[23] à Dessel. Greenpeace voudrait faire entrer une délégation mais seule la presse sera admise pour un briefing avec projection du film. La télévision en fera une présentation équilibrée.

Greenpeace aux grilles de FBFC le 2 mars 1993 © Greenpeace/Christien Buysse

BN intensifie encore sa campagne d'information, organisant des visites de groupes politiques ou d'intérêts locaux, publiant des pages d'information dans les journaux montrant le personnel à l'œuvre, insistant sur le côté humain plus que technique. Des membres du personnel participent à des réunions locales pour écouter et répondre aux anxiétés des gens.

---

[20] Eloi Glorieux, *Plutonium proliferatie : opwerking, MOX & kernwapens*, Greenpeace, octobre 1992. Une version en français est sortie en mars 1993.

[21] Le terme « prolifération », dans le jargon nucléaire, exprime le risque de voir des pays ou des individus non autorisés, s'emparer de matières fissiles ou de technologies permettant in fine de posséder des armes atomiques.

[22] Shaun Burnie, *The plutonium trade : a troubling new era for proliferation*, Greenpeace International, 1er mars 1993.

[23] Franco-belge de fabrication du combustible.

La demande de chargement de MOX dans les centrales belges suscite un véritable débat au sein du Parlement. Les députés s'inquiètent de la toxicité du plutonium, de ses liens potentiels avec l'armement, ils critiquent le retraitement considéré comme polluant et non justifié économiquement et finalement, invoquent l'absence d'une solution acceptée sur la destination finale des déchets à haute activité. Le débat concerne en fait l'ensemble de l'aval du cycle, donc le sort du combustible usé. Une forte équipe au sein de l'industrie fournit à l'administration les données nécessaires à l'élaboration d'un copieux rapport[24]. Ce rapport est soumis à l'examen de six experts français et belges. Au printemps 1993, le gouvernement soumet au Parlement son choix : maintenir les contrats de retraitement en cours et le recyclage du plutonium qui en proviendra (qui permettra de faire fabriquer 66 tonnes de MOX sur 10 ans par BN). Et d'autre part étudier le stockage direct du combustible usé afin de comparer cette solution avec le retraitement. En fait, « ne pas mettre tous ses œufs dans le même panier »[25]. Les débats vont s'étendre sur tout le deuxième semestre 1993. De nombreux experts y sont convoqués pour répondre à plus de 100 questions : P. Goldschmidt (Synatom) est en première ligne pour défendre le point de vue des industriels. Principal opposant, Greenpeace gagne un nouveau statut de « respectabilité » qui surprend l'industrie.

Manifestation par Greenpeace à Huy en 1993 © A. Michel

---

[24] Ministères des Affaires économiques, de l'Emploi et du Travail, de la Santé publique et de l'Environnement, *La gestion du combustible usé en Belgique et l'utilisation du combustible MOX dans les centrales belges*, Rapport pour le débat parlementaire, octobre 1992.

[25] P. Massart, A. Michel & P. Verbeek, *Two years debating MOX in Belgium*, PIME 94, Brussels, janvier 1994.

Cela ne les empêche pas de lancer une pétition contre le MOX qui recueille 33 000 signatures à la fin de l'année et d'organiser à Huy – Tihange, une marche contre le chargement de MOX dans la centrale qui rassembla peu de monde mais eut un large écho médiatique.

L'opposition multiplie les rapports. La politique belge est analysée et remise en cause dans un rapport commandé cette fois par Greenpeace-Belgique[26]. Greenpeace International sort un document en flamand : *Het einde van de plutoniumdroom : afrekenen met opwerking*. La branche flamande de l'association médicale internationale contre l'armement atomique, l'IPPNW[27], publie la traduction en flamand de son document : *Plutonium, deadly gold of the nuclear age*[28]. Ils y affirment que le plutonium doit être traité comme un déchet – ce qui n'est pas l'opinion des experts européens et russes – et que son transport doit être interdit. Il faut donc selon eux arrêter tout retraitement.

Mais finalement le 22 décembre 1993, le Parlement suivra l'avis du gouvernement. En conséquence, du MOX a été fabriqué et chargé dans les centrales belges pendant 10 ans. Une étude très poussée des possibilités de stockage direct en couches géologiques profondes (dans l'argile à Mol) a été effectuée et présentée au gouvernement fin 1997. Elle n'a pas conduit à une décision définitive et à ce jour, le combustible est en attente dans les piscines des réacteurs ou à sec dans des « casks » (conteneurs) blindés sur le site des centrales belges.

8.5 Que faire des stocks de plutonium ?

À la fin des années 1980, le plutonium que l'on avait extrait par retraitement du combustible usé en vue de son usage principalement dans les réacteurs à neutrons rapides surgénérateurs s'accumule. Les stocks civils en Europe, aux USA et en Russie s'élèvent à des dizaines de tonnes. À cela s'ajoutent les stocks de plutonium mis en réserve pour l'armement atomique.

Ce sont principalement les milieux scientifiques et académiques qui se préoccupent de cette situation. En Belgique, notamment deux personnes participent à ces groupes de réflexion : le professeur André Jaumotte, qui avait présidé la Commission des Sages et Julien Goens, ancien directeur général du CEN à Mol. Ma chance a été de pouvoir collaborer avec eux et ainsi de m'insérer dans ces groupes de recherche.

---

[26] Mycle Schneider, *Le MOX ou l'aberration du plutonium ; réflexion sur un projet de l'industrie nucléaire belge*, WISE, juin 1993, Paris.
[27] International Physicians for the Prevention of Nuclear War.
[28] Version en français : « Plutonium, or mortel de l'âge nucléaire », *Médecine et Guerre Nucléaire*, AMFPGN, Paris, été 1993.

Dès juin 1989, nous avions proposé à la réunion de l'Academia dei Lincei à Rome – les conférences Amaldi – de recycler le plutonium militaire[29] sous forme de MOX dans les réacteurs civils. Je crois bien que c'était la première fois que ce type de suggestion a été faite. Le grand intérêt des conférences Amaldi était que c'était l'un des rares lieux à l'époque où Russes, Américains et Européens discutaient librement.

Ce document présente les différents aspects du recyclage de tout plutonium et chaque fois conclut en montrant les aspects spécifiques qui viendraient du plutonium militaire, lequel contient essentiellement du plutonium 239 car il est produit dans des réacteurs spécialisés pour obtenir ce résultat. Nous avions conclu pour l'aspect militaire que :

> l'introduction de plutonium militaire dans les réacteurs nucléaires sous forme de MOX semble pour de nombreux aspects une action favorable si le transfert légal et administratif est clair : il ne peut subsister aucun flou aux « frontières ». Techniquement, cela ne peut que faciliter le procédé car ce plutonium est plus pur et moins radioactif. Économiquement, cela accentuera la tendance à n'accorder qu'une faible valeur au plutonium en excédent. Socialement et politiquement, cela peut être un symbole du désarmement et une possibilité d'améliorer l'image du plutonium.

À l'époque, la Belgonucleaire ne voulait pas s'associer directement à cette proposition, voulant se maintenir sur un plan strictement civil. On ne trouvera donc pas ce plaidoyer original pour un recyclage des stocks militaires dans la publication que le professeur Jaumotte a confié à l'Académie royale de Belgique (8.13). Ce n'est que plusieurs années plus tard que ce projet se matérialisera, avec la participation de la Belgonucleaire comme nous le verrons. Je crois qu'il fallait que quelque part, il soit écrit que l'une des toutes premières initiatives dans cette direction est due à la clairvoyance du professeur Jaumotte.

Une seule réunion ne suffit pas à faire passer un message, d'autant plus que les Américains préféraient enterrer les excédents militaires en les traitant comme un déchet. Mais surtout à ce stade, les USA comme les Russes et autres détenteurs d'armement atomique, voulaient conserver précieusement leurs stocks. Aussi en 1992, notre papier « Amaldi » frappe plus fort et s'intitule : *Recycling also military plutonium : time as come to act*. Nous mettons en avant la disponibilité de la technique proposée par les pays qui en ont l'expérience : principalement la Belgique, la France et l'Allemagne.

Les scientifiques qui conseillent leur gouvernement sur les questions de désarmement et de devenir des matières fissiles militaires se réu-

---

[29] A. Jaumotte, J. van Dievoet et A. Michel, *MOX fuels : the best utilisation of plutonium now*, Academia dei Lincei, Rome, juin 1989.

nissent régulièrement en petits groupes internationaux d'experts. J'ai participé dans les années 1990 aux réunions de la Science Policy Research Unit de l'Université de Sussex menées par William Walker, ainsi qu'à celles du Peace Research Institute Frankfurt dirigées par Harald Müller. Aux USA également les experts se penchaient sur la question : dès 1990 l'organisme de recherches des producteurs d'électricité EPRI[30] a pris position[31] pour un recyclage du plutonium militaire à réaliser dans les installations du Department of Energy (DOE). Deux rapports de comités spécialisés pèseront aussi sur les orientations futures : celui de l'American Nuclear Society est composé de personnalités américaines et internationales[32]. Celui (8.14) du Committee on International Security and Arms Control au sein de la National Academy of Sciences inclut entre autres le professeur Panofsky qui préside la *Plutonium Study*. Il participait activement aux débats des conférences Amaldi. Cela a-t-il eu une influence ? En tous cas ces rapports ont enfin présenté la transformation en MOX des excédents militaires comme une solution acceptable aux USA, pour autant que le combustible usé qui en résulte réponde aux critères imposés (*spent fuel standard*).

Quelle est l'ampleur du problème des matières fissiles militaires ? En 1992, l'Uranium Institute[33] les évalue pour le plutonium à 90 tonnes (incertitude : 7 t) aux USA et 140 tonnes en Russie (± 25 t). Pour l'uranium hautement enrichi, les chiffres sont 550 ± 60 t et 700 ± 250 t. Une étude en 2000[34] donne des chiffres proches et ajoute les quelques tonnes que détiennent la Grande-Bretagne, la France et la Chine et les centaines de kilos de l'Inde et d'Israël. Curieusement les stocks de HEU[35] inquiètent moins que ceux de plutonium. Il est vrai qu'ils seront relativement aisément dilués avant d'être commercialisés, réduisant ainsi les besoins en minerai. Cela fera l'objet d'un accord entre les USA et la Russie que je ne détaillerai pas car il n'a pas troublé l'opinion.

L'inventaire des stocks ci-dessus est souvent difficile à obtenir et ne comprend pas les stocks de plutonium civil qui se sont accumulés. La pression populaire pour plus de transparence est devenue plus forte dans ces années-là : il faut qu'un inventaire public des stocks civils soit établi. À l'invitation de la Grande-Bretagne, un groupe informel – le

---

[30] Electric Power Research Institute.
[31] John Taylor, D*isposal of fissionable material from dismantled weapons*, AAAS meeting, Washington February 1991.
[32] *Protection and management of plutonium*, Special panel report, ANS 1995.
[33] *Utilization of military materials originating from disarmament*, The Uranium Institute, SDT/91/17, Londres, 1991.
[34] Source ISIS 2000.
[35] Uranium hautement enrichi contenant plus de 93 % de U235.

sujet est considéré comme très délicat – est formé par les 9 pays qui reconnaissent détenir des stocks de plutonium civil : les USA, la Russie, la France, la Chine, la Grande-Bretagne, le Japon et ceux qui ont le savoir-faire plutonium et MOX : la Belgique, l'Allemagne, la Suisse, pays dont les stocks sont faibles vu qu'ils sont recyclés immédiatement. Ce groupe formé de diplomates assistés d'experts – dont j'étais pour la Belgique – se réunit de nombreuses fois à Vienne. Il aboutit *in fine* à la publication de lignes guides pour l'usage du plutonium[36].

En conséquence, afin d'améliorer la transparence et la compréhension par le public de la gestion du plutonium, les États ont convenu de publier régulièrement des déclarations expliquant leur stratégie nationale pour l'énergie nucléaire et le cycle du combustible ainsi que leurs plans pour la gestion de leurs stocks nationaux de plutonium. Ils se sont également engagés à publier annuellement les stocks soumis à ces Guidelines. (8.15)

Donc ceci n'inclut pas les stocks militaires.

Côté excédents de matières fissiles militaires, les choses ont cependant progressé. Si au cours de la Review and Extension Conference du TNP en 1995, il a été déclaré qu'une plus grande transparence des stocks et de leur destination était nécessaire, il s'agissait ici encore des stocks civils. Il a fallu le sommet de Moscou du G7 + la Russie (Nuclear Safety and Security Summit) en avril 1996 pour que ce vœu s'étende aux stocks militaires et qu'une réunion d'experts soit convoquée à Paris en octobre. Aux pays du G7 s'adjoignirent les Belges et les Suisses, la Commission européenne et l'AIEA. Les USA déclarèrent que 52,5 tonnes de plutonium étaient « en excès » et les Russes en annoncèrent 50. Que proposaient les experts ? En théorie, nous devions trouver des solutions sur la base de jugements strictement techniques. Inutile de dire que le lobbying des diplomates dans les couloirs fut intense. Les conclusions sont cependant logiques :

1. Il n'y a pas d'options rapides donc un stockage intermédiaire doit être prévu.
2. L'option la plus valable est la transformation en MOX pour le brûler dans les réacteurs commerciaux sans recyclage du combustible usé.
3. Cependant certaines matières ne s'y prêtent pas et l'immobilisation dans une matrice inerte pour traitement comme déchets doit être conservée écartant définitivement toute possibilité de récupération.

---

[36] *International Guidelines for the Management of Plutonium*, IAEA INFCIRC/549, Vienne, mars 1998.

4. Quelle que soit l'option, elle doit se prêter à une vérification internationale.
5. Une large coopération internationale favorisera une application sans tarder de ces voies.

Dans cette optique, de nombreuses tractations étaient en bonne voie. Cogema avec Siemens avaient présenté à la conférence l'état de leur coopération avec la Russie. Une *Joint United States/Russia plutonium disposition study* avait été remise en septembre aux présidents Clinton et Eltsine : elle évaluait entre 20 et 40 ans le délai nécessaire pour épuiser les stocks, quelle que soit la solution adoptée. Les Russes continuaient à considérer le plutonium comme un « trésor national » qui serait le mieux utilisé dans leur programme de réacteurs rapides. Une coopération va également s'établir entre l'Euratom et la Russie qui doit entre autres permettre de maintenir les chercheurs russes de l'énergie atomique et de l'armement dans leurs laboratoires en leur confiant des programmes de recherches communs financés par l'Europe, au sein d'un Centre international de science et technologie opérationnel dès mars 1994 à Moscou.

Cette fois la Belgique va prendre une part active. La Belgonucleaire va présenter son expérience industrielle à Washington en juillet 1996, puis à Moscou en décembre. En juin 1997 des membres du staff du Congrès américain visitent l'usine de Dessel. La société va s'associer à la Cogema française et à des sociétés américaines pour concevoir la future usine MOX américaine. Lorsque les Américains souhaitent bénéficier des équipements belges pour fabriquer 4 assemblages d'essai avec du plutonium militaire, le ministre Deleuze refuse de permettre ce transfert. Le gouvernement Verhofstadt fait la sourde oreille. Diverses autres circonstances feront que malheureusement les Belges vont quitter le projet. Ce n'est qu'en 2007 que les travaux de construction de l'usine sur le site de Savannah River ont pu commencer. Une fois de plus, obtenir la licence et répondre aux objections citoyennes fut un long combat. Il est prévu que l'usine pourrait démarrer vers 2016. Il faudra ensuite des dizaines d'années pour que les 34 tonnes que l'armée américaine a déclarées en excès soient converties en MOX et brûlées. La totalité de ce programme aura donc pris plus de 50 ans…

Du côté civil, le recyclage du plutonium avait été défendu au cours des années 1990 par plusieurs exploitants constatant que les engagements en matière de retraitement conduisaient à la « production » d'environ 10 à 15 tonnes de plutonium par an de 1992 à 2010[37]. La société belge chargée de gérer le combustible nucléaire, Synatom, avait défendu cette option Win-Win dans les milieux internationaux à travers

---

[37] P. Goldschmidt et P. Verbeek, *Plutonium recycling, a question of timing*, Kyoto Round table on Current issues on nuclear fuel recycling, Kyoto, February 1995.

le monde, publiant même dans un quotidien américain[38]. Dès 1993, Synatom posait la question à l'OPEN[39] : employer d'abord le plutonium des excédents militaires, ou d'abord le plutonium civil, ou mélanger les deux ? Dans une conférence à Bruxelles en 1995, P. Goldschmidt[40] s'inquiétait de ce que « ceux qui s'opposent à l'usage du plutonium transformé en MOX exacerbent le problème au lieu d'aider à le résoudre ». Malheureusement tous ces efforts ne purent empêcher que plusieurs gouvernements européens renoncent à retraiter et recycler dont l'Allemagne et la Belgique. Le débat parlementaire prévu pour 1998 en Belgique fut esquivé d'où l'impossibilité de poursuivre de nouveaux contrats de retraitement.

Un survol de la littérature montre que l'opinion publique n'était pas rassurée : les romanciers précèdent ou suivent les courants les plus forts. Les politiciens ont tendance à suivre leur électorat. Alors que je me rendais à Vienne pour élaborer les Guidelines qui visaient à rassurer l'opinion sur la fiabilité de notre industrie, j'aperçus sur le comptoir du kiosque de la gare deux hautes piles d'un polar de Gérard de Villiers : *Alerte Plutonium !*[41] Je me dis : peu importe son contenu, ce titre va peser plus lourd dans les esprits que les travaux que nous espérons diffuser, qui n'ont pas une apparence aussi sexy !

Si l'on fait une recherche sur le mot plutonium sur le site des libraires en ligne, on voit encore régulièrement apparaître *The plutonium blonde*[42], un « mass market paperback » américain qui raconte les hor-

---

[38] P. Goldschmidt, « Corral Plutonium for peaceful use », *The Wall Street Journal Europe*, 14-15 janvier 1994.
[39] Organisation des producteurs d'électricité nucléaire.
[40] P. Goldschmidt (Synatom), *The back-end of the nuclear fuel cycle*, European energy Foundation, Bruxelles, octobre 1995.
[41] Gérard de Villiers, *Alerte plutonium*, coll. « SAS », Paris, 1992.
[42] J. Zakour & L. Ganem, *The plutonium blonde*, DAW books distributed by Penguin, USA 2001 (version électronique en 1997).

reurs futuristes d'une blonde androïde avec un cœur au plutonium qui lui donne une force et une intelligence incroyables.

Il existe aussi des ouvrages soigneusement documentés mais qui décrivent des situations qui tournent au tragique. Deux exemples parmi les ouvrages récents montrent que les craintes sont loin[43] d'être apaisées : *The plutonium standard* évoque la possibilité que le propriétaire d'une centrale nucléaire – saisi d'une ambition démesurée – veuille utiliser son réacteur surgénérateur pour produire un plutonium de qualité militaire.

Mais même les meilleures intentions du monde peuvent suggérer des situations dangereuses. Le programme de conversion de l'uranium et du plutonium russe peut supposer des transports importants. Dans le roman *The single star*, le président des USA est prêt à tout pour faire réussir son programme qui prévoit un transport à travers la Caroline du Sud par train vers Savannah River. Le roman imagine une attaque de ce train par des terroristes. Cela tourne à la catastrophe nucléaire. Le gouverneur de la Caroline du Sud se voit contraint de prendre les choses en main de façon indépendante d'où le titre : *A single star*[44]. La critique a accueilli ce roman, d'ailleurs excellent, avec faveur, expliquant sa proximité avec des événements réalistes tels que la menace qu'avait faite le gouverneur de cet État d'utiliser ses troupes pour bloquer les envois de plutonium du DOE vers le site de Savannah River.

À côté d'une tragique dispersion de plutonium suite à un accident, une menace de détournement par des terroristes ou des États « voyous » lors des transports de plutonium a toujours été l'un des arguments les plus fréquemment mis en avant par les opposants. Greenpeace a tenté plusieurs fois de s'opposer à ces transports, notamment lors des envois de MOX vers le Japon. Des bateaux spéciaux sont utilisés pour cela. Ils sont armés et escortés. Même si ce plutonium issu du traitement de combustible usé japonais ne peut convenir pour des usages militaires, ces transports sont assaillis par des pirates à la solde du gouvernement chinois dans *Fox One*[45], une assez médiocre bande dessinée qui jouit d'une excellente diffusion par l'éditeur Dargaud.

8.6 Trafics illicites

Le détournement de plutonium, le chantage entre États plus ou moins « voyous », le trafic illicite de ce matériau a été fréquemment le thème de romans ou de films. Quelques exemples : *The plutonium factor*[46]

---

[43] Charles Turek, *The plutonium standard*, Lightning Sources, UK, 2003.
[44] Stan Barnett, *A single star*, Corinthian Books, Mount Pleasant (South Carolina) 2003.
[45] Vidal et Garreta, *Fox One : Traversée Longue Durée*, Wilco Éditions, 1999, France.
[46] Michael Bagley, *The plutonium factor*, Allison & Bushby 1982, repris par Penguin 1983.

associe le plutonium au pari faustien dans un détournement d'avion dans le nord de l'Angleterre. Quelques années plus tard en 1987, *The plutonium conspiracy*[47] imagine que quelqu'un, imperceptiblement, a mis au point un système lui permettant de détourner le plutonium de la Royal Navy, sans doute au profit de terroristes. Si les Anglo-Saxons sont les plus prolifiques, les Allemands aussi publient sur ce thème par exemple avec *Der plutonium deal*[48] qui mêle mafia et ex-URSS. Aux USA, *Plutonium murders*[49] est un thriller passionnant, une course contre la montre pour éviter que le monde soit pris en otage en le menaçant d'empoisonnement par du plutonium. Le héros est contaminé et tente désespérément d'obtenir un remède. Toujours publiée aux USA, la nouvelle *Pu239*[50] est l'histoire d'un technicien qui est irradié pendant son travail dans une centrale russe postsoviétique. Sachant qu'il va mourir, il vole un peu de plutonium de qualité militaire pour tenter de le vendre pour subvenir au futur de sa famille. HBO en a fait un film en 2008.

Bien évidemment la BD s'est aussi intéressée au sujet comme dans la série *Soda*[51] (figure page suivante). Le scénariste s'est clairement documenté en s'appuyant sur l'ouvrage qu'il cite, ce qui est rare chez les scénaristes de BD, de Henderickx (8.1). Des vols de plutonium sont au cœur de romans à caractère plutôt local tel que *Massacres en Ardennes*[52]. Mais on trouve des traces de plutonium jusque dans les best-sellers les plus populaires. C'est à cause d'un trafic de plutonium que l'héroïne de *The runaway* est massacrée par des mafieux chinois. Cela parce que

> tout le monde pense aux drogues mais c'est dépassé. L'argent vient maintenant de Russie. Il y a un fameux marché pour leur plutonium. Les Indiens en veulent, les Irakiens, les Libyens[53] [...] Le plutonium est le nouvel or, plus cher que le diamant. Il est facile de s'en procurer si vous connaissez les gens qu'il faut.[54]

Dans un roman de Tom Clancy[55], c'est un groupe paramilitaire américain d'extrême droite qui s'attaque à des convois de plutonium.

---

[47] Jeffrey Robinson, *The plutonium conspiracy*, Pocket Books, New York, 1988. Titre original : *The Ginger jar*, New English Library, 1987.
[48] Buschmann, *Der plutonium deal*, Schulte und Gerth, Asslar, 1995.
[49] R. Davis, *Plutonium murders*, Horizon press, USA, 1997.
[50] Ken Kalfuss, *Pu239 and other russian fantasies*, Washington Square Press and Pocket Books, New York, 1999.
[51] Tome et Gazotti, *Prières et balistique*, Dupuis, Charleroi, 2001.
[52] F. Bartelt & A. Bertrand, *Massacres en Ardennes*, Quorum, Gerpinnes, 1999.
[53] En réalité la Libye comme l'Afrique du Sud ont signé le TNP et renoncé à l'arme nucléaire. Un succès diplomatique...
[54] Martina Cole, *The runaway*, Headline Book Publishing, UK, 1997.
[55] Tom Clancy et Steve Pieczenik, *Hidden agendas (net force 2)*, Berkley Books 1999.

Dompter le dragon nucléaire ?

Tome & Gazotti, *Soda*, « Prières et balistique » © Dupuis 2001

Mais qu'en est-il en réalité ? Au cours de l'été 1994, la presse d'abord allemande s'inquiéta de l'extension rapide des cas de fraudes de matières nucléaires. Le creux usuel de la période d'été était éminemment favorable à un gonflement de ces incidents. Mais il semble qu'effectivement ces années-là, le nombre de prises des polices en Europe était en augmentation constante. Ces faits réels ont inspiré des romanciers tels que Robin Moore[56] qui imaginent des trafics monumentaux et amplifient les craintes. De façon moins catastrophique mais créant insidieusement de nouvelles craintes, les séries TV les plus populaires ne sont pas en reste : dans *Rex, chien flic*, série autrichienne reprise sur sur la chaîne de télévision belge RTL en 1998, ce sont deux malfrats polonais qui tentent d'écouler une valise de plutonium. Il y eut aussi des « leurres » tels que le fameux « red mercury », le « mercure rouge » qui inspira les romanciers[57]. On s'est excité aussi autour de prises d'U238 dont l'usage terroriste ne paraît pas évident, sauf pour un public mal informé qui s'affolera ; c'est là tout le risque.

Sur cet aspect de la question, Harald Müller[58] écrit :

> La politique dans les sociétés démocratiques est conduite sous les feux des médias. Tout ce qui touche à la technologie nucléaire est traité de façon mythologique et même hystérique. Dans cette situation, faire croire de façon crédible que l'on possède une matière fissile est suffisant pour rendre plausible un scénario de chantage, même si le maître-chanteur ne possède pas d'arme opérationnelle.

---

[56] Robin Moore, *The Moscow connection*, AWA, Encampment (USA), 1994.
[57] Qui a inspiré un roman à Reggie Nadelson, *Red mercury blues*, 1995. Traduction française : *Mercure rouge*, Christian Bourgois, 1997 et en coll. « Points », n° P554.
[58] H. Müller, *Smugling of nuclear materials : a deadly danger ?*, PRIF, 1995.

Le magazine *Le Vif/l'Express* dramatise en titrant *Alerte au plutonium militaire !*, alors qu'il semble que sur les vingt-cinq prises faites par la police, seules trois concernent le plutonium qui de plus n'est pas de source militaire. *L'Événement du jeudi*[59] opte pour un ton narquois : « Les armes nucléaires simples sont désormais dans le domaine public. Combustible et matériel semblent disponibles. Si vous voulez vous lancer, voici la marche à suivre... que nous vous déconseillons formellement ».

Le recensement des trafics illicites s'est poursuivi. En 2006, on comptait au total 252 tentatives de fraudes, en majorité de radio-isotopes. Parmi les 26 tentatives de transfert illicite de matières fissiles, seules 4 concernaient le plutonium en faible quantité. Pour identifier les sources des matières découvertes, l'Euratom dispose d'un remarquable laboratoire basé au sein du Centre de recherches de Karlsruhe, le ITU[60]. Ce laboratoire effectue un travail identique à celui d'une police scientifique ; les « nuclear forensics » ou expertises nucléaires permettent à partir parfois d'infimes éléments de remonter à leur origine. C'est ainsi que, dans les années 1990, ils pouvaient déterminer le lieu de production, le dernier propriétaire légal, le trajet suivi pour la fraude mais aussi l'âge de l'échantillon, l'usage initialement prévu, le mode de production. Mais il est clair que cela ne se fait pas en un instant.

L'une des « captures » les plus importantes eut lieu à l'aéroport de Munich le 10 août 1994. Dans une conférence, des années plus tard[61], le Dr Mayer a montré comment finalement l'ensemble des caractères de ces matériaux y compris par exemple la présence de certaines impuretés, avait permis d'en retracer l'histoire. À l'exception de quelques cas particuliers comme ce dernier, les quantités trouvées lorsqu'il s'agit de plutonium de ce type sont très faibles : quelques grammes. Et je m'étonne que personne n'ait rappelé qu'en dessous de 50 g, il n'y a pas d'obligation de soumettre les expéditions à contrôle, même en Belgique. Qu'en dessous de 15 g, il n'est pas prévu de mesures de contrôle physique (gardiennage) particulières. Le législateur a voulu faciliter la circulation de petits échantillons de laboratoires, de quelques pastilles de combustible, etc.

Il n'est donc pas du tout prouvé que quelqu'un qui a pu avoir accès à quelques grammes pourra de ce fait fournir des kilos. La presse se perd en conjectures sur les causes de cette soudaine « surpublication » sur le sujet (en 1994). Il y a bien sûr un effet d'entraînement : la presse quoti-

---

[59] François Landon, « Comment construire une bombe A dans son garage », *L'événement du jeudi*, 25 au 31 août 1994.
[60] Institute for Transuranium Elements.
[61] Klaus Mayer, *Nuclear Forensics : a powerful too in nuclear safeguards and nuclear security applications*, Conférence à la BNS, 27 novembre 2008, Bruxelles.

dienne emboîte facilement le pas à *Der Spiegel* lorsque ce news magazine consacre sa couverture à un sujet flamboyant. Lorsque cela se passe deux fois et que *Time* fait également une couverture dramatique, toute la presse suit. Le « feu » se propage à l'étranger. *Financial Times, Guardian, Le Monde* ou *Libération*, chacun cite les autres ou les mêmes sources d'agences, et commente. Rares sont ceux qui dédramatisent comme *l'Événement du jeudi* ou ceux qui titrent avec humour : *From Russia with love*[62].

Les politiques dont Tony Benn (UK) en profitent pour exiger de nouvelles mesures de contrôle et d'une façon générale, tout politicien antinucléaire se lance dans une dramatisation des événements : elle sert ses exigences de nouveaux contrôles qui finiront un jour par paralyser le nucléaire. D'où le soupçon de certains : tout cela n'est-il pas orchestré par les Américains pour bloquer, hors des NWS[63], le développement du nucléaire en général et celui du recyclage en particulier ? Cet aspect est repris dans un roman, français cette fois : « On avait monté cette histoire de toutes pièces. Qui on ? On désignait par là les services secrets européens. Il s'agissait de faire voter par une commission obscure du Parlement de la Communauté des crédits supplémentaires destinés au contre-espionnage nucléaire »[64].

Certains ont trouvé troublant que la majorité des découvertes aient lieu en Allemagne. Explication dans la presse : « En partie ces découvertes servent la position politique avant les élections fédérales d'octobre. Ces fraudes donnent à l'opposition sociale-démocrate une occasion de faire valoir leurs vues antinucléaires, tandis que les chrétiens-démocrates du chancelier Kohl peuvent prouver qu'ils contrent efficacement le crime organisé russe »[65].

C'est dans cette ambiance, avec aussi la découverte d'activités non contrôlées en Irak et en Corée du Nord, que l'AIEA a proposé à la demande de la communauté internationale, un renforcement des mesures de contrôle, les garanties, ces fameuses *safeguards*. Par ce programme dit 93 + 2, les inspecteurs de l'Agence de Vienne, qui veillent à l'application de ces mesures, vont pouvoir avoir un accès physique élargi tels que des accès complémentaires aux installations et des inspections sans avertissement. Des techniques avancées de *safeguards* telles que le « remote monitoring » (contrôle à distance) seront appliquées. Des échantillons seront prélevés dans l'environnement des installations et soumis aux laboratoires « forensics » dont j'ai parlé précédemment.

---

[62] *The Financial Times*, 20-21 août 1994.
[63] Nuclear Weapons States, les 5 États disposant officiellement des armes atomiques.
[64] E. Laurent, *Les atomiques*, Les Éditions de Minuit, Paris, 1996.
[65] *The Financial Times*, 21 août 1994.

Enfin dans les années 1995/96, la collaboration entre l'Union Européenne et la Russie s'intensifie car « la lutte contre le trafic illicite de substances radioactives a été identifiée (...) comme l'une des questions prioritaires selon les conclusions du Conseil des Affaires générales de novembre 1995 »[66].

8.7 Mais le plutonium n'est pas la seule source de frissons littéraires, cinématographiques ou scientifiques

Dans les années 1990, le nombre d'ouvrages plus ou moins scientifiques contre le nucléaire dépasse largement les études positives. Un journaliste anglais qui a combattu la construction de la centrale d'Hinkley Point C, publie un ouvrage[67] où il annonce la fin du nucléaire anglais : « Le rêve nucléaire est passé. L'industrie nucléaire britannique qui voulait construire 100 grandes centrales électriques avant 2000 a reçu un coup fatal par une combinaison unique de conscience du public des problèmes de sécurité et d'environnement et des calculs des banques d'investissement de la City ».

En France, la position du général Copel[68] est pour un maintien du nucléaire

> mais nous avons trop besoin d'électricité nucléaire pour trouver acceptable qu'une catastrophe, évitable, puisse remettre en question notre programme. Comment en particulier, peut-on, aujourd'hui, tolérer l'utilisation d'un surgénérateur comme *Phénix*, sans enceinte générale de confinement ? Il y a donc des décisions à prendre. Mais il est logique d'avoir confiance. En matière nucléaire comme ailleurs, le pire n'est pas du tout certain. Il suffit d'avoir la volonté d'agir. Si l'opinion publique le veut avec suffisamment de force, les responsables politiques suivront, les autorités techniques et financières aussi.

Au Canada aussi des voix s'élèvent pour défendre le nucléaire et affirmer que « les mouvements antinucléaires ont constamment effrayé le public en lançant des revendications déformées ou inexactes sur les risques nucléaires »[69]. En France, Bruno Comby a fondé l'AEPN[70] en 1996 avec laquelle il prend la défense du nucléaire avec passion. Il veut

---

[66] *Le trafic illicite de matières nucléaires et de substances radioactives*, Communication de la Commission au Conseil et au parlement européen, COM(96)171 final, Bruxelles, 19 avril 1996.

[67] C. Aubrey, *Meltdown, the collapse of the nuclear dream*, Collins & Brown Ltd, London 1991.

[68] E. Copel, *Le nécessaire et l'inacceptable, centrales nucléaires et terrorisme*, Balland, Paris, 1991.

[69] G. Sims, *The anti-nuclear game*, University of Ottawa Press, 1990.

[70] Association des écologistes pour le nucléaire.

réconcilier l'écologie et la technologie et affirme que le nucléaire est l'énergie du futur car c'est la seule qui permettra de satisfaire l'accroissement des besoins en énergie de la planète au XXIe siècle tout en réduisant la pollution[71]. Aujourd'hui cette association compte 10 000 membres dans le monde.

Mais l'industrie et la technique restent la cible préférée de nombreux chercheurs, par exemple dans l'ouvrage *Apocalypse, mode d'emploi*[72] préfacé par Roger Dumont, alors célèbre, pionnier des luttes écologiques. Très vindicatif est aussi le travail de Michèle Rivasi qui a créé le CRIIRAD pour contrôler et souvent contester les mesures officielles de radioactivité. Son ouvrage[73] veut présenter des « exemples qui montrent comment une vaste conspiration du silence entoure le nucléaire ». L'industrie aura beau lancer de vastes programmes d'information, ce soupçon reviendra de façon récurrente.

Des célébrités se lancent dans le débat : l'homme d'affaires Jimmy Goldsmith fait un tabac avec son livre d'entretiens[74] dans lequel il attaque le nucléaire et conclut sur un éloge des attitudes respectueuses de la Terre par les peuples dits primitifs. Jacques Attali de son côté publie une étude sur la prolifération et le trafic nucléaire[75], assez mal conçue mais écoutée car l'auteur est reconnu comme gourou des temps modernes. Son intervention au Sénat de Belgique a motivé une réplique de P. Goldschmidt devant la même commission des finances[76]. *Science et Vie*[77] rejoint le groupe des lanceurs d'alerte, en se faisant l'écho en long et en large d'une étude qui aurait démontré un effet nocif du site de La Hague : une augmentation locale des leucémies. C'est un sujet qui fut longtemps débattu sans réellement pouvoir conclure.

Mais sans doute plus que toutes ces études, ce sont les Simpson qui ont le plus contribué à semer le doute sur la rationalité des activités nucléaires. Homer Simpson, doté d'un QI de 55, est cependant en charge de la sécurité dans une centrale nucléaire où l'on trouve des rats fluorescents, des déchets nucléaires dans une plaine de jeux, des squelettes dans les armoires, etc. Il n'a même pas de conscience professionnelle et triche stupidement pour quitter son poste de surveillant. Cette série est diffusée en télévision depuis 1989 aux USA et s'est ensuite

---

[71] B. Comby, *Le nucléaire, avenir de l'écologie ?*, F.-X. de Guibert, Paris, 1995.
[72] M. Grimaldi & P. Chapelle, *Apocalypse, mode d'emploi*, Presses de la renaissance, Paris, 1993.
[73] M. Rivasi et H. Crié, *Ce nucléaire qu'on nous cache*, Albin Michel, Paris, 1998.
[74] Jimmy Goldsmith avec Y. Messarovitch, *Le piège*, Fixot, Paris, 1993.
[75] J. Attali, *Économie de l'Apocalypse*, Fayard, Paris, 1995.
[76] Annales du Sénat belge, 17 juin 1997.
[77] *Science et Vie*, Décembre 1995.

répandue dans le monde entier. Son succès est indéniable. Elle ne vise pas uniquement le nucléaire mais plutôt les stéréotypes du monde actuel, en particulier américain. Après avoir longtemps pensé qu'elle faisait du tort au nucléaire, certains ont mieux analysé la question et conclut que « cette série, qui sacrifie l'exactitude technique au profit de l'humour, a permis la présence de l'Énergie Nucléaire à la télévision, pour des millions de foyers, créant une familiarisation sans précédent avec ce type d'énergie »[78]. Tout le monde les connaît. Ainsi lors d'un jeu télévisé en Belgique, 41 personnes sur 47 ont répondu correctement à une question sur Homer Simpson !

Cet humour ne compense sans doute pas les nombreux films et ouvrages qui associent nucléaire, terrorisme et catastrophe. Des millions de gens ont sans doute vu ou revu *The world is not enough* en 1999. James Bond y parviendra à empêcher de justesse l'explosion dans le Bosphore d'un sous-marin atomique dans le réacteur duquel les méchants voulaient introduire un excès de plutonium. Depuis que Bond en 1962 a détruit le réacteur du Dr No, ce n'est pas le seul film de James Bond où le nucléaire mène le monde au bord de la catastrophe. La télévision adore ces films catastrophes tel *Atomic train* en 1999, un train fou plein d'engins atomiques qui menace de détruire Denver. Certains qualifient le film de « complete stupidity », mais néanmoins tout le monde en parle…

Il serait lassant d'énumérer ici tous les ouvrages qui racontent des alertes terroristes. Ils reposent sur le vol d'armes par des groupes terroristes ou des développements effectués dans des pays « voyous ». La plupart sont d'auteurs américains. Parmi les plus connus : Larry Collins[79], Steve Martini[80] ou Frederic Forsyth[81]. L'histoire du projet Manhattan et de Los Alamos passionne encore bien des lecteurs. Les auteurs respectent la réalité historique et y superposent une *thrilling story*. Joseph Canon situe un thriller particulièrement convaincant au printemps 1945[82]. Il semblerait que l'histoire du parachutage d'un commando allemand qui est à la base du roman[83] de l'Anglais Conor Gregan soit véridique. La journaliste Janet Bailey s'est intéressée au sort

---

[78] Jovenes Nucleares, *The Simpson and Nuclear energy*, e-news issue 20 spring 2008, ENS.
[79] Larry Collins, *Tomorrow belongs to us*, 1998 traduit chez Robert Laffont 1998.
[80] Steve Martini, *Critical mass*, 1998. Traduction : Grasset, Paris, 2001.
[81] F. Forsyth, *The fist of God*, Transworld Publishers 1994, traduit chez Albin Michel 1994.
[82] Joseph Kanon, *Los Alamos*, Broadway books et Dell Publishing 1997, trad. chez Flammarion 1998.
[83] Conor Gregan, *Ground Zero*, Hodder & Stoughton, Londres, 1998.

des chercheurs de Los Alamos lorsqu'il leur est demandé de consacrer leurs efforts à d'autres objectifs que la bombe. Le changement est rude pour ces gens qui se sentaient une élite, assumant une tâche importante dans l'intérêt des USA. Et même la bande dessinée[84] utilise de façon plus ou moins véridique le cadre de Los Alamos quelque peu mystérieux.

À côté de ces aspects encore et toujours militaires, on trouve bon nombre de romans qui rodent autour des centrales nucléaires. L'excellente Patricia Cornwell met sa légiste Scarpetta aux prises avec des terroristes qui tentent de dérober du combustible dans une centrale. Elle a du mal à convaincre son adjoint qu'un peu de radioactivité peut ne pas être dangereux. Il réplique et je trouve qu'il réagit comme bien des gens : « Comprends-moi, parler d'un petit peu de radioactivité c'est comme dire un petit peu enceinte ou un petit peu mort. Je ne veux pas être irradié, même si toi, cela t'est indifférent »[85].

Autre excellent thriller qui en fait peut apprendre pas mal de choses sur les centrales nucléaires, c'est *Burning the Apostle*. Cette fois ce sont des « guerriers écolos » qui veulent provoquer un incendie dans cette centrale, attentat qui doit ressembler à un accident pour provoquer l'arrêt du nucléaire en général. L'idée est qu'« on ne peut se contenter de parler, cela ne mène à rien. Il faut traduire les idées en actes. Quelqu'un doit faire ce sale boulot »[86]. Si des terroristes sont souvent au cœur de ces histoires, on y trouve aussi l'occasion de montrer les manifestants qui s'opposent au nucléaire, de décrire les programmes civils. Dans *le sang du dragon*[87], le programme des surgénérateurs au Japon est leur cible. Dans *Le syndrome M*[88], c'est une secte qui fait pression sur un technicien de la centrale de Tihange pour qu'il la sabote. L'auteur s'était très bien documenté : il a entre autres, visité la centrale et on a droit à une description très réaliste de ce qui s'y fait.

D'autres ouvrages s'intéressent de près aux conflits qui peuvent naître localement, aux pressions politiciennes, aux abus de pouvoir. Didier Daeninck met en évidence le fait que dans la nouvelle centrale, « une bonne moitié des gars qui travaillent ici est originaire de la région et que l'autre moitié se compose aux deux tiers de recyclés de la sidérurgie lorraine et d'un tiers d'immigrés [...] Lutter bille en tête contre un pareil équipement, c'est s'en prendre à leur avenir »[89]. Dans *La Jusquiame*, les luttes locales ont conduit à la fermeture de la centrale et à la

---

[84] Dufaux & Charles, *FOX, Los Alamos, trinity*, Glenat, Grenoble, 1998.
[85] Patricia Cornwell, *Cause of Death*, Putnam's Sons, USA, 1996.
[86] Bill Granger, *Burning the Apostle*, Warner Books, USA, 1993.
[87] C. Gernigon, *Le sang du dragon*, Serie noire Gallimard, Paris, 1995.
[88] J. Braibant, *Le Syndrôme M*, Le Hêtre Pourpre, Modave, 1997.
[89] D. Daeninck, *Mort au premier tour*, « Folio », Denoël, Paris, 1997.

mort de sa plus farouche opposante. Là aussi les opinions étaient partagées. Et l'ingénieur qui dirigeait le site

> n'a pas supporté sa fermeture, cela l'a rendu fou ; il n'a pas accepté la contestation du tout-nucléaire, seul garant selon lui, de l'indépendance nationale en matière d'énergie. Il a été la bête noire des premiers écologistes et des militants antinucléaires, à l'époque moins nombreux mais plus durs qu'aujourd'hui ; il s'est battu contre eux ici et ailleurs, avec férocité, et quand la centrale fut fermée, il refusa de partir, il resta ici, au pays.[90]

Avec une aventure du Poulpe, enquêteur nonchalant plutôt libertaire, roman qui est devenu un film où Daroussin joue ce personnage, c'est aux contaminations et aux malfaçons que l'on s'attaque. Ce sont des travailleurs que « l'on ramasse dans les villages, on les amène clandestinement et on les fait travailler dans des chantiers pourris. Le cœur d'un réacteur, par exemple... et quand ils sont irradiés jusqu'aux os... on les renvoie chez eux incognito »[91]. On retrouve ce même thème d'une installation en pleine décrépitude qui contamine ceux qui y travaillent dans *Purple America*[92] : mauvaise gestion, corrosion, petites fuites radioactives, alerte *in fine*...

Cette crainte de la contamination rampante, non dite, volontairement cachée, la hantise du devenir des déchets déjà présente depuis longtemps, les conditions de travail des intérimaires, vont être au cœur de la période suivante.

---

[90] R.-V. Pilhes, *La Jusquiame*, Plon, Paris, 1999.
[91] Nicloux, Pouy et Raynal, *Le Poulpe, le film*, Baleine, Paris 1998.
[92] R. Moody, *Purple America*, Little, Brown & Cy, 1997. Traduction : Payot-Rivages, Paris, 2000.

CHAPITRE 9

De Kyoto à la veille de Fukushima
(Au tournant des années 2000)

Après les engagements pris à Kyoto sur la réduction des émissions de gaz à effet de serre, le monde nucléaire espère un nouvel essor que son absence quasi totale d'émission de CO_2 justifierait. Mais il reste un problème qui inquiète fortement la population : le devenir des déchets.

9.1 Lutter contre le changement climatique : une solution nucléaire ?

J'ai mentionné brièvement au chapitre précédent les premiers travaux sur le changement climatique. C'est dès octobre 1984 que j'ai entendu tirer la sonnette d'alarme par le professeur Berger lors d'un symposium à Bruxelles sur la pollution atmosphérique[1] : si l'activité humaine a un impact sur le climat, pouvons-nous, devons-nous agir ? Il se base sur les nombreux scénarios de croissance de la demande d'énergie alors fréquents. Les conséquences sur le climat à travers la présence croissante de CO_2 sont déjà, à cette époque, largement évaluées : modifications du régime des pluies, réchauffement, effet sur l'agriculture, etc. Il insiste sur le fait que l'apport de nos activités n'est pas isolé mais que des phénomènes tels que changement du rayonnement solaire, activité volcanique, etc. pèsent aussi sur l'incertitude des prévisions. Son principal message est que l'effort de modélisation doit absolument être poursuivi de façon multidisciplinaire.

Trois ans plus tard, le rapport des Nations Unies, médiatisé sous le nom de la présidente de la Commission chargée d'évaluer cette question, la première ministre norvégienne Brundtland, situait le problème dans le contexte plus général de la compatibilité du développement avec la protection de l'environnement. Les médias s'emparèrent de la notion et plus personne ne put ignorer le problème vulgarisé sous la dénomination : « développement durable » (en anglais *sustainable development*).

L'aspect changement climatique n'est qu'un élément dont il faut tenir compte pour réaliser un développement durable, mais il est essentiel.

---

[1] A. Berger et Chr. Goosens, *Man's impact on climate. Can/should we do something about it ?*, XIXth IPRE Symposium, Bruxelles, 1984.

Aussi dès 1988, la World Meteorological Organization et le United Nations Environment Program rassemblent le Groupe intergouvernemental sur le changement climatique (GIEC ; IPCC en anglais). Ce groupe représente un immense effort de mise en commun des compétences. Un premier rapport[2] dès 1990 couvre les aspects 'évaluation scientifique', 'évaluation des effets' et 'stratégies de réponse'. Il suscitera de nombreuses réactions dont certaines rejettent les conclusions, jugées incertaines ou même influencées par des milieux partisans. Le GIEC va publier jusqu'à ce jour de très nombreuses études, y compris des prescriptions méthodologiques pour évaluer l'inventaire en CO_2 local. Un rapport d'évaluation est présenté tous les 6 ans environ et discuté au cours d'immenses débats. Une assemblée se réunit chaque année pour orienter les travaux et en faire l'évaluation.

En 1992 a lieu à Rio de Janeiro, le premier « Sommet de la Terre ». Il aboutit à la publication de l'Agenda 21, un plan d'action, comprenant 40 chapitres, adopté par 173 chefs d'État, accompagné d'une déclaration sur le développement et l'environnement, et qui énumère 27 principes à suivre pour la mise en œuvre. Il couvre aussi bien les dimensions sociales et économiques, que la conservation et la gestion de l'environnement.

On y trouve un chapitre consacré aux déchets nucléaires qui énonce de grands principes. Rien n'est évidemment imposé : la plupart des recommandations sont exprimées comme un « vœu » : « Les États, en coopération le cas échéant avec les organisations internationales, devraient... » Parmi ces recommandations on trouve[3] la poursuite des recherches sur le stockage géologique, la finalisation de l'interdiction des rejets en mer (en 1992, il n'existe encore qu'un moratoire volontaire), le contrôle des mouvements transfrontières, etc. Je reviendrai sur ce sujet un peu plus loin.

À côté de ces programmes soutenus par les États, de nombreux groupements et associations sont très actifs. Comme souvent, Greenpeace est parmi les plus bruyants. Dès 1990, ils publient une volumineuse étude sur le réchauffement de la terre (9.1). C'est le résultat du travail d'une équipe internationale d'une vingtaine de personnes. S'expriment sur le nucléaire, entre autres célébrités, Amory Lovins, bien connu pour son opposition constante au nucléaire et Bill Keepin, un expert travaillant à Berkeley (Californie). Lovins considère que « le nucléaire ne fait qu'aggraver le réchauffement de la Terre, puisqu'il détourne à son profit des fonds qui auraient évité la combustion de plus de charbon s'ils

---

[2] IPCC first assessment report, 1990.
[3] www.un.org/french/ga/special/sids/agenda21/action22.htm.

avaient été consacrés au rendement électrique à la consommation ». Bill Keepin considère que

> la poursuite des activités économiques impose une telle croissance de la demande énergétique que même un programme mondial d'une ampleur inconcevable ne pourrait réduire les émissions de dioxyde de carbone. Ne serait-ce que pour remplacer le charbon, il faudrait construire une nouvelle centrale nucléaire tous les 2 ou 3 jours pendant près de 4 décennies...

Et il revient sur la même idée qu'aux États-Unis, chaque dollar investi dans le rendement énergétique épargne sept fois plus de carbone qu'un dollar investi dans le nucléaire... Tout le monde est d'accord que consommer moins et mieux est utile à la préservation de l'environnement, mais leur raisonnement n'aboutit-il pas au maintien des centrales au charbon, lobby extrêmement puissant aux USA ?

De son côté, Michelle Dobre, sociologue à l'Université de Caen (9.2), s'interroge : « Qui a peur pour la planète Terre ? Les chercheurs en sciences humaines tentent d'appréhender cette prise de conscience, d'en évaluer l'intensité et de rechercher les éléments – fantasmatiques ou rationnels – sur lesquels elle repose ». Elle questionne aussi « les limites de la connaissance que le public possède d'un phénomène environnemental complexe, et ce d'autant plus que scientifiques et médias lui proposent une image confuse faite de controverses, de débats et d'incertitudes ». Curieusement en Europe, les gens considèrent que les problèmes d'environnement sont graves dans le monde, mais que dans leur région, la situation est bonne ou même excellente. Interrogés tous les deux ans de 1992 à 2000, sur la contribution de diverses activités humaines à l'effet de serre, de plus en plus de gens – de l'ordre de 80 % – considèrent que les raffineries de pétrole, les voitures, les avions, le chauffage au fioul, les bombes aérosols contribuent beaucoup ou un peu. Mais les centrales nucléaires pour 60 % des gens sont dans le même cas. Je ne sais si les efforts d'information auront changé cette impression erronée en 2012...

Parmi ceux qui ont largement contribué sur ces thèmes à l'éducation du public, il faut citer James Lovelock, père du concept Gaia. Dès 1979, il a présenté ce nouveau concept selon lequel la vie sur Terre fonctionne comme un organisme unique qui effectivement définit et maintient les conditions nécessaires à sa survie (9.3). Les mouvements écologistes ont quelque peu tenté de s'approprier les idées du maître, l'incluant un peu rapidement parmi les opposants au nucléaire. Il a explicité ses options dans plusieurs ouvrages, dont le dernier est sous-titré *A final Warning !* (9.4) Il s'attaque avec force à l'idée que les équipements énergétiques dits renouvelables vont sauver la planète.

> Le boniment du vendeur se réfère au monde que nous connaissons, le monde urbain. La vraie Terre n'a nul besoin d'être sauvée. Elle peut et pourra comme elle l'a toujours fait, se sauver elle-même. Et elle a déjà commencé en évoluant vers un état qui nous est moins favorable ainsi qu'aux animaux. Ce que les gens espèrent c'est « sauver la planète telle que nous la connaissons » et cela maintenant c'est impossible.

Dans une situation qui pourrait devenir dramatique, il s'écarte de l'opinion commune des mouvements écologistes, en considérant que le nucléaire ne présente pas tous les dangers que l'on veut lui attribuer. C'est ainsi qu'en 2004, il attire l'attention des médias avec ses déclarations assez fracassantes qu'il reprendra dans son livre *The Revenge of Gaia*. *Le Monde* traduit : « Je suis moi-même écologiste et j'implore mes amis engagés dans ces mouvements d'abandonner leur opposition butée »[4]. Et dans son livre, on peut lire :

> Même s'ils avaient raison à propos du nucléaire, mais ce n'est pas le cas, son utilisation comme source d'énergie sûre et fiable ne poserait qu'une menace insignifiante comparée à la menace réelle de vagues de chaleur intolérables et mortelles et des niveaux de la mer qui s'élèveraient, menaçant toutes villes côtières du monde.

En fait, ces prises de position répondent aux débats qui ont suivi l'adoption du protocole de Kyoto le 11 décembre 1997, au cours de la troisième conférence des parties à la CNUCC[5]. Ce protocole a été ouvert à la ratification en 1998, il est entré en vigueur en 2005. Plus de 150 pays l'avaient ratifié, mais pas les USA, qui n'ont voulu s'engager sur ce sujet que tardivement et sans engagement contraignant. Par ce protocole, ces pays se sont engagés à un objectif global de réduction des gaz à effet de serre dont le dioxyde de carbone ; le CO_2 représente les trois quarts des émissions, mais dont une partie seulement est générée par l'activité humaine. La liste comprend 5 autres gaz dont le méthane qui a plus d'effet que le précédent.

L'Europe, agissant pour tous ses États membres (les 15 d'alors) s'est engagée à une réduction de 8 % par rapport à 1990, à atteindre entre 2008 et 2012. Elle s'est ensuite attachée à la répartition entre eux par exemple 28 % pour le Luxembourg, 21% pour l'Allemagne, 12% pour la Grande-Bretagne mais le Portugal était autorisé à augmenter de 27 % vu sa situation de développement et la France pouvait maintenir le statu quo vu la forte part de nucléaire limitant déjà les émissions[6].

---

[4] *Le Monde*, 31 mai 2004.
[5] Conférence des Nations Unies sur le changement climatique.
[6] Le lecteur qui voudrait aborder l'analyse de ce protocole et de ses effets lira par exemple : Elyane Bressol, *Les enjeux de l'après Kyoto*, avis et rapports du Conseil économique et social de la République française, 2006.

Il est clair que dans la mise en œuvre des actions, la comparaison entre les rejets des diverses ressources énergétiques a fait l'objet de vives contestations. Les partisans du nucléaire ont cru pouvoir sauter sur cette occasion pour préconiser un développement intensif comme en France, vu qu'une centrale nucléaire ne produit pratiquement pas de CO_2. Les opposants ont répliqué – à juste titre – qu'il fallait considérer l'ensemble de l'activité de la mine d'uranium aux déchets. Même ainsi, le nucléaire est certainement l'un des plus faibles producteurs. Selon la UK Government's Energy Technology Support Unit, citée par Lovelock (9.4), le nucléaire ne produirait que 4 g de CO_2 par kWh, là où les éoliennes et les grands barrages en produiraient 8. L'utilisation du charbon en génère 955, dès lors ceux qui voudraient développer l'emploi du gaz sont heureux de n'en produire « que » 430[7]. Les chiffres donnés par le Forum nucléaire suisse[8], qui concernent aussi l'ensemble du cycle de vie et l'ensemble des gaz à effets de serre ramenés en équivalents CO_2, sont 4 pour l'hydraulique mais cette fois 8 g/kWh pour le nucléaire, 17 pour l'éolien, 644 pour le gaz et 1 078 pour le charbon[9]. Ces chiffres sont légèrement différents mais on peut en tirer les mêmes conclusions. Alors pourquoi les plans de développement durable de la production d'électricité font-ils une part réduite au nucléaire ?

9.2 Le nucléaire, composante du développement durable

Dès 1997, l'AIEA publie une brochure (9.5) soutenant l'utilisation du nucléaire dans le cadre d'un développement durable. Sur la base des scénarios présentés par certaines études internationales[10], elle envisage que la part du nucléaire – 6 % de l'énergie primaire ou 17 % de l'électricité dans le monde en 1990 – aurait doublé en 2050. Elle cite le GIEC[11] : « L'énergie nucléaire pourrait remplacer les combustibles fossiles pour produire l'électricité dans de nombreuses parties du monde si des réponses acceptables sont trouvées en ce qui concerne la sûreté des réacteurs, le transport des déchets radioactifs et leur élimination, ainsi que la prolifération des armes nucléaires ». Nous allons voir que c'est effectivement sur ces questions que le développement du nucléaire va buter, non pas que les techniciens manquent de solutions à proposer mais sur la difficulté de convaincre tout le monde qu'elles sont accep-

---

[7] Le méthane a de plus un effet beaucoup plus important sur l'effet de serre que le CO_2.

[8] Forum nucléaire suisse, *Écobilan de l'énergie nucléaire*, feuillet d'information, novembre 2009.

[9] Le pire producteur de GES est le lignite (1 231 g/kWh) que l'Allemagne utilise largement...

[10] WEC and IIASA, 1995.

[11] IPCC technical paper 1, 1996.

tables. Après avoir présenté les différents aspects de cette activité, l'AIEA conclut que « comme technologie éprouvée et écologiquement bénigne, avec la possibilité de contribuer à la fourniture d'énergie dans le long terme, l'énergie nucléaire peut être une contribution importante au développement durable ». Mais pour cela il faudra veiller à en développer des formes diverses, notamment des installations modulaires de plus faible capacité à usage non exclusivement électrique, par exemple pour la production de chaleur industrielle. Cependant « son acceptation par le public et le politique est vitale », conclut l'AIEA.

Cet aspect de la question va rester un obstacle à tout développement du nucléaire en Europe et aux USA pendant cette décennie, malgré la multiplication des études officielles préconisant en général un certain rôle pour le nucléaire. L'étude de l'AEN[12] en 1998 ajoute qu'il faudra maintenir un haut niveau de sécurité des centrales nucléaires et développer les installations de stockage définitif des déchets à haute radioactivité. Celle du CISAC[13] américain en 1999, après avoir évoqué les obstacles déjà cités, insiste « qu'il serait irresponsable de refuser une contribution bien plus importante de l'énergie de fission. De plus les possibilités d'améliorer l'acceptabilité de la fission sont au moins aussi prometteuses que celles de principales alternatives ».

En Belgique, le vice-premier ministre Poncelet, ministre de l'Énergie, va constituer en 1999 une commission de 16 membres issus des universités ou des instituts de recherche qu'il charge d'Analyser les Modes de Production de l'Électricité et du Redéploiement des Énergies (en abrégé donc la commission AMPERE). Elle remet son rapport en octobre 2000. Il porte sur les 20 ans à venir et l'ensemble des ressources potentiellement utilisables. Sur le nucléaire, le rapport considère qu'il existe des solutions à la question des déchets, que les centrales nucléaires occidentales ont un niveau de sécurité que peu d'installations industrielles atteignent et que leur incidence est quasi nulle sur le climat. Mais l'énergie nucléaire souffre d'une mauvaise image de marque auprès d'une partie de l'opinion publique et de la difficulté de concilier la mise en place d'installations nouvelles avec les impératifs actuels d'un marché dérégulé qui implique des engagements à relativement court terme à haut retour sur investissement. De ce point de vue, le gaz naturel est certainement mieux adapté malgré les handicaps qui sont les siens (émissions de gaz à effet de serre, possibilités de fluctuations importantes des prix sur le marché et réserves mondiales limitées).

---

[12] *Nuclear Power and Climate Change*, AEN, 1998.
[13] Steve Fetter, *Climate change and the transformation of world energy supply*, Center for International Security and Cooperation, Stanford USA, 1999.

J'ajouterai qu'il est désolant de brûler une matière première aussi noble qui a tant d'autres usages industriels.

L'une des recommandations importantes de la commission est
> qu'il convient de maintenir l'option électronucléaire ouverte pour le futur dans un contexte de renchérissement des hydrocarbures (dont le gaz naturel) et eu égard à l'absence d'émissions de gaz à effet de serre par l'exploitation du nucléaire. Pour ce faire, il y a lieu de conserver le savoir-faire national, privé et public, dans le secteur de l'électronucléaire, ainsi que de participer à la recherche et au développement, essentiellement privé, de filières du futur.

Le rapport AMPERE est soumis à une « peer review » internationale[14] de cinq experts. S'ils l'approuvent dans ses grandes lignes, ils insistent sur la nécessité d'un examen en profondeur des conséquences d'un éventuel retrait du nucléaire. En ce qui concerne les inquiétudes usuelles, ils recommandent d'accélérer le processus de gestion des déchets et d'entamer un processus participatif. L'attitude du public ne peut pas être seulement expliquée par une peur irrationnelle et un manque de compréhension. Il faut considérer dans ce débat la qualité et la diversité de l'information, la participation des citoyens au processus de décision, la confiance dans les institutions. Il est évident que Greenpeace a voulu faire connaître son opinion sur ce rapport[15], opinion établie par un groupe de centres de recherches allemands. Ce document conteste fondamentalement la méthode utilisée et donc *in fine* ses résultats.

La Commission européenne publie en 2001 un *Livre Vert*, document destiné à ouvrir le débat sur la sécurité d'approvisionnement énergétique (9.6). Elle invite tous ceux qui le souhaiteraient à réagir. Elle constate que sur les huit pays européens qui ont eu recours au nucléaire, cinq ont adopté ou annoncé un moratoire : la Suède, l'Espagne, les Pays-Bas, l'Allemagne et la Belgique. La France, la Finlande et la Grande-Bretagne n'en prévoient pas mais à cette date, aucun nouveau projet n'est lancé. Les inquiétudes et questions à résoudre sont celles déjà citées. Elle considère que le stockage définitif est faisable. Mais elle conclut que « le nucléaire ne peut se développer sans un consensus lui permettant de bénéficier d'une période de stabilité suffisante, compte tenu des contraintes économiques et technologiques qui caractérisent son industrie. Il ne pourra en être ainsi que si la question des déchets connaissait une solution satisfaisante dans la plus grande transparence ». Foratom, représentant l'industrie européenne, va remettre un copieux document de commentaires. Elle y insiste pour que la Commission joue

---

[14] Philippe Bourdeau *et al.*, *Assessment of the Ampere commission report*, avril 2001.
[15] Stefan Thomas *et al.*, *Methodological comments on the report of the Commission Ampere*, Prepared on behalf of Greenpeace, avril 2001.

un rôle plus proactif en fournissant une information précise et impartiale sur l'énergie nucléaire, en particulier sur la gestion des déchets. Elle doit aussi rassembler des statistiques, mesurant l'opinion publique[16].

Il serait fastidieux de décrire les débats qui se déroulent dans la plupart des pays européens pendant les années qui vont suivre aussi vais-je m'en tenir à celui que j'ai suivi au plus près : le débat belge autour de la fermeture des centrales après quarante ans d'existence. Abordé dans la déclaration gouvernementale de 1999, à l'initiative du parti Ecolo, en particulier d'Olivier Deleuze, secrétaire d'État à l'Énergie, ce n'est qu'en mars 2002 que le gouvernement décide de présenter un projet de loi en ce sens au Parlement. Au cours d'une conférence organisée par Agoria, une association industrielle, le professeur d'Haeseleer, l'un des membres de la Commission AMPERE, fait remarquer que si l'on suit ce projet, les centrales nucléaires belges produiront néanmoins d'ici leur fermeture, encore plus d'électricité qu'elles n'en ont produite jusqu'en 2000. Le projet de la loi prévoit qu'en cas de force majeure, insuffisance d'approvisionnement, les fermetures pourraient être retardées. Cette clause qui paraît raisonnable à première vue va créer une situation d'incertitude qui s'avérera dangereuse car elle paralyse toute intention d'investir. Electrabel entre à son tour dans le débat avec le slogan : « Le nucléaire n'est pas *la* solution mais il n'y a pas de solution sans nucléaire ». Elle met en avant quatre arguments contre cette loi :

– le projet de loi ne prévoit pas comment seront remplacées les centrales nucléaires ;

– il ne prend pas en compte l'impact de ce retrait sur la compétitivité des entreprises belges ;

– il ne répond pas à la question de savoir comment respecter nos engagements de Kyoto ;

– les pays européens qui ont opté pour un retrait n'ont pas trouvé d'alternatives valables.

Les études officielles vont se succéder. Ainsi en 2004, le Bureau fédéral du Plan, sort un document intitulé : *Perspectives énergétiques pour la Belgique en 2030*. Parmi d'autres scénarios, il présente la possibilité d'un retour du nucléaire soit par prolongation de vie des centrales à soixante ans comme cela se fait alors aux USA, avec ou sans extension du parc, soit par adoption de la 4e génération de réacteurs dont on prévoit l'application commerciale pour l'après 2020/2030, génération qui répond mieux aux critères déjà énumérés. Le rapport constate que ce développement serait compétitif, pour autant que les risques financiers

---

[16] *Green paper security of energy supply*, Communication kit, Foratom 2001.

soient maîtrisés dont l'influence des risques d'acceptation par le public qui pourraient entraîner une hausse des primes d'assurance !

En mars 2007 se tient un sommet européen qui décide qu'il faut réduire les émissions de gaz à effet de serre de 20 % de manière unilatérale, de produire 20 % d'énergie d'origine renouvelable et de réaliser 20 % d'économies d'énergie. Tout cela d'ici 2020... Dans un document publié par le centre d'animation et de recherche en écologie politique Etopia[17], les parlementaires verts s'en réjouissent mais en même temps ils marquent leur scepticisme car « le gros problème, c'est que si les objectifs sont bien là, les mesures concrètes, elles, brillent par leur absence ». Mais les Verts doivent néanmoins « s'engager dans une stratégie des "oui" (aux renouvelables, à l'efficacité énergétique), plutôt que dans une stratégie des "non". Le nucléaire est le seul point sur lequel nous devons maintenir notre veto parce qu'il est vraiment une stratégie de tous les dangers (prolifération, terrorisme, déchets, etc.) ». Le tableau sur les diverses sources de décennie en décennie tel que prévu par l'EU25 montre une très nette décroissance du nucléaire : près de 30 % en 2020, 65 % en 2030. Cela a évidemment créé une certaine incompréhension dans le milieu nucléaire. D'autant plus qu'au mois de mai 2007, dans un *Summary for policy makers*, le GIEC considère que le maintien du nucléaire à 18 % de la production de l'électricité dans le monde en 2030, serait défendable (comme chaque fois « pour autant que »...).

En 2009, une nouvelle commission en Belgique remet son rapport[18]. Ils concluent que « le nucléaire n'est pas en compétition avec le développement des énergies renouvelables et que la fermeture du nucléaire n'est pas un levier pour encourager un tel développement ». Ils considèrent aussi que « le maintien en activité des centrales nucléaires contribue, en base du moins, à maintenir un prix stable et bas de l'électricité ». En 2009 également, le MIT aux USA[19] constate qu'il y a toujours très peu d'engagements de construire de nouvelles centrales à l'exception des pays d'Asie dont Inde, Chine et Corée. Ils commentent : « L'avertissement est que si davantage n'est pas fait, le nucléaire va diminuer comme option pratique de déploiement en temps utile contribuant à limiter le risque de changement climatique ».

---

[17] Claude Turmes, *Une vision verte sur l'énergie et le climat à l'horizon 2020*, Etopia, avril 2007.

[18] Groupe GEMIX, *Quel mix énergétique pour la Belgique aux horizons 2020 et 2030 ?*, rapport final 30 septembre 2009.

[19] *The Future of Nuclear Power*, MIT, Cambridge USA, 2009, accessible sur leur site web.

Il apparaît donc que dans toutes ces hypothèses un certain nombre de questions doivent être résolues si le nucléaire veut se maintenir et progresser :
- les solutions envisagées pour le stockage des déchets sont elles réalistes et si oui, le public peut il en être convaincu ?
- quels sont les risques réels d'actions terroristes ? sera – ce le fait d'États dits « voyous » ou de groupuscules ?
- qu'en est-il de la sécurité des centrales nucléaires ?
- à quoi répondront les réacteurs du futur ?
- quel sera l'attitude du public ?

Ces points vont faire l'objet des paragraphes suivants et du dernier chapitre.

9.3 Quelle solution adopter pour l'aval du cycle du combustible ?

L'aval du cycle, ce sont les opérations que devra subir le combustible usé, après déchargement du réacteur. Principalement deux options s'affrontent, pratiquement depuis le début du développement des réacteurs nucléaires industriels : le cycle dit ouvert, et le cycle fermé. Dans le premier cas, le combustible usé est directement considéré comme un déchet et il faudra trouver des solutions pour que son sort définitif soit sans danger à court comme à très long terme. Dans le deuxième cas, le combustible usé va subir un traitement physico-chimique pour récupérer les matières fissiles recyclables qui représentent 96 % du combustible usé. Les déchets proprement dits, les 4 autres %, sont hautement radioactifs et sont dans la plupart des cas, intimement mêlés à du verre fondu et coulés dans un emballage métallique.

Les USA ont renoncé à cette dernière solution depuis que le président Carter s'y est opposé et a lancé un débat sur ce sujet. Sa principale motivation annoncée était que le recyclage entraînait un risque accru de prolifération et de détournement terroriste de matière fissile, notamment par la multiplication des transports. Mais si les USA étaient dans une situation de sécurité d'approvisionnement qui leur permettait de se passer de recyclage, cela paraissait bien plus difficile pour les Européens et les Japonais.

Préconiser le recyclage semblait une solution absolument logique et irréfutable à ceux qui la souhaitaient. L'expérience avait été acquise dès les premières années du nucléaire, d'abord dans le cadre militaire, ensuite pour les combustibles usés des réacteurs graphite-gaz qui ne pouvaient être conservés dans une piscine sans risques de dégradation. Le procédé de fabrication du MOX permettant de recycler le plutonium avait été adapté pour permettre le retraitement. Le MOX en 1997 avait déjà été abondamment chargé dans les réacteurs des centrales nucléaires. La démonstration de la possibilité de réenrichir de l'uranium issu du retraitement pour le recharger avait également été démontrée, notamment en Belgique, dont un chargement dans Doel I en 1994[20].

Il paraît évident qu'en l'absence de recyclage, les ressources minières disponibles limiteront l'usage du nucléaire. J'ajouterais que la surgénération – qui implique le recyclage – semble également nécessaire pour faire du nucléaire une énergie durable. Certains contestent cette durabilité même dans ce dernier cas. Mais il me semble que plusieurs milliers d'années représentent déjà à l'échelle de l'humanité, une promesse de durabilité.

Dans les années 1990, l'Allemagne et la Belgique ont déjà renoncé à développer leurs propres installations de retraitement mais comme les Suisses, ils ont signé des contrats portant sur de longues années avec les Français et les Anglais. Les Japonais, dans l'attente de la mise en service de leur propre usine à Rokkasho, ont également contracté avec les Anglais et les Français. Certains, au Japon, réclament l'arrêt de la construction de cette dernière usine et la fermeture de son « prototype » à Tokai, vu qu'ils considèrent que l'usage du plutonium présente un trop haut risque de même que son transport et que les stocks de plutonium japonais dépassent déjà largement les 100 tonnes[21].

On peut dire que l'usine de retraitement THORP à Sellafield sur la côte nord-ouest de l'Angleterre ne travaille que pour ces contrats étrangers. Son existence a été fréquemment contestée par certains milieux économiques universitaires (dont la SPRU où travaillent Franz Berkhout et William Walker) pour le risque financier qu'elle représentait. Ces mêmes analystes ont participé à l'analyse des craintes des populations avoisinantes dans une étude poussée publiée en 1987 (9.7). Mais on ne peut en tirer une attitude générale : la diversité des attitudes est très grande, liée à l'expérience individuelle. Les opinions ne peuvent être aisément modifiées et demandent des approches diversifiées de la part des planificateurs et gestionnaires du site nucléaire. Ces inquiétudes vont de la pollution éventuelle de la plage ou du jardin à l'existence d'un lien éventuel avec l'armement nucléaire. Toutes sortes de fantasmes courent sur la contamination des poissons, certains racontent

---

[20] Jean van Vyve et al., *Reprocessed uranium recycling in Belgium*, 4th International conference on nuclear fuel reprocessing and waste management RECOD 94, Londres, 1994.

[21] J. Takagi et al., *Évaluation des impacts sociaux de l'utilisation de combustible au plutonium (MOX) dans les réacteurs à eau légère*, IMA project - Citizen Nuclear Information Center, Tokyo 1999, en collaboration avec WISE, Paris.

dans les pubs qu'ils ont vu des poissons devenir fluorescents... Mais il existe aussi des personnes que l'usine n'inquiète absolument pas.

L'activité des usines de La Hague en France est partagée entre les combustibles retraités pour EDF et les contrats avec les mêmes pays étrangers. Si la contestation et parfois l'inquiétude existent (voir le récit de F. Zonnabend (8.12) déjà cité), cette usine a apporté une stimulation de la vie locale et de l'emploi que nul ne peut ignorer. De même qu'il est impossible d'ignorer la présence de ce gigantesque site : « Du village, on voyait les grandes cheminées, le monstre tapi »[22].

Le « monstre » couché dans la campagne © AREVA/J.M. Taillat

Cependant d'année en année, par l'effort d'information et de participation de la population locale notamment au travers de la Commission locale d'information nucléaire, mais aussi de façon plus large par les sites informatisés, les revues et brochures, les expositions et visites accessibles à tous, la Cogema (devenue AREVA) a réduit sensiblement l'influence des opposants. Cette information généralisée se retrouve même dans 4 pages d'un magazine pour les enfants, sous forme de BD.

Elle est très explicative et ne cache pas, dès la première page, la rigueur des mesures de surveillance : rassurant ou comme je l'ai souvent constaté, source d'une anxiété supplémentaire ?

---

[22] Claudie Galley, *Les déferlantes*, Éditions du Rouergue, Rodez, 2008.

De Kyoto à la veille de Fukushima

Extrait de *Spirou*, 27 juillet 2009 © J.-Y. Duhoo/Dupuis

Il apparaît clairement que la France ne renoncera pas au retraitement, même si ses clients étrangers y ont renoncé les uns après les autres. Les électriciens belges ont été confrontés à de nombreux débats avec le gouvernement et le Parlement. Après les débats en 1992-1993 sur le recyclage du plutonium issu des contrats existants avec La Hague, un moratoire de cinq ans avait été imposé sur tout nouveau contrat en attendant les résultats d'une étude comparant cycles ouvert et fermé. Un rapport a été déposé par les entreprises concernées en 1998. Il concluait que le dispositif d'enfouissement des déchets à moyenne et haute activité en provenance des centrales existantes demanderait 30 hectares avec le retraitement et quatre fois plus sans. L'impact radiologique n'est pas significatif sur le plan de la santé publique même s'il est dix fois plus élevé dans le cas du cycle ouvert. Du point de vue de la non-prolifération le recyclage demande plus de contrôle les premières années alors que le stockage direct du combustible en demande longtemps après dépôt définitif vu qu'il contient du plutonium. Le coût du retraitement pourrait être plus important mais de façon peu significative et les incertitudes sont moins grandes. À ce jour, la Belgique n'a pas repris le retraitement du combustible usé qui est stocké en attendant une décision sur le dépôt définitif, soit dans les piscines des bâtiments des réacteurs, soit dans des containers spécialement conçus pour le stockage à sec sur le site de la centrale. On retrouve une situation analogue dans de nombreux pays.

9.4 Le devenir des déchets radioactifs

Si une solution est jugée efficace et fiable par les scientifiques, il est tout aussi essentiel qu'elle soit acceptée comme sûre et rassurante par la population ; c'est l'une des clés de l'avenir du nucléaire.

Bref rappel des caractéristiques des différents déchets[23]

On les classe selon l'activité de leur rayonnement et leur durée de vie, le temps qu'il faut pour que l'activité ait quasiment disparu soit de l'ordre de 10 demi-vies (la demi-vie est le temps qu'il faut pour que l'activité se réduise de moitié). Ce temps est d'autant plus long que la radioactivité est faible.

Les déchets A de **très faible activité** émettent soit 100 Bq/g s'ils sont d'origine artificielle soit 500 pour les éléments d'origine naturelle. On ne tient pas compte de leur durée de vie. On préconise un stockage en surface ou leur recyclage.

Les déchets B de **faible ou moyenne activité** pouvant atteindre quelques milliers de Bq sont traités différemment selon qu'ils sont de vie courte, moins de 30 ans – ils seront alors stockés en surface – ou plus de 30 ans – ils seront alors stockés en profondeur, ou même ils rejoindront les déchets C **hautement radioactifs** (plus d'un milliard de Bq/g) dans le stockage géologique en couche profonde, solution proposée actuellement.

Les déchets ne proviennent pas seulement des centrales nucléaires. En France par exemple (9.8), l'électronucléaire (essentiellement EDF et AREVA à parts égales) produisent 68 % des déchets, la recherche 18 %, la défense 11 % et 3 % viennent de l'industrie. À cela, il faut ajouter les déchets du monde hospitalier. Annuellement dans l'Union européenne, on produit

---

[23] Marie-Odile Monchicourt *et al.*, *Que faire des déchets nucléaires ?*, Platypus Press, Paris, 2001.

> un milliard de m³ de déchets industriels (9.8) dont 10 millions sont toxiques et 50 000 m³ sont radioactifs. Parmi ces derniers, seuls 500 m³ le sont hautement. Ces chiffres relativisent quelque peu le problème mais néanmoins ce sont ces derniers qui causent le trouble le plus profond au sein de la population et de ses représentants.

Si l'on remonte aux origines de l'activité nucléaire, on constate que les premières usines qui procédaient à l'extraction du radium à partir des minerais d'uranium ont constitué des stocks énormes d'uranium. Par exemple dès 1922 à Olen, la SGMH (2.4) traitait une tonne de minerai par jour – contenant exceptionnellement jusqu'à 50 à 60 % d'oxyde d'uranium – pour produire une vingtaine de grammes de radium par an. L'uranium est alors pour l'essentiel un « déchet » qui est sans doute conservé de la même manière que la plupart des déchets industriels à l'époque (en tas à l'air libre ou sous hangars ?). Il trouvera son usage pendant et après la guerre.

Pendant les années 1940, le premier souci n'est pas le devenir des déchets. Il faut à tout prix réussir la bombe. Le principe de la dilution est largement utilisé pour réduire l'activité des gaz avant de les relâcher à la cheminée et celle des liquides avant de les envoyer à la rivière – par exemple la Columbia River à Hanford – ou dans la mer ce qui est fait à Sellafield dans la mer d'Irlande ou à La Hague où Cogema comptait sur l'importance des courants à proximité de la pointe du Raz.

Jusqu'en 1983, date à laquelle un moratoire sur les rejets en mer (Convention de Londres) a interdit cette option, les fûts de déchets faiblement radioactifs étaient immergés dans des fosses marines. Entre 1960 et 1982 la Belgique en collaboration avec les Pays-Bas et parfois la Suisse a effectué 15 opérations d'immersion, la plupart sous le contrôle de l'AEN selon des règles fixées par l'AIEA. 30 000 tonnes de déchets belges ont ainsi été immergées dans l'Atlantique Nord (4.6). La France de son côté avait rejeté de l'ordre de 46 000 tonnes entre 1967 et 1976, soit des milliers de curies alpha, bêta et gamma. Selon l'ouvrage de la CFDT, si la France y a renoncé, « la raison est essentiellement financière » (9.9).

Pourquoi décrire ainsi des méthodes auxquelles on a renoncé ? Parce qu'elles ont fortement marqué les esprits. Greenpeace les a combattues spectaculairement et ses actions, pleines de risques, ont attiré la sympathie des foules. Peu importait le fond des questions, si ces jeunes gens prenaient tant de risques, leur cause ne pouvait qu'être juste.

Cela apparut d'autant plus vrai que, d'année en année, les normes et les usages pour le traitement des déchets nucléaires devinrent plus sévères. Greenpeace mit en évidence que les fûts de déchets au fond de la mer se détérioraient. La radioactivité se diluait dans l'océan. C'était peu admissible aux yeux de l'opinion publique. La Convention de Londres interdit toute décharge en mer depuis.

Opposition de Greenpeace au rejet de fûts de déchets nucléaires dans l'Atlantique 1982
© Greenpeace/Pierre Gleizes

Le rejet en mer frappe les imaginations. Les romanciers se sont emparés du sujet : au centre de leurs romans, des trafics illicites, des magouilles en tous genres. Cela se passe aussi bien dans les mers du sud pour Tom Clancy[24] que dans le port de Zeebrugge[25]. Cela peut aussi être le dépôt en secret par des cargos américains sur les berges de la République dominicaine, polluant lentement la mer, irradiant ainsi population et pêcheurs[26].

Les rejets en mer par les canalisations des centres de retraitement sont de plus en plus limités car en certains lieux, notamment dans la mer d'Irlande, on a relevé des concentrations dans les sédiments ou dans certains organismes vivants tels que les moules. Ces mesures sont-elles suffisantes ? Là aussi, année après année, les mouvements écologistes tant locaux qu'internationaux tentent de démontrer que non. Régulièrement Greenpeace met en œuvre de grands moyens : en 1997 déjà, ils avaient plongé à la sortie de la canalisation de rejet de La Hague pour y

---

[24] Jeff Rovin, *Sea of fire*, in coll « Op-Center », Tom Clancy (dir.), Berkeley Book, USA, 2003. Traduction française : *Chantage au nucléaire*, Albin Michel, Paris, 2007.
[25] Stephanie Benson, *Nucleaire Chaos*, « Points » n° 1039, Le Seuil, Paris, 2002.
[26] Jean-Noel Pancrazi, *Montecristi*, Gallimard, Paris, 2009.

De Kyoto à la veille de Fukushima

prélever des échantillons et prouver que « le sol marin est tellement pollué qu'on peut le qualifier lui-même de déchet nucléaire »[27].

Les déchets nucléaires, en particulier ceux du passé, les zones polluées en Russie ou aux USA, mais aussi les rejets actuels des usines, les transports de combustibles usés des centrales, les accords entre pays dans certains cas pour traiter certaines phases du cycle tel le réenrichissement de l'uranium issu du retraitement dans les installations russes, etc. sont l'objet de l'attention de très nombreux cinéastes. Au cours des années 2000, plusieurs films sont présentés à la télévision. *Déchets, le cauchemar du nucléaire*[28] en 2009 qui fut présenté sur les chaînes françaises et belges, repris encore par Arte en mars 2012, est particulièrement accusateur et impressionna l'opinion.

Sous la pression de l'opinion publique et des organismes de sécurité, les centres chargés du traitement des déchets ont donc concentré leurs efforts sur un conditionnement qui permette un entreposage durable sans risque de dispersion. En fait, cet effort n'est pas nouveau même s'il n'a pas été assez médiatisé à ses débuts. Dès les années 1960 par exemple, le CEN à Mol a développé l'incinération ou le compactage pour réduire le volume des déchets qui sont ensuite enrobés dans du bitume, mis en fûts et stockés en attendant une destination en cours d'étude. Ces méthodes ont été largement exportées tant en Europe qu'au Japon. Elles ont été appliquées pour traiter les déchets résultant du démantèlement de l'usine de retraitement Eurochemic en Campine belge, les fûts étant stockés par un pont automatisé dans un bâtiment aux épais murs de béton.

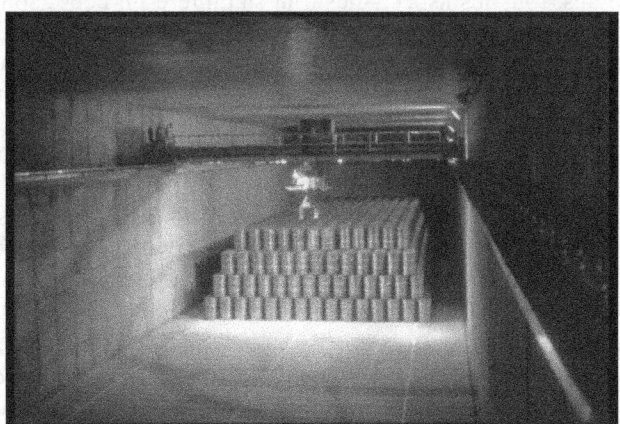

Eurostorage à Dessel (Belgique) © Belgoprocess

---

[27] « Nucléaire au fond des mers. La Hague en eaux troubles », revue de Greenpeace n° 35, 1997.
[28] Par la journaliste du *Monde* Laure Noualhat et le réalisateur Éric Guéret.

C'est aussi au CEN que fut initiée l'une des méthodes les plus prometteuses pour entreposer définitivement les déchets hautement radioactifs et à longue vie : les tunnels dans l'argile profonde. Les études débutent au CEN en 1974. Dès 1976, la couche d'argile de Boom sous le CEN fut identifiée comme prometteuse : elle s'étend sur plusieurs centaines de kilomètres au nord-est de la Belgique à une profondeur de 180 à 280 m et présente les caractéristiques requises de stabilité et d'absence d'eau permettant d'envisager un entreposage définitif. Dès 1980, un laboratoire souterrain fut mis en chantier. C'était une première mondiale, soutenue par la Commission européenne et rapidement la France et le Japon s'associèrent à ce projet. Il est baptisé HADÈS, vu qu'il se trouve dans les entrailles de la Terre. Cette association mythologique avec le dieu des enfers était-elle une bonne idée ou va-t-elle contribuer à une image « tragique » du nucléaire ? De même, l'ensemble de l'activité de recherche et développement sur ce sujet, regroupant les activités du CEN et celles de l'ONDRAF[29], a été baptisé EURIDICE[30]. Allusion au fait que la nymphe mythologique, dont Orphée était amoureux fou, n'est jamais remontée des enfers ? Décidément les artisans du nucléaire ont un goût quelque peu immodéré pour les personnages mythologiques.

Actuellement le site comprend deux puits reliés par une galerie de liaison ; d'autres galeries permettent des essais spécifiques vérifiant entre autres les effets qu'aurait la chaleur dégagée par les éléments entreposés que cela soit des combustibles usés ou des déchets vitrifiés. Depuis plus de trente ans, tous les aspects liés à la stabilité d'un dépôt sont examinés. D'autre part en 1994, l'ONDRAF a publié une très intéressante synthèse des connaissances dans le domaine des analogies naturelles (9.10). Elle cite entre autres les sphérules de verre formées à Senzeilles à la suite de la chute d'un météorite il y a environ 370 millions d'années, remarquablement conservées dans les sédiments argileux. Ou le piégeage de l'uranium dans l'argile à Chiny depuis aussi longtemps. À Florennes, on trouve du bois vieux de 10 à 15 millions d'années conservé dans les sédiments argileux. Plus récents, on connaît la parfaite conservation des corps enrobés dans le bitume en Mésopotamie depuis 8 000 ans ou la tenue du béton de conduites d'eau étrusques depuis 2 500 ans.

Bien informée et coopérant avec les travaux effectués en Belgique, l'ANDRA[31] en France s'est engagée dans un programme de recherches analogue avec creusement d'un laboratoire dans l'argile à la fin des

---

[29] Organisme national des déchets radioactifs et matières fissiles enrichies.
[30] European Underground Research Infrastructure for Disposal of Nuclear Waste in Clay Environment.
[31] Agence nationale pour la gestion des déchets radioactifs.

années 1990 à Bure dans le département de la Meuse. Là aussi deux puits permettent d'atteindre les centaines de mètres de galeries où se font les essais. L'ANDRA, comme le CEN, a pris soin d'organiser la possibilité de visites et de fournir une abondante information.

D'autres pays ont opté pour l'entreposage définitif dans le granit. C'est le cas de la Suède, de la Finlande ou de la Suisse. Certains utilisent les mines de sel comme en Allemagne (où certains défauts sont apparus) ou les USA qui dans le site dit « WIPP »[32] à Carlsbad (Nouveau Mexique) entreposent les déchets militaires contaminés par le plutonium, depuis mars 1999. C'est le plus ancien site de ce type en activité. Il comprendra 54 salles de l'ordre de 100 m de long creusées dans le sel, abritant chacune quelque 12 000 fûts de 200 litres. Le sel n'a pas bougé depuis 250 millions d'années. Il va progressivement se refermer sur les déchets, les enfermant de façon irréversible.

Depuis 1987, l'administration américaine a choisi un site dans le Nevada, à 160 km au nord-ouest de Las Vegas, dans la Yucca Mountain. Ce devait être l'unique site concentrant l'entreposage définitif de tous les combustibles usés, non retraités, soit de l'ordre de 5 000 m^3 ainsi que de 14 000 tonnes de déchets hautement radioactifs militaires. Le site était jugé idéal car très sec (moins de 150 mm de pluie par an) et quasi inhabité (0,5 habitant au km^2)[33]. Il s'agit d'une roche volcanique, un tuf qui est une bonne barrière aux radiations. 120 km de galeries devaient être creusées à 400 m de profondeur ; elles resteraient sous surveillance pendant 300 ans. Mais ce projet ne fait pas du tout l'unanimité ni au sein du pouvoir fédéral ni dans le Nevada. L'opposition s'est notamment largement exprimée avec humour pendant plusieurs années par le cartoonist du Las Vegas Review-Journal[34] dès 1987. À Washington, le sénateur démocrate Harry Reid, « le politicien favori de l'État du Nevada »[35], combat le projet avec vigueur depuis de nombreuses années. Les scientifiques aussi ne sont pas unanimes sur l'adéquation du site au projet. Dès lors pendant que les chercheurs poursuivaient leurs évaluations avec un tunnel de près de 8 km munis d'alcôves pour les expérimentations, le débat a continué à faire rage sans réellement progresser. À ce jour, Barack Obama a voulu s'opposer à la poursuite du projet mais de nombreuses voix se sont élevées pour maintenir un minimum de recherches.

---

[32] Waste isolation pilot plant.
[33] Enerpresse n° 7730, 22 décembre 2000.
[34] Jim Day, *Screw Nevada ! A cartoon chronicle of the Yucca mountain Nuke Dump Controversy*, Stephens Press, Las Vegas (USA), 2002.
[35] Voir 9.18 pour la description très fouillée des réactions locales et du projet en général.

Tout cela montre à quel point une approche progressive, impliquant les milieux politiques et le public, est absolument nécessaire mais n'est pas toujours suffisante car ici l'administration fédérale s'est montrée particulièrement active pour informer et enseigner sur ce thème dans la ville voisine la plus concernée, Las Vegas (9.18). Atteindre un consensus par le référendum sur des questions aussi complexes n'est pas une méthode valable. Une approche par la consultation et la participation est indispensable. Ce type d'approche a été utilisé depuis de longues années par exemple pour établir la charte de la Vallée de la Dordogne en 1992 avec la participation de toutes les parties concernées : batellerie, campings, pisciculteurs, agriculteurs, pêcheurs professionnels, associations de protection de la nature, etc. Cette approche multicritère a fait l'objet de savantes études pour en formaliser la méthode telle par exemple celle de Jean Simos à l'École polytechnique fédérale de Lausanne (9.11).

Cette approche qui implique un partenariat entre les différents acteurs a été engagée pour définir les sites et méthodes d'enfouissement définitif des déchets à faible activité (et moyenne activité à vie courte) en Belgique. Schröder et Meskens (9.12) considèrent qu'une approche plus démocratique s'impose progressivement. Ils décrivent la façon dont les communes de Dessel et de Mol se sont impliquées au sein des projets STOLA et MONA. L'approche en partenariat implique un projet intégrant les aspects techniques et sociaux : NIRAS/ONDRAF a coopéré avec les acteurs politiques et économiques, avec ceux de la société et de l'environnement pour aboutir à une décision soutenue collectivement.

Fort de cette première expérience, l'ONDRAF a aussi opté pour un programme long et progressif afin d'obtenir une adhésion à un choix d'entreposage définitif des déchets à haute activité et longue durée de vie. Les experts en Europe favorisent depuis plus de 20 ans le stockage géologique : lors d'une conférence sur ce sujet en 1999[36], un panel de représentants des instituts de recherche, des organisations de gestion des déchets et des autorités de régulation, répondit clairement « oui » à la question : « Le niveau des connaissances est-il suffisant pour démontrer et mettre en application un stockage géologique ? »

Mais ce n'est pas suffisant pour rassurer les populations. Un réalisateur danois a présenté en 2010 un film sur les installations d'entreposage souterrain finlandaises[37]. Documentaire, le film touche cependant largement l'émotionnel : en forme de lettre aux futures générations, le mariage des images et de la musique est lancinant et force la réflexion sur les dangers des différentes options.

---

[36] Euradwaste'99, novembre 1999, Luxembourg.
[37] Michael Madsen, *Into Eternity*, 2010.

Une étude faite en France en 2005 par Philippe d'Iribarne et ses collaborateurs (9.13) conclut que les personnes interrogées :
- empruntent à la sagesse des nations l'idée que l'on n'est jamais sûr de rien et que le risque zéro n'existe pas ;
- sont marquées par une image ambiante qui voit les savants comme un composé de savoir et de dévouement mêlés d'inconscience susceptible de produire des monstres. ;
- ont le sentiment que la génération présente ne peut s'acquitter de ses responsabilités qu'en faisant perdre aux déchets leur nature transhistorique, en les ramenant dans le monde des choses ordinaires, ce qui implique de les « neutraliser », de les « dénucléariser ».

Dès lors
- Convaincre que l'on a trouvé des moyens efficaces de construire pour les siècles des siècles une barrière infranchissable mettant les générations futures à l'abri du pouvoir maléfique des déchets, toute argumentation technique visant à étayer une telle affirmation, se heurte dès lors à une sorte de mur de scepticisme.
- La perspective devient alors de simplement limiter, pour une période limitée, les dégâts qu'ils sont susceptibles de provoquer, en attendant que les progrès de la science fournissent, dans un laps de temps que l'on n'espère pas trop long, un moyen de les rendre inoffensifs.

C'est dans cette perspective que s'inscrit l'action de l'ONDRAF pour répondre aux exigences de la loi du 13 février 2006 qui demande l'établissement d'un SEA[38] pour le Plan Déchets. Ce plan doit envisager la dimension environnementale et de sûreté évidemment mais aussi tenir compte des aspects financier et économique, technique et scientifique et *in fine*, mais sans doute essentielle pour son acceptation, sociétale et éthique. En 2009, l'ONDRAF s'engage dans une série de rencontres qui visent à consulter la population : les Dialogues ONDRAF[39] ont pour but « d'identifier les différents aspects qui préoccupent la population alors que la Conférence Interdisciplinaire rassemble des spécialistes issus de divers domaines scientifiques et industriels.». Ayant participé à certaines de ces rencontres, je me suis interrogé sur leur réelle efficacité.

Par contre, un autre volet de l'action de l'ONDRAF s'est révélé tout à fait remarquable. La Conférence citoyenne organisée par la Fondation Roi Baudouin, un organisme parfaitement neutre par rapport au sujet

---

[38] Strategic Environmental Assessment.
[39] Sur l'ensemble du Plan Déchets, voir le site www.ondraf-plandechets.be.

mais rodé à ce mode d'action, a accouché en un temps très court de recommandations claires. Elle a réuni 32 citoyens : « Aucun d'entre nous n'était un expert en ce domaine. Mais nous avons relevé le défi avec sérieux et enthousiasme, conscients de l'enjeu de société qu'il représente »[40]. Au cours des deux premiers week-ends en automne 2009, ils se sont informés en profondeur puis ont identifié « les aspects de la thématique » qu'ils voulaient développer et les questions qu'ils souhaitaient poser aux « personnes-ressources », les experts... Le troisième week-end a été ouvert à ce dialogue ainsi qu'avec le public, et à l'élaboration de leurs réponses. Celles-ci ont été résumées dans un remarquable rapport. En conclusion, ils adoptent la solution de l'entreposage dans l'argile « à condition que le gouvernement fédéral garantisse la réversibilité pendant une période raisonnable de minimum 100 ans après l'enfouissement et que des moments d'évaluation soient prévus tous les 10 ans, comprenant un volet sociétal ».

L'ONDRAF a publié son Plan Déchets au Moniteur belge le 30 septembre 2011. La mise en œuvre de ce plan attend une décision gouvernementale, qui ne pouvait être prise en octobre 2011 vu l'absence d'un gouvernement de plein exercice.

Des programmes de consultation ont été entrepris dans divers pays, par exemple en Grande-Bretagne en 2005. Au cœur de tous ces débats surgit toujours la question : y a-t-il une éthique de la gestion des déchets radioactifs ? (9.14). En 2000, un ancien directeur de l'AEN tente de répondre à cette question[41]. Il fait remarquer que cette fameuse « responsabilité à l'égard des générations futures n'en est pas une au sens juridique ». Il s'agit en fait d'une forme de solidarité, mais elle a un coût qui n'est pas nécessairement acceptable. Il cite « le délégué à l'ONU d'un pays pauvre qui déclarait que le souci des générations futures est un luxe pour ceux qui ont l'estomac vide ».

Pour le stockage géologique profond, on en arrive à devoir démontrer qu'ils resteront stables pour 10 000 ans selon une loi américaine ou même 100 000 ans en Suède. Pour la première durée, on peut se référer à des découvertes archéologiques déjà citées et croire qu'une démonstration sera possible. Pour la plus longue durée, seules les observations géologiques peuvent apporter quelque confiance comme expliqué précédemment. Mais nos générations ne commettent-elles pas un péché d'orgueil en estimant nécessaire de devoir protéger le destin de l'huma-

---

[40] Conférence citoyenne, « *Comment décider de la gestion à long terme des déchets radioactifs de haute activité et de longue durée de vie ?* », Fondation Roi Baudouin, 1er février 2010.

[41] Pierre Strohl, *Quelle éthique pour la gestion des déchets radioactifs à vie longue ?*, Enerpresse n° 7592/93, juin 2000.

nité pour une durée qui dépasse largement toute civilisation précédente ? Certains plus modestement, recommandent donc d'introduire la réversibilité qui répond à des doutes sur la sagesse d'un confinement non remédiable qui ne pourrait bénéficier de progrès dans le traitement des déchets. Mais à l'opposé l'irréversibilité rend l'accès à ces déchets bien plus improbables.

Se pose alors le problème de la mémoire comme le décrit l'enquête de Loisel (9.14). On éprouve une certaine culpabilité à transmettre ces déchets qui « sont perçus, dans une optique presque religieuse, comme des éléments impurs, malins, mauvais au sens spirituel du terme ». On est confronté à une « phobie diffuse : annoncer, prophétiser (les mauvaises nouvelles) n'est pas prévoir, mais décrire le futur évident, les effets retardés mais certains ». Sont évoquées alors des figures mythiques telles que l'Apocalypse, le Jugement Dernier, les toiles de Jerôme Bosch, une dégénération progressive de notre espèce.

Il faut donc laisser une marque qui permette aux générations futures d'identifier les lieux d'entreposage et d'en connaître les risques. Le premier niveau (9.14) auquel pense une société de l'information, c'est le répertoire, les archives. Il faut en assurer la pérennité et l'accessibilité à tous, la transparence. Elle doit se trouver à divers niveaux du local à l'international.

Mais ce n'est pas suffisant : il faut aussi résoudre la question de la signalétique sur les lieux d'entreposage. De nombreux chercheurs ont tenté d'offrir des solutions. Cécile Massart par exemple[42] : plasticienne, depuis 1994 elle s'interroge sur le problème. « Elle entend sensibiliser par le biais de son travail d'artiste les responsables qui gèrent les sites [de déchets radioactifs] et les installations nucléaires démantelées à l'idée de les identifier radicalement pour donner aux générations futures qui vivront dans cet environnement, un signal à transmettre, à relayer pendant des centaines d'années ». L'ONDRAF s'est intéressé à ses travaux, de même que l'ANDRA. Interrogée lors d'une exposition à La Hague[43], elle explique « la recherche d'un marquage que nous devons laisser à voir, à visiter, à modifier dans le futur. […] Il faut être conscient que ces lieux chargés d'énergie, qui font références aux tombes, tumulus, témoins de notre société, sont des lieux de conservation à ne pas violer ». Dès lors elle aboutit à ce « qu'actuellement il faut valoriser l'idée qu'en Europe, on marque les sites par de grandes esplanades, en faire des lieux à visiter, offrir aux futures générations un signe fort qui leur est adressé ».

---

[42] Cécile Massart, *Cover*, La Lettre volée, Bruxelles, 2009.
[43] Exposition « les archives du futur », ANDRA, Centre de stockage de la Manche, septembre 2005.

Deux axes sont importants, dit-elle :
- désinistrer, empêcher la peur, désacraliser, positiver ;
- attirer l'attention sur le lieu que l'on visite par une recherche artistique de grand niveau qui « garde » ce lieu actif et le valorise.

L'esplanade qu'elle propose comprend un dallage dont le graphisme fait référence aux fiches d'identification des déchets, mais aussi elle inclut « une couche de messages récoltés lors des rencontres avec les habitants ». Il s'agit de cette façon que « l'homme se pose en responsable et propose pour les générations futures, une vie avec les déchets ». On retrouve des idées assez proches dans le projet retenu pour le site de WIPP aux USA, élaboré avec le concours d'historiens, d'anthropologues et de linguistes (9.8). En surface, une chambre d'information à ciel ouvert entourée de monolithes semi-enterrés, puis d'une butte de 10 m de haut et 30 m de large bordée de réflecteurs radars et d'aimants (?). À l'extérieur de cet ensemble qui rappelle étrangement le site mégalithique de Stonehenge, une autre chambre d'information semi-enterrée cette fois. La documentation serait sur un papier spécial qui « résisterait mieux au temps que CD ou DVD ». C'est une chose bien connue des conservateurs des bibliothèques, que les livres imprimés sur papier de chiffon d'avant le XIXe siècle sont encore en très bon état alors que ceux imprimés sur le papier de bois s'effritent lamentablement et que les moyens électroniques ont une durée de vie limitée.

Il y a donc plus que probablement une solution acceptable à la gestion des déchets à long terme. Après tout, ils ont l'avantage sur bien d'autres déchets, que leur nocivité n'a pas une durée infinie. On sait aujourd'hui que des possibilités de transmutation s'ouvrent aux chercheurs : il s'agirait de transformer un déchet à haute activité et longue vie, en un déchet plus acceptable. Mais cela ne se fera pas sans difficultés et sans frais. Alors où se situe le choix optimum ?

9.5 Une crainte d'une toute autre nature : la prolifération, l'action terroriste ou les États « voyous »

Ce sujet a inspiré plus d'un auteur de fictions : rien que de 2000 à 2010, j'ai recensé plus de 20 romans, une bonne demi-douzaine de films et même un opéra. Le premier thème est l'utilisation d'une bombe par des terroristes, en général islamistes. C'est le cas par exemple de *L'équilibre de la terreur*[44]. Présentation du DVD : « Aujourd'hui. Un réseau terroriste s'appuyant sur les ressources d'un État complice par-

---

[44] Jean-Martial Lefranc, *L'équilibre de la terreur*, 2005, Distribué par France télévisions.

vient à tromper la surveillance des services secrets et à introduire une bombe dans Paris ». Dans *Octobre Noir*[45], Paris et Milan sont détruits simultanément par Al Qaïda. Pour Lapierre & Collins[46], c'est New York qui est menacé par un chantage qui veut obtenir du président américain qu'il oblige les Israéliens à évacuer les colonies en territoire occupé. Le chantage au vol de déchets radioactifs en cours de transport est aussi une situation régulièrement évoquée par exemple dans la BD *Unité félin, ultimatum nucléaire*[47].

Mais il n'y a pas que des menaces venues de l'extérieur. Certains imaginent des complots par des milieux extrémistes ou même par des milieux trop ambitieux proches du gouvernement comme c'est le cas dans une transposition filmée de la BD de Jean Van Hamme, *XIII*[48]. Des ambitieux qui veulent sauver le monde en le dominant se retrouvent dans d'autres BD, par exemple *Le maître de l'atome*[49]. Dans le film *The sum of all fears*[50], présenté une fois encore à la télévision en 2012, un groupe de néo-nazis riches et puissants tente de provoquer une guerre nucléaire entre Russes et Américains qui détruirait les deux puissances à leur bénéfice. Dans *The Apocalypse directive*[51], le président américain lui-même laisse venir la catastrophe, une sorte d'Apocalypse attendue dans une foi religieuse : il espère voir renaître un monde plus pur. Sans doute que le choix du titre *Jericho*[52], une petite ville du Kansas préservée des conséquences d'une attaque atomique sur les USA mais qui va devoir vivre repliée sur elle-même, n'est pas non plus absent de ce rapprochement avec les visions bibliques.

Partir de faits réels ou qui pourraient l'être renforce parfois les convictions du lecteur. Dans *Legacy of dragons*[53], on assiste à une course entre les agences de sécurité et les terroristes pour récupérer une bombe atomique noyée dans l'océan à la fin de la Deuxième Guerre mondiale : il y aurait eu un 4e prototype perdu en cours de transport… Plus réelle, est la situation d'AREVA qui exploite une mine d'uranium au Niger et où dans la réalité, des dirigeants ont été kidnappés à plusieurs reprises.

---

[45] Ulysse Brandon, *Octobre noir*, Giga, Le Havre, 2006.
[46] D. Lapierre & L. Collins, *New York brûle-t-il ?*, Robert Laffont, Paris, 2006.
[47] Zumbiehl et Laplagne, Zéphyr BD, Paris, 2011.
[48] Le deuxième épisode est passé en septembre 2008 sur plusieurs chaînes de télévision.
[49] J. Martin, *Le maître de l'atome*, Casterman, 2006.
[50] Réalisé par P. Robinson en 2002, inspiré du roman de Tom Clancy de 1991.
[51] Douglas McKinnon, *The Apocalypse Directive*, Dorchester Publishing Cy, New York, 2008.
[52] Série télévisée d'origine américaine (CBS Paramount) diffusée mondialement à partir de 2006.
[53] Michael Kendall, *Legacy of dragons*, Trafford Publishing, 2006.

En 2009, un groupe de cinéastes appuyés par une société basée à Abu Dhabi prépare un film sur ces enlèvements et les conditions de travail locales, qui se déroulera autour des tribus nomades touareg et des exploitants miniers. Il n'est pas certain que le film, dans le style James Bond/ John Le Carré selon les producteurs, soit bénéfique pour l'image d'AREVA.

Le risque que l'image *in fine* soit négative a été pris par la direction du CERN en ouvrant ses portes au tournage de *Angels and Demons*[54] : « Le fait que *Angels and Demons* soit un best-seller et maintenant un film hollywoodien nous offre l'opportunité de montrer tout l'attrait de la recherche sur l'antimatière »[55]. L'idée est évidemment séduisante ; je soutiens entièrement que c'est par la fiction que l'on sensibilisera le mieux le plus grand nombre de gens à une problématique (pour employer un vocable à la mode). Mais après avoir vu le film – une course poursuite entre les héros et la secte qui veut utiliser cette matière nucléaire pour détruire le Vatican – je ne suis pas certain que l'on en retire l'impression espérée par le CERN.

Les conséquences des essais atomiques réels sur ceux qui sont présents aux alentours, sont encore régulièrement évoquées des années après leur arrêt, que cela soit par des études scientifiques comme celle de Bruno Barillot[56] ou sous forme romanesque telle la nouvelle de Mingarelli. Elle évoque les marins militaires français présents lors d'un essai dans le Pacifique[57]. Marion Hânsel en a tiré un film, *Noir océan*, malheureusement assez médiocre, en 2011. Plus réussi est le film *Vive la bombe*[58], une fiction qui se base sur un fait réel : lors du 2e essai de bombe française dans le Sahara, la montagne se fissure et laisse échapper un nuage radioactif. Des jeunes du contingent sont exposés aux radiations. S'en suit une vive critique de l'attitude officielle. L'accident date de 1962 mais ne s'oublie pas : le film est réalisé et sort en 2006. Le sort des îles proches des essais français est aussi évoqué dans un roman récent où abondent les fantasmes : *Le seigneur des atolls*[59].

Il n'y a plus eu d'essais nucléaires depuis plus de 15 ans, mais le sujet passionne toujours. Cependant ce qui inquiète le plus, en partie vu la place que lui accordent les médias, c'est la possibilité de détention de bombes atomiques par des pays potentiellement menaçants/menacés. Ce

---

[54] Dan Brown, *Angels & demons*, Simon & Schuster, New York, 1999, base du film tourné par Sony Pictures et sorti sur les écrans en 2009.
[55] Sergio Bertolluci, Research director, CERN press release, 12 février 2009.
[56] Bruno Barillot, *Les irradiés de la république*, Complexe/GRIP, 2003.
[57] Hubert Mingarelli, *Océan Pacifique*, Le Seuil, Paris, 2006.
[58] J.P. Sinapi, 2006.
[59] Pascal Martin, *Le seigneur des atolls*, Presses de la Cité, 2011.

fut l'Irak[60] ; c'est évidemment aujourd'hui particulièrement le cas de l'Iran mais aussi de la Corée du Nord, et pour certains, il faudrait inclure Israël parmi les aventuriers de l'atome. Les romanciers tant francophones qu'anglo-saxons se sont aussi emparés de ce sujet, écrivant des « thrillers » de plus ou moins bonne qualité. Marcel Cassou[61] glisse même un chapitre informatif dans son roman où il cite le président Ahmadinejad qui aurait dit en avril 2006 : « Notre réponse à ceux qui sont mécontents que l'Iran réussisse à maîtriser complètement le cycle du combustible nucléaire se résume en une seule phrase. Nous disons : soyez en colère et mourez de cette colère. Nous ne discuterons avec personne à propos du droit de la nation iranienne à enrichir de l'uranium ».

Qu'en est-il de la réalité ? Le sujet est extrêmement vaste et, malgré son importance, je ne pourrai le traiter que superficiellement. Pascal Boniface et Hubert Védrine, particulièrement qualifiés en matière de relations internationales, écrivent en 2008 (9.15) :

> Les Iraniens sont partagés entre les réminiscences des splendeurs et la puissance de l'Empire perse, le souvenir très vif des tentatives de domination des puissances étrangères ou des voisins attirés par ses richesses et leur position stratégique, sa faiblesse relative, et le sentiment d'un danger permanent et tous azimuts. La résultante en est un nationalisme exacerbé sur lequel s'est greffé un militantisme islamiste. L'Iran a peur du reste du monde, mais lui fait peur.

Ce qui donne la carte géostratégique suivante :

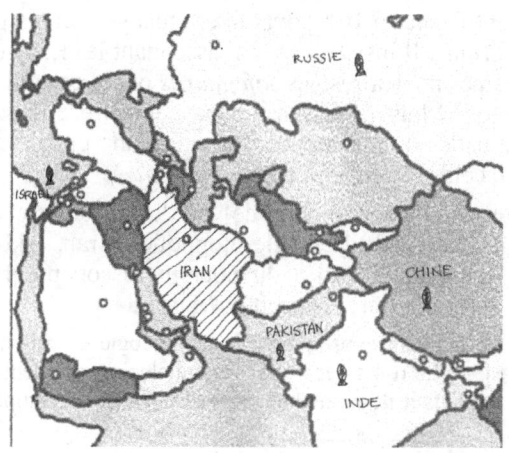

---

[60] Par exemple : Sreven E. Wilson, *Ascent from darkness*, H.-G. Books, Ohio, 2008.
[61] Marcel Cassou, *Feu nucléaire sur l'Iran*, L'Harmattan, Paris, 2008.

Si Israël se sent menacé, inversement l'Iran considère que ce pays le menace. L'Iran développe l'enrichissement de l'uranium, prétendant alimenter ses réacteurs civils, ce qui en principe est son droit puisqu'il a signé le TNP[62]. Veut-il construire aussi une bombe atomique ? Cela pourrait se comprendre quand l'on voit sur la carte qu'il est encerclé par des pays qui la possèdent : Pakistan, Chine, Russie, Israël et les bases américaines des pays du Golfe.

En 2003, lors d'un symposium organisé par la BNS[63], Pierre Goldschmidt alors directeur général adjoint de l'AIEA, chargé des *safeguards*, donc particulièrement bien informé des risques de prolifération, m'avait demandé de présenter sa conférence à sa place car il était retenu à Vienne par des discussions sur la situation en Iran. À cette date, il n'évoque pas ce pays dans sa présentation. Il se concentre sur les leçons à retenir de l'intervention en Irak et celles des perpétuelles négociations avec la Corée du Nord qui ont finalement conduit en 2002 à l'expulsion des inspecteurs de l'Agence et en 2003 à l'annonce du retrait de ce pays du TNP et à la poursuite de son programme d'armement nucléaire. Il présente alors une série d'actions qui visent à renforcer l'efficacité du suivi par l'AIEA, dont la nécessité d'une meilleure information de l'Agence par les États exportateurs dès qu'ils décèlent des trafics illicites.

Après six années comme directeur général adjoint de l'AIEA et chef de son département des garanties[64], Pierre Goldschmidt, libéré de son devoir de réserve et devenu Senior Associate à la Carnegie Endowment for International Peace (9.16), poursuit ses analyses et les présente dans de multiples forums. Il insiste « qu'en dissuadant les États de chercher à posséder les armes nucléaires, les *safeguards* ont la capacité d'empêcher leur prolifération. Mais la dissuasion ne peut être efficace que si les États sont persuadés que la non-conformité a une grande chance d'être détectée et que cela entraîne des conséquences ».

Il est intéressant de lire le point de vue du fondateur et ancien président de l'Organisation de l'énergie atomique d'Iran, Akbar Etemad[65]. Depuis 1996 selon lui, l'Iran a dû poursuivre son programme en ne comptant que sur ses propres capacités. Mais

> il maîtrise de manière conséquente la technologie en amont du cycle du combustible [...] Le refus des puissances nucléaires occidentales de coopérer avec l'Iran dans le domaine nucléaire a eu, en fin de compte, un effet bé-

---

[62] Traité de non-prolifération, décrit plus haut.
[63] Belgian Nuclear Society.
[64] En anglais *safeguards*, vocable plus fréquemment utilisé dans le jargon nucléaire.
[65] Akbar Etemad, *la question du nucléaire iranien : les défis et les tensions*, source non retrouvée.

néfique extrêmement important pour l'Iran, en forçant ce pays à améliorer, de façon significative, son potentiel scientifique, technologique et industriel. […] Face aux rodomontades des pays occidentaux, les plus hautes autorités iraniennes ont toujours affirmé que l'Iran était membre du TNP et n'avait aucunement l'intention de fabriquer des armes nucléaires et que le programme iranien était entièrement orienté vers des applications civiles et que, n'en déplaise aux Occidentaux, en vertu de l'article IV du TNP, la maîtrise de la technologie nucléaire civile est le droit inaliénable du peuple iranien. […] Autrement dit, face à l'acharnement des puissances occidentales, l'exécution du programme nucléaire est devenue une cause nationale de première importance […] La volonté de résistance face à l'intervention des puissances étrangères s'avère comme un ciment qui consolide la cohésion nationale.

Il n'est pas étonnant qu'il se réfère à la situation de ses voisins : l'Inde qui a procédé à des essais de bombe n'a pas été mise au ban des nations mais au contraire, les USA ont été les premiers à coopérer avec elle. De même le Pakistan dans les mêmes circonstances, reste un allié stratégique pour les USA. Quant à Israël, qui détient un armement nucléaire sans en faire état, aucune voix officielle occidentale ne s'est clairement élevée contre cette situation, même si les Occidentaux depuis de nombreuses années, soutiennent la création au Moyen-Orient d'une zone libre d'armes nucléaires, ce qui entraînerait le désarmement unilatéral de ce pays.

De nombreux chercheurs et conseillers des gouvernements occidentaux considèrent que la solution au problème iranien se place dans un cadre plus vaste visant à « ramener la confiance entre les États disposant de l'arme nucléaire et ceux n'en disposant pas »[66]. C'est particulièrement ce point sur lequel ironise un journaliste iranien[67] : « De plus en plus d'Iraniens non religieux comme moi pensent que même si l'Iran devenait le pays le plus démocratique, non religieux, honnête et pacifiste, il n'y aurait aucune garantie que les USA ne trouveraient pas une autre excuse pour tenter de faire tomber son gouvernement ».

Aujourd'hui la négociation avec l'Iran reste un point essentiel de la non-prolifération. Car, selon Bruno Tertrais (9.17), en cas de retrait iranien du TNP, les conséquences ne s'arrêteraient sans doute pas là. Car il est difficile d'imaginer que le régime de non-prolifération résisterait longtemps à un second retrait, après celui de la Corée du Nord. Et il cite la Turquie, le Japon, d'autres pays asiatiques et en conséquence,

---

[66] Jonathan Piron, *L'Iran, le nucléaire et la prolifération : les nécessités d'une approche multilatérale*, Etopia, Namur, mai 2009.
[67] Hossein « Hoder » Derakhshan, « Stop bullying Iran », *Khaleej Times*, 22 juillet 2007.

peut-être même l'Australie. Pour lui, le paysage nucléaire mondial depuis la fin de la guerre froide montre des tendances contradictoires. L'arme nucléaire connaît une relative marginalisation dans les postures de défense occidentales, mais au contraire, une valorisation chez les États qui cherchent à affirmer leur puissance ou tout simplement leur indépendance. Ainsi les arsenaux sont en régression dans l'espace euro-atlantique mais s'accroissent en Asie où la compétition stratégique va bon train.

Il importe donc de renforcer les pouvoirs des organisations existantes. On retrouve ces recommandations dans les conclusions de la conférence de révision du TNP de 2010[68] visant « à renforcer encore l'efficacité des garanties de l'AIEA et d'en améliorer le fonctionnement (mesure 32) mais aussi elle invite tous les États parties à veiller à ce que l'AIEA continue d'avoir tout l'appui politique, technique et financier nécessaire... »

Peut-on espérer une certaine pression de l'opinion publique en ce sens ? Je crains que ce sujet l'inquiète moins que par exemple le changement climatique. Si le film de Al Gore, *An inconvenient truth*, a remué les foules dans le monde entier à partir de 2007, un autre film du même producteur, Lawrence Bender, *Countdown to zero*[69], est pratiquement passé inaperçu. Réalisé par Lucy Walker aux USA en 2009, ce documentaire impressionnant retrace l'escalade de la crise mondiale de l'armement nucléaire. Il « plaide avec des arguments irréfutables en faveur du désarmement nucléaire à l'échelon mondial ». Le film s'appuie sur de nombreuses interviews de sommités mondiales.

Albert Jacquard semble avoir quelque espoir sur le comportement « raisonnable » des Français quand il écrit[70] :

> Comme aimait à le répéter Theodore Monod, « préparer un crime, c'est déjà commettre un crime ». Les dirigeants des États dotés de l'arme nucléaire sont donc, selon Montesquieu, des criminels. Pour les Français qui ont « une certaine idée de la France », la seule issue cohérente et honorable à l'impasse dans laquelle, comme beaucoup d'autres, nous nous sommes fourvoyés est de détruire en totalité son arsenal nucléaire, de déclarer la paix à toutes les nations et de proposer à l'ONU la mise hors la loi de ces armes. La France, forte de l'exemple qu'elle aura donné, pourra alors se présenter sans hypocrisie comme un artisan de la paix.

Jacquard semble ignorer que l'ONU a déjà à plusieurs reprises passé des résolutions sur lesquelles s'appuient l'Appel des juristes contre la

---

[68] NPT/CONF.2010/50 (vol. 1).
[69] www.festival-cannes.com/fr/archive/ficheFilm/id/11025083/year/2010.html.
[70] Albert Jacquard, *Le compte à rebours a-t-il commencé ?*, Stock, Paris, 2009.

guerre nucléaire[71] dès la fin des années 1980 pour déclarer : « L'emploi, pour quelque raison que ce soit, de l'arme nucléaire constituerait :
   a) une violation des règles du droit international,
   b) une atteinte définitive aux droits de l'homme, et
   c) un crime contre l'humanité ».

Hélas, comme l'écrit Éric David, « sans doute dira-t-on que notre démonstration n'est guère qu'un exercice intellectuel sans grande portée face à la raison (ou plutôt la déraison) d'État tant il est clair que le droit est une chose et que la décision politique en est souvent une autre »[72].

---

[71] Signé par 50 juristes éminents, il a été lancé par le Bureau international de la paix basé à Genève pour recueillir des signatures de juristes dans chaque pays.

[72] É. David, professeur de droit international à l'ULB, *Les conséquences juridiques de l'installation éventuelle de missiles Cruises et Pershing en Europe*, ULB et Bruylant, Bruxelles, 2004.

CHAPITRE 10

Fukushima

(Peu avant, pendant... et après ?)

Le 11 mars 2011, un tremblement de terre suivi d'un tsunami, tous deux d'une exceptionnelle violence, entraînent la destruction des centrales nucléaires de Fukushima. Cette catastrophe provoque une nouvelle vague de doutes sur la possibilité de maîtriser cette source d'énergie. Dans le monde entier, les programmes d'exploitation, de construction et de recherche sont révisés.

10.1 Un certain optimisme des milieux nucléaires au début des années 2000

Plus de vingt ans se sont écoulés depuis l'accident de Tchernobyl qui a tant frappé les esprits. Les seuls accidents notables qui ont eu un écho dans les médias n'ont plus dépassé le niveau 4 de l'échelle INES soit un accident avec rejet mineur et exposition du public ne dépassant pas les limites prescrites. Il peut cependant y avoir un endommagement important du cœur du réacteur, des barrières radiologiques ou même une exposition mortelle d'un employé. À ce niveau, *Le Monde*[1] ne retient qu'un seul cas : l'accident dans l'usine de Tokai-Mura au Japon en 1999. Par contre, il en relève cinq de niveau inférieur, le niveau 3. La moitié seulement de ces accidents ont eu lieu dans un réacteur, les autres dans les usines de retraitement.

C'est peu si l'on considère l'ampleur de la production nucléaire, largement répandue en Europe, aux USA et Asie : en 2010, la puissance installée atteignait 375 GWe, produite par 435 réacteurs. Avec près de 800 TWh annuels, les USA sont les plus gros producteurs, suivis par la France avec un peu plus de 400 TWh. On constate cependant des différences notables entre les régions du monde. En Europe de l'Ouest, seule la France construit un réacteur – un EPR[2] à Flamanville – et en projette un autre. La Finlande a commandé le premier EPR à AREVA ; le chantier rencontre quelques difficultés à se terminer, ce qui est assez fréquent

---

[1] « Nucléaire, la situation après Fukushima », *Le Monde*, hors-série, décembre 2011-janvier 2012.
[2] European Pressurised Reactor, rebaptisé Evolutionary Power Reactor.

avec les prototypes. On construit aussi un peu plus à l'est de l'Europe. Aux USA, il y aurait un réacteur en construction et plusieurs en projet. C'est donc en Asie que se trouvent les très nombreuses constructions en cours et les projets futurs. Il s'agit parfois de réalisations d'entreprises occidentales, mais les Chinois comme les Indiens ou les Coréens ont aussi leurs propres concepts. À ce moment, les entreprises japonaises sont toujours actives.

Un autre aspect que l'on ne peut ignorer, est le vieillissement des centrales en opération :

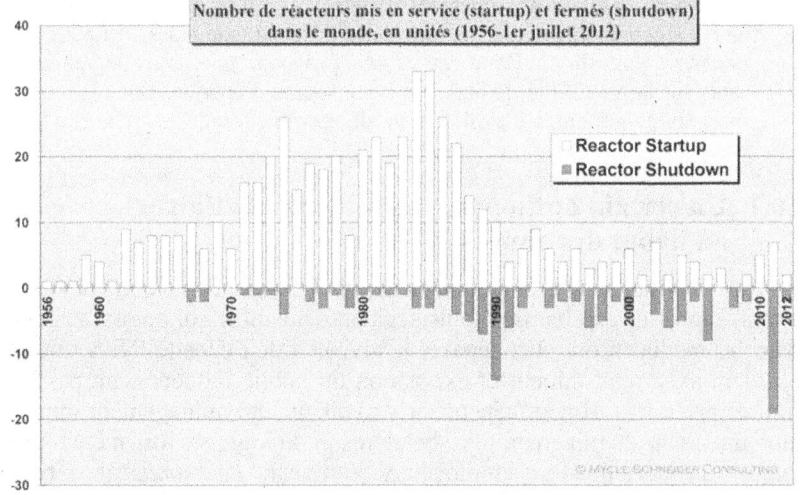

© Mycle Schneider Consulting

On observe que si l'accident de Tchernobyl n'a pas arrêté la plupart des constructions alors en cours, on a très peu construit dans les premières années du nouveau millénaire. On voit aussi que plusieurs unités ont atteint ou sont proches des 40 années de service, souvent imposées jusqu'alors comme une limite possible. Face à cette situation, les USA ont entrepris une révision en profondeur de la situation de chaque installation pour pouvoir porter la limite d'âge à 60 ans. Le processus devant la NRC[3] a débuté en 1998 avec Oconee 1 & 2, des centrales dont la licence d'exploitation allait expirer en 2013. Un peu plus de deux ans de procédure plus tard, la limite était reportée à 2033. Depuis, des dizaines de producteurs ont introduit leur demande et plus de 70 réacteurs ont déjà obtenu de fonctionner 60 ans[4]. Mais on observe que l'intensifi-

---

[3] Nuclear Regulatory Commission.
[4] « 2012 Nuclear News reference special Section », Nuclear News, mars 2012.

cation de la production de gaz de schiste modifie complètement la donne aux USA en « cassant » les prix de l'énergie. En octobre 2012, un premier producteur d'électricité a décidé d'arrêter pour raisons économiques sa centrale de Kewaunee pourtant autorisée par la NRC en 2011 à fonctionner jusqu'en 2033.

La prolongation d'opération aux USA signifie-t-elle que la population est rassurée quant à la présence des usines nucléaires ? Je ne le pense pas. Le débat se perpétue sur le nombre de morts causés par ces installations donc principalement autour des morts causés par l'accident de Tchernobyl. L'Institut Paul Scherrer en Suisse à la demande de l'OCDE a procédé à un recensement de tous les accidents ayant causé 5 morts immédiates ou plus entre 1969 et 2000 dans tous les modes de production d'électricité[5]. Il ne relève aucun accident de ce niveau dans les installations nucléaires de l'OCDE et un seul ailleurs, à Tchernobyl. Alors que pour l'ensemble des modes de production, il y a eu 8 934 morts dans l'OCDE et 72 324 ailleurs. En Europe ce sont les produits pétroliers (pétrole, gaz et LPG) qui avec le charbon, ont fait le plus de morts. Ailleurs, c'est l'effondrement d'un barrage qui a causé près de 30 000 morts en Chine.

L'objection immédiate est que si à Tchernobyl, il n'y eut « que » 31 morts en 1986, à long terme il pourrait y en avoir bien plus par l'effet de l'irradiation. Les rapports de la Commission européenne, de l'Organisation mondiale de la santé (OMS) et de l'OCDE donnent une large fourchette d'estimations, de 4 000 à 33 000 morts sur 70 ans. De plus, le taux de cancers que l'on observera dû à d'autres causes est tellement plus élevé que l'observation de l'impact de l'accident sera très difficile sinon impossible. Cette situation permet aux opposants de présenter des résultats bien plus dramatiques sans qu'il soit possible, même 26 ans plus tard, de trancher le débat.

En 2008, le président du Forum nucléaire belge s'inquiète[6] de ce que le gouvernement belge tergiverse toujours quant à l'avenir de ses installations nucléaires alors que le Bureau du Plan estime qu'avec la sortie du nucléaire la Belgique se retrouvera en 2030 avec 32 % d'émissions de CO_2 en plus qu'en 1990. Il cite Thomas Leysen, président de la FEB[7], qui s'étonne que « tant de gens dans le monde politique refusent de manière fétichiste le nucléaire ». À côté de cela, Angela Merkel, chancelière allemande, s'écarte en 2008 de son programme de gouvernement en déclarant que « la sortie du nucléaire est une erreur ». Ce ne sera pas le dernier revirement en Allemagne. Les Italiens songent à

---

[5] Résumé dans *Risk statistics on energy*, World Nuclear News, 3 septembre 2010.
[6] Robert Leclère, « À quand un réveil belge ? », *Actualité Nucléaire*, juin 2008.
[7] Fédération des entreprises belges, association patronale.

relancer le nucléaire, les Suisses lancent leur premier nouveau projet depuis 1984 et les Britanniques annoncent un plan de relance de leur programme nucléaire, qui sera d'ailleurs largement ouvert à une participation de producteurs étrangers.

Nombreux sont également les anciens dirigeants ou têtes pensantes des mouvements écologistes qui ont déjà revu leur point de vue et l'affichent. Alain Hubert[8] : « En Belgique, en sortant du nucléaire sans dire par quoi on va le remplacer, on met la charrue avant les bœufs ». Henri Firket[9] : « Le refus de l'énergie nucléaire est absurdement utopique. Bien contrôlée, elle est peu polluante et reste indispensable ». Patrick Moore, l'un des fondateurs de Greenpeace, témoigne en 2005 devant une commission sénatoriale américaine : « Je pense que la majorité des activistes environnementaux, y compris ceux de Greenpeace, sont actuellement tellement aveuglés par leur extrémisme, qu'ils ne peuvent envisager les bénéfices considérables et évidents qu'apporte la maîtrise de l'énergie nucléaire pour répondre et assurer les besoins croissants d'énergie des USA ». Répondre à cela dans le monde en ne rejetant aucune solution, telle est la nouvelle obsession. Pour Nicolas Hulot[10], grand défenseur du milieu naturel :

> À la différence des Verts, je n'ai pas de certitude. Le doute demeure, car on trouve d'excellents arguments chez les uns et les autres. Pour autant, le nucléaire actuel, compte tenu de son niveau de risque, ne représente pas l'avenir énergétique de la planète. Mais il ne faut pas fermer la porte à la quatrième génération de réacteurs, qui pourraient donner de meilleurs rendements et produire moins de déchets. Quant à l'EPR, je doute de son utilité, car je ne crois pas que ce soit une étape obligatoire. L'objectif, c'est de constituer un bouquet énergétique avec des énergies nouvelles, en fermant progressivement des tranches nucléaires.

Aux USA, Gwyneth Cravens est romancière, mais également associate editor de grands magazines comme *Harper's*, auteure de papiers pour le *New York Times* ou le *Washington Post*. Elle avait lutté contre l'installation d'un réacteur à Shoreham dans le New Jersey. Mais lorsqu'un scientifique bien introduit dans les milieux nucléaires, Richard « Rip » Anderson, lui propose, lors d'une rencontre chez des amis, de faire une sorte de « grand tour » des installations nucléaires américaines, elle accepte cette occasion de se faire une idée plus informée. Ce qui aboutira à la publication d'un livre de plus de 400 pages (10.1) qui est probablement l'un des meilleurs ouvrages présentant l'ensemble des

---

[8] Fondation polaire internationale in *Journal des ingénieurs*, 2004.
[9] Président de l'Association médicale pour la prévention de la guerre nucléaire en 2005.
[10] *L'Express*, novembre 2006.

activités nucléaires américaines, à la fois questionnant, criticant mais *in fine* véritable mise en valeur de cette énergie qui peut « sauver le monde ». Gwyneth Cravens va ensuite, pendant plusieurs années, défendre ce point de vue dans de nombreux débats, talk-show et interviews.

Qu'une personnalité extérieure au milieu nucléaire s'engage dans une telle croisade est peu fréquent. Elle s'adresse à l'intelligence rationnelle de ses interlocuteurs mais à la longue cependant, elle risque d'être assimilée aux habituels propagandistes du nucléaire. Elle fait ce que suggère Anne Lauvergeon (10.2) (pendant plusieurs années dynamique patronne de Cogema puis AREVA, elle est célèbre jusqu'aux USA où on la surnomme *Atomic Anne*) :

> Pour faire reconnaître l'énergie nucléaire pour ce qu'elle est, c'est-à-dire ni plus ni moins qu'un moyen de produire de l'électricité avec ses avantages et ses limites, il faut sortir des positions manichéennes, rejeter les anathèmes, chercher à expliquer plutôt qu'à convaincre, à dialoguer plutôt qu'à professer, à débattre plutôt qu'à ignorer interrogations, critiques et attaques. Face à la stratégie des opposants substituant la force de l'image à l'argumentation, je demeure persuadée qu'il n'est jamais vain de s'adresser à l'intelligence de l'opinion plutôt qu'à ses seules émotions. Dès mon arrivée à Cogema, je m'attaquais donc à changer l'état d'esprit, à faire comprendre en interne que la logique de guerre entre l'entreprise et ses adversaires devait être mise au rencart.

C'est là une louable intention mais qui suppose que l'opposant soit aussi ouvert à ces attitudes. Ce n'est pas ce que semble avoir rencontré Marie Masala, scientifique qui travaille dans le nucléaire et a suivi de près le débat public sur une nouvelle centrale dans le Cotentin, Flamanville 3, qu'il décrit dans son livre (10.3). Ce type de débat est devenu en France depuis le début des années 2000, une obligation légale ; il doit précéder l'ouverture du chantier. Sans lui, pas un coup de pioche. Donc il faut s'y mettre et « tous (dans l'équipe de communication d'EDF) sont convaincus qu'il s'agit d'une excellente opportunité pour faire enfin de la vraie communication et aller au devant du public pour tenter de le convaincre du bien-fondé du projet et du nucléaire en général ». Nous sommes en 2004 et le débat proprement dit se déroulera en 2005-2006. Lorsqu'il se termine, Greenpeace comme « Sortir du Nucléaire », manifestent leur antagonisme. « Pour ces derniers, le débat public, bien que tronqué, marqué par la censure de la part des autorités et le mensonge de la part des industriels du nucléaire, n'a pas permis à ces derniers de cacher la vérité sur l'EPR : ce réacteur est inutile, dangereux, dépassé, vulnérable. La décision de construire l'EPR est illégitime et antidémocratique » (10.3). La CPDP[11] remet un rapport plus modéré dans les

---

[11] Commission particulière du débat public.

termes « Un débat clos mais inachevé qui appelle une suite », donc un suivi permanent du projet. En attendant, Greenpeace organise peu après une manifestation à Cherbourg qui réunit entre 12 et 30 000 participants sous le slogan « 20 ans après Tchernobyl, stop au réacteur nucléaire EPR ». Et Masala conclut :

> EDF qui abordait ce débat la peur au ventre a vraiment beaucoup travaillé et les porte-parole étaient presque tous bons. Ils n'ont jamais été pris en défaut. Mais cette excellence n'est pas non plus une garantie de succès. Comme on nage dans l'irrationnel, le technocrate n'est pas forcément le bon interlocuteur, surtout s'il donne l'impression d'avoir réponse à tout avec une argumentation trop logique.

Alors qui ? Qui sera le bon informateur, crédible et accessible ? Je persiste à croire que les auteurs de romans et de films, en général de pure fiction, sont ceux qui pénètrent le plus les esprits. En cette première décennie du millénaire, ces ouvrages reflètent, perpétuent ou engendrent le lot habituel de craintes face aux « monstres » nucléaires que sont ces énormes centrales électriques, entourées de barbelés, de corps de garde, avec leurs tours immenses – une réussite architecturale – qui ne crachent que de la vapeur d'eau mais qui sont néanmoins pour certains le symbole des centrales nucléaires.

Dans *Le Syndrome M*[12], l'auteur imagine qu'un technicien de la centrale de Tihange, sous pression de la secte dont il fait partie, tente de faire sauter la centrale. Dans *Rad decision*[13], le sabotage que doit réaliser un espion « dormant » dans la centrale, devra ressembler à un accident. Ce qui n'est pas toujours le cas, ces deux ouvrages sont très bien documentés et permettent d'en apprendre beaucoup sur le fonctionnement d'une centrale nucléaire. Même si dans les deux histoires, il n'y a pas de catastrophe, on en retient tout de même qu'un sabotage n'est pas exclu. Alors que se passerait-il si un accident sérieux se produisait ? C'est ce que veut montrer un film réalisé en Autriche pour la télévision[14]. La centrale est tchèque proche de la frontière autrichienne. La panique est autrichienne. Le film montre l'incapacité supposée de la Tchéquie de fournir les informations nécessaires. La sortie de ce film a provoqué l'émoi des officiels tchèques et le président Vaclav Klaus a appelé son homologue autrichien Fischer pour lui dire qu'il considérait ce film « comme un événement très malheureux qui ne contribuait pas à renforcer la confiance entre les deux pays »[15].

---

[12] Jacques Braibant, *Le Syndrome M*, Le hêtre pourpre, Modave, 1997.
[13] James Aach, *Rad decision*, LAG Entreprises Book, USA, 2006.
[14] Andreas Proschka, *Der Erste Tag*, ORF/Arte, 2008.
[15] Selon Czech Radio 7, Radio Prague.

Fukushima

Der erste Tag © Petro Domenig/Picturedesk.com

L'influence diplomatique sur les ventes de centrales nucléaires est évoquée dans *Inéluctable*[16]. La France a vendu quatre réacteurs à l'Inde. La vente doit être confirmée par une dernière démonstration en France. Les exigences formulées par le responsable indien en dernière minute, auxquelles doivent se plier les opérateurs soumis à la Raison d'État, font que l'on frôle la catastrophe. Hasard : ce film est sorti précisément au moment où Sarkozy signait un accord de coopération avec le premier ministre indien… Le film est très inquiétant.

Inéluctable © Luciani

En sens inverse, la société nucléaire russe Rosatom a fait réaliser un film de fiction, *Atomic Ivan*, tourné dans ses centrales à Leningrad et Kalinin, en cours de fonctionnement. À travers l'histoire d'amour d'un jeune opérateur, Rosatom espère montrer une image d'un jeune scientifique, promouvoir l'idée de la continuité des aptitudes et de la culture entre les générations de travailleurs nucléaires, montrer la véritable

---

[16] François Luciani, Arte France, 2008. Un livre reprend l'histoire : Claude-Marie Vadrot, *Inéluctable*, Le Sang de la terre, Paris, 2008.

nature de l'industrie nucléaire, ... et cela vers une large audience cinématographique. L'initiative est peu fréquente et mériterait d'être envisagée en Europe, en particulier en visant le très large public des séries télévisées.

Il est certain que la télévision, en particulier francophone, présente plutôt les aspects négatifs du nucléaire que ses réussites. Une préoccupation relativement récente et récurrente porte sur l'emploi d'une main-d'œuvre itinérante utilisée dans les opérations d'entretien, extérieure au personnel des exploitants. Les cinéastes s'inquiètent – et ils ne sont pas les seuls – du contrôle de leur santé et de la diminution de leur conscience et capacité professionnelles. Qu'en est-il alors du respect de la fameuse culture de sécurité ? On trouve ces inquiétudes par exemple dans les films *Brennilis, la centrale qui ne voulait pas s'éteindre*[17] ou le film belge tourné en France et en Belgique, *R.A.S.*[18] La situation des travailleurs, leur nostalgie d'une époque où la fierté du travail bien fait leur était essentielle sont au centre de l'excellent roman *La centrale*[19]. Cette évolution calamiteuse est aussi longuement décrite par Claude Dubout[20], au fil de ses expériences personnelles de travailleur décontamineur.

C'est aussi à la recherche des anxiétés des gens qui vivent autour des installations nucléaires que part Esther Hoffenberg lorsqu'elle explore la « zone la plus nucléarisée de la planète », dans le Cotentin. Dans *Au pays du nucléaire*[21], elle interroge les habitants et les représentants politiques, associatifs et industriels. Commentaire du journal *La Croix* : « Loin d'une gestion démocratique du nucléaire, le film pointe les insuffisances et l'arrogance des personnes en responsabilité sur ce dossier ». À quoi *Le Figaro* ajoute : « Un excellent éclairage sur le nucléaire, qui par moment fait froid dans le dos ».

Alors que dire des films comme *Earthquake*[22] dans lequel un ingénieur américain détaché en Russie pour inspecter un réacteur (où travaille son ex-épouse) se trouve piégé dans l'enceinte du réacteur par un tremblement de terre de magnitude 8,2 qui entraîne incendies et risques de fusion du cœur. Ou *Ouragan nucléaire*[23], diffusé aux USA en 2007 et aussi à la télévision en Belgique en octobre 2008 ou sur TF1 en France

---

[17] Brigitte Chevet, Vivement Lundi/France 3 Ouest, 2008.
[18] Alain de Halleux, Iota productions, Bruxelles, 2009.
[19] Elisabeth Filhol, P.O.L., Paris, 2010.
[20] Claude Dubout, *Je suis décontamineur dans le Nucléaire*, Les éditions Paulo-Ramand, France, 2010.
[21] Esther Hoffenberg, Les films du paradoxe, avec le soutien de France Télévisions, 2009.
[22] Echo Bridge Home Entertainment, 2005.
[23] Fred Olen Ray, USA, 2007.

dès janvier. Cette fois l'ouragan entraîne des défaillances techniques des systèmes automatiques ; le concepteur de la programmation n'arrive pas, la compétition entre individus complique les choses de même que l'avidité financière des patrons. Mon commentaire après l'avoir vu en 2008 : ce film manque de réalisme. L'annonce publicitaire par contre : « D'une effrayante crédibilité ! » Alors crédible ou pas, vu la suite des événements ?

10.2 Un tsunami peut avoir un impact mondial...

11 mars 2011, 14 h 46

Un séisme exceptionnel, de magnitude 9 sur l'échelle de Richter, secoue le Japon. Plusieurs centrales nucléaires placées sur la côte au nord de Tokyo se mettent à l'arrêt automatiquement. À la centrale nucléaire de Fukushima également, l'arrêt automatique des 4 réacteurs fonctionne. Comme le réseau électrique extérieur est détruit, les groupes diesel de secours démarrent et fournissent l'électricité nécessaire au maintien du refroidissement des réacteurs à l'arrêt car il reste toujours une chaleur dite résiduelle, de l'ordre de 6 % de la puissance initiale, qui va décroître progressivement pour tomber à 1 % après un jour.

À 15 h 41 le même jour, un tsunami colossal va tout détruire sur la côte nord-est du Japon. La vague atteint par endroits plus de 15 m de haut. Elle va tout ravager sur 500 km de côtes mais aussi en pénétrant profondément à l'intérieur des terres. Des villes entières sont détruites, des centaines de bateaux sont entraînés hors de leur port et s'échouent dans les rues). 16 000 victimes et 7 000 disparus[24], plus de 200 000 personnes ont perdu leur logement, on évalue la masse de déchets à plus de 20 millions de tonnes. D'autres déchets sont partis avec le reflux de la vague, dans l'océan Pacifique ; les plus légers iront rejoindre ces « garbage patches », immenses îles flottantes formées de déchets concentrés par les courants marins. Certains se retrouvent *in fine* sur les côtes américaines.

Si quelques romanciers ont superbement évoqué l'effondrement que représente cette situation pour ceux qui la vivent dans leur chair (10.4), il semble que dans la mémoire universelle, cet aspect de la catastrophe s'efface devant l'autre catastrophe qui va se produire à la centrale nucléaire de Fukushima.

Lorsque la vague frappe la centrale, sa hauteur – sans doute 14 m – dépasse largement celle des digues de protection conçues pour retenir des vagues bien moins hautes. Les diesels de secours sont engloutis. Il n'y a plus de possibilités d'alimenter les pompes de refroidissement.

---

[24] Chiffres cités par le Forum nucléaire belge.

Dompter le dragon nucléaire ?

© Alka Sharma/www.environmentalgraffiti.com

**Brève description de l'accident
des centrales nucléaires de Fukushima – Daiichi**

Les réacteurs sont du type BWR, c'est-à-dire que l'eau atteint l'ébullition dans la cuve du réacteur et la vapeur alimente directement la turbine qui entraîne l'alternateur, sans circuit secondaire intermédiaire. Contrairement au réacteur de TMI dont le circuit primaire est sous pression et communique sa chaleur à un second circuit dont l'eau va se transformer en vapeur pour actionner la turbine. Le schéma des réacteurs de Fukushima est donc le suivant :

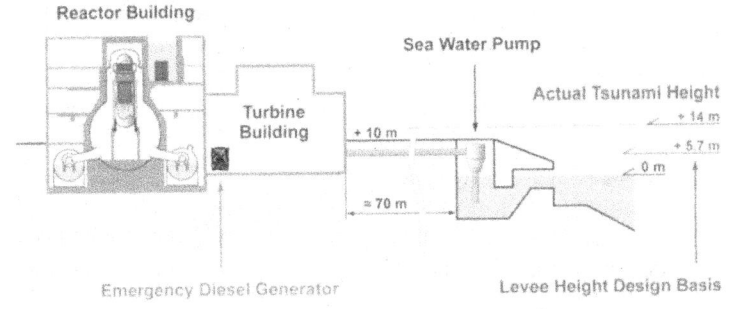

© AREVA/VGB

Ce schéma permet de constater plusieurs choses : le cœur du réacteur dans le « reactor building » à gauche est contenu dans une cuve en acier, elle-même entourée d'une enceinte de confinement. Le bâtiment réacteur par contre, est un hall industriel usuel. Le schéma montre les différents niveaux : la digue (« levee ») à 5,7 m, trop basse pour retenir une vague de 14 m. Enfin les générateurs de secours diesel sont placés trop bas, donc noyés et hors d'usage dès l'attaque par le tsunami.

En l'absence d'un refroidissement suffisant, l'eau dans la cuve du réacteur va se vaporiser, dégageant le combustible dont les gaines en zirconium vont s'oxyder en libérant l'hydrogène de l'eau. À un moment donné, il est nécessaire de procéder à la dépressurisation. Tepco[25] – malgré les recommandations faites à la suite de l'accident de TMI – n'avait pas équipé ses installations pour éviter que ce relâchement d'hydrogène ne conduise à une explosion, qui a détruit le hall des réacteurs 1 et 3, et le confinement primaire du réacteur 2 dans les 3 premiers jours. Le manque de refroidissement a aussi conduit dès les premiers jours, à la fusion des cœurs de ces réacteurs.

Les réacteurs 4 à 6 étaient en arrêt de maintenance et donc « froids » au moment de l'accident. Mais les piscines de stockage ont également été en situation de haut risque. Celles des réacteurs 5 et 6, les plus récents, construits à un niveau de l'ordre d'une dizaine de mètres plus haut que les 4 autres, ont pu être refroidies constamment grâce à l'un de leurs diesels de secours

La lutte pour ramener les installations à un état stable et sûr va être héroïque et ce n'est que le 16 décembre 2011, plus de neuf mois après l'accident, que le gouvernement japonais a pu annoncer que l'état était devenu équivalent à un arrêt à froid.

© Air Photo Services Ltd, Japon

Les centrales détruites que l'on voit ci-dessus correspondent à un concept des années 1970. Les réacteurs les plus voisins, à Fukushima Daini, sont d'un type plus avancé et construits dans les années 1980. Cette centrale, mieux conçue, a

---

[25] Propriétaire et opérateur de la centrale.

> subi de nombreux dégâts suite au tsunami, mais les systèmes d'urgence ont assuré la sécurité.
>
> Les équipes de techniciens et d'ingénieurs japonais, épaulées progressivement par des experts venus de plusieurs pays nucléarisés dont la France et les USA, ont donc lutté avec l'appui des pompiers et d'autres corps de secours pendant des semaines pour reprendre le contrôle des réacteurs et des piscines de refroidissement. Il serait trop long de décrire ici pas à pas leur lutte. Le lecteur qui veut retrouver ces faits se référera utilement au site web de l'IRSN français[26] qui est extrêmement détaillé ou à celui de l'AFCN belge[27].

Ces réacteurs sont définitivement perdus et il faudra plusieurs dizaines d'années pour dégager le site. La perte économique est importante mais plus graves sont les conséquences sur la population, même s'il n'y a eu aucun mort à ce jour des suites des rayonnements. L'évacuation a été nécessaire et la perte de confiance dans l'exploitation d'unités nucléaires est totale.

Dès le premier jour dans la soirée, le gouverneur de la préfecture de Fukushima a ordonné l'évacuation de quelque 2 000 personnes habitant dans un rayon de 2 km autour de la centrale. Puis la zone d'évacuation a été élargie à 20 km soit environ 80 000 personnes. De plus on a défini deux autres zones : dans l'une, on a laissé le choix aux habitants. Dans l'autre, on leur a demandé d'être préparé et de prendre certaines précautions.

On a mesuré jusqu'à 30 MBq/m² dans la zone la plus contaminée, qui s'étend vers le nord-ouest, elle-même bordée d'une zone où l'on a mesuré de l'ordre de 3 MBq/m². Elles ont été évacuées. C'est le vent et la pluie qui ont déterminé cette langue de contamination vers le nord-ouest. Un an plus tard, les efforts de nettoyage ont permis d'autoriser le retour localement. Dans certaines zones, on peut séjourner sans cependant rester la nuit, cela n'entraînerait pas une dose pour l'individu supérieure à 20 mSv/an. C'est la dose que l'on admet annuellement pour les travailleurs du nucléaire. Dans d'autres, des interventions de travailleurs dans les bâtiments sont autorisées mais ils pourraient recevoir jusqu'à 50 mSv/an ; cela correspond à ce qui était admis pour les travailleurs avant que l'on abaisse la dose il y a plusieurs années car l'amélioration des méthodes de travail le permettait. Les zones de retour sont régulièrement revues et le plus souvent étendues. Mais il s'agit là d'un travail de longue haleine.

---

[26] Institut de Radioprotection et de Sûreté Nucléaire, www.irsn.fr.
[27] Agence fédérale de contrôle nucléaire, www.afcn.fgov.be.

Fukushima

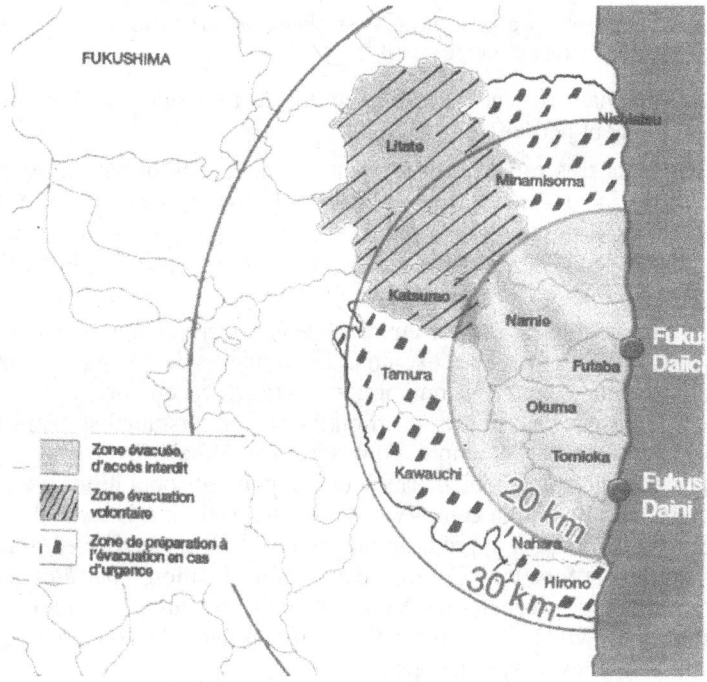

D'après la carte de l'AFCN (Belgique)/www.afcn.fgov.be

En résumé, il n'y a pas eu de morts par irradiation, mais la zone contaminée a une surface de 600 à 800 km² dont la moitié est forestière. Il y aura aussi une montagne de déchets et de terres contaminés à traiter ; la quantité ne m'est pas connue. Il est frappant de constater que la presse parle toujours, et notamment lors du premier anniversaire de la catastrophe, des conséquences de l'accident nucléaire mais qu'il est difficile de connaître les problèmes posés par les dégâts considérables causés par le tsunami. Sans doute est-ce là une particularité liée à la radioactivité.

10.3 La hantise de la radioactivité

La médiatisation de l'accident a été intense, immédiate et prolongée. Les informations contradictoires ont abondé. Les dirigeants japonais, tant ceux de Tepco que les autorités officielles, n'ont certainement pas été à la hauteur de la situation.

> On ne peut qu'être ahuri par l'énigmatique gestion de la crise par Tepco et l'Agence pour la sûreté nucléaire et par leurs déclarations bouffonnes. Mais leurs actions pour tenter de fuir les responsabilités en matière de compensations financières, les responsabilités quant à la surveillance, les responsabilités quant au respect de la réglementation, concourent hélas à nous montrer

Dompter le dragon nucléaire ?

qu'au renoncement à la sécurité s'est ajouté un autre très préoccupant : le renoncement à tout principe moral[28].

La confiance, si nécessaire à l'emploi de l'énergie nucléaire, a été dramatiquement perdue.

Cependant très rapidement tant sur des sites d'information japonais tel celui du Japan Atomic Industrial Forum que sur des sites étrangers comme ceux déjà cités plus haut, une information précise a été accessible. Néanmoins, les titres affolants comme *La grande peur* (*Paris match*) et les images saisissantes ont abondé.

Les plus inquiets ont peut-être été les étrangers vivants à Tokyo ou même bien loin. À Paris par exemple, les vendeurs de compteurs Geiger ont épuisé leur stock. De nombreux ouvrages racontent l'expérience vécue : ce besoin de disposer d'un outil concret personnel se manifeste aussi sur place, par exemple pour Philippe Nibelle[29], professeur de français installé au Japon, marié à une Japonaise, dont l'oncle est un ingénieur travaillant à la centrale de Fukushima. Il vit à 100 km de cette centrale mais lorsqu'il apprend la nouvelle : « Je suis terrifié et étrangement calme à la fois. […] Confronté à pareille situation, vous êtes seulement en quête d'informations. Vous les souhaitez aussi rassurantes que possible, mais voilà, ces informations susceptibles de vous apaiser un tant soit peu, elles ne viennent pas ».

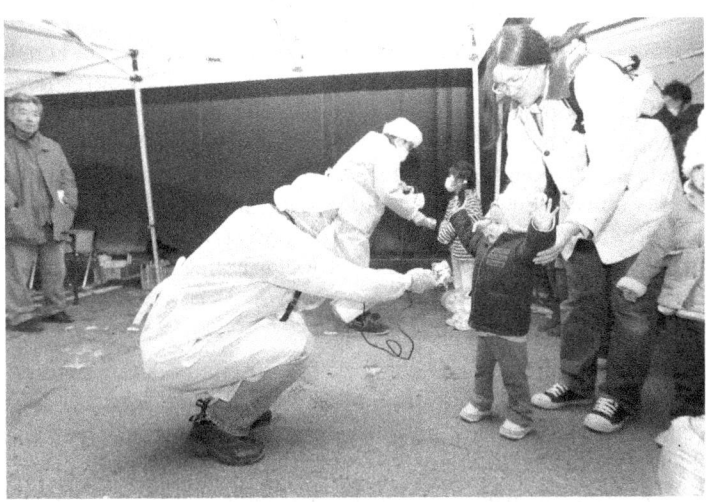

Contrôle par les officiels de la contamination © REUTERS/Kim Kyung-Hoon

---

[28] Extrait de la revue *Misuzu*, mai 2011 repris dans *L'archipel des séismes. Écrits du Japon après le 11 mars 2011*, Éditions Philippe Picquier, Arles, 2012.

[29] Philippe Nibelle, *Journal d'Apocalypse*, Éditions du Rocher, Paris, 2011.

Une enquête effectuée en mars et avril 2012 par le Fukushima Nuclear Accident Independant Investigation Committee[30] à laquelle 10 633 personnes évacuées ont répondu, a montré que des délais de transmission de l'information avaient semé la confusion. Certains étaient « oubliés », d'autres quittaient leur habitation sans rien emmener, parfois sans même la fermer, ne réalisant pas qu'ils partaient peut-être pour très longtemps. Des personnes ne se sont pas assez éloignées et ont dû reprendre leur évacuation plusieurs fois de suite.

Nibelle rapporte que sur la NHK[31],

> une habitante de Tokyo livre combien elle a peur de la radioactivité. Ce qui l'inquiète encore plus, ce sont tous ces gens qui arrivent de la préfecture de Fukushima. Elle craint qu'ils ne soient irradiés et suggère de leur faire porter un badge afin qu'ils soient identifiables. Les choses prennent une sale tournure. Même les esprits sont pollués, maintenant. Va-t-on bientôt franchir le seuil de la psychose collective ? Non, je ne le pense pas. Cette femme est un cas à part. Les Japonais continuent de faire preuve d'un grand sang froid. Ils ne geignent pas. Ils ne se plaignent pas. Ils encaissent.

Certains Japonais ont d'ailleurs refusé de quitter leur lieu de vie traditionnel. Ils réagissent comme la grand-mère imaginée par Collasse (10.4) qui avait été évacuée d'une zone située à une douzaine de kilomètres de l'épicentre de l'explosion d'Hiroshima :

> on avait prédit après Hiroshima que jamais les arbres ne repousseraient. Un an plus tard, il y avait de l'herbe et des fleurs à Ootemachi[32]. Je devais mourir de mille cancers, je suis toujours avec vous à 75 ans et je vais très bien, merci. Au mieux je devais être stérile, plus probablement j'allais enfanter des monstres de foire. Mes trois enfants sont parfaitement normaux, bien que toi ma fille, tu sois un peu caractérielle ! Ma descendance devait porter la malédiction de l'Atome.

Cette attitude à la fois fataliste et optimiste est reprise dans une curieuse synthèse par Yoko Tawada, qui vit en Allemagne[33] :

> Personne ne porte la faute du tremblement de terre et du tsunami. Impuissants, désemparés, les Japonais peuvent adopter, dans les temps qui viennent, une attitude encore plus passive face à leurs conditions de vie. Mais, pour cette fois, je voudrais prendre la défense de la cruelle nature et dire qu'elle n'est pas responsable de tout ce qui se produit. Ce n'est pas elle qui a inventé la radioactivité, l'inégalité sociale et les manipulations des médias.

---

[30] WNN, *Fukushima evacuees failed by information flow*, 12 juin 2012.
[31] Radio et télévision japonaise.
[32] Quartier situé à l'épicentre de l'explosion.
[33] Yoko Tawada, *Journal des jours tremblants*, Verdier, Lagrasse, 2012 (traduit de l'allemand).

Dompter le dragon nucléaire ?

Inégalité sociale ? Elle reproche, entre autres choses, aux dirigeants d'être à l'abri des risques qu'ils engendrent. Manipulation par les médias ? Elle n'a pas manqué pendant les semaines qui ont suivi. Radioactivité ? Manifestement dans l'esprit de tout un chacun, il y a un sentiment différent vis-à-vis de la radioactivité naturelle, de la radioactivité à usage médical et de la radioactivité additionnelle créée par l'activité industrielle. Il est logique de considérer que c'est la faute des ambitions des hommes lorsqu'ils perdent le contrôle de la machine et que des flots de radioactivité inhabituels s'en échappent. Mais ensuite, il importe d'évaluer les contaminations à leur juste mesure.

Certains habitants de Tokyo ont craint que leur eau potable soit contaminée[34], que l'air devienne irrespirable. Ils ont fui, en particulier certains étrangers rebaptisés narquoisement par les Japonais *flyjins*[35]. Ce n'est pas parce que l'on dispose d'un compteur Geiger que l'on peut comprendre ce qu'il mesure : s'il compte en Bq, à quoi correspondent-ils comme effet sur moi ? S'il convertit en mSv, c'est en général qu'il est basé sur le césium 137. Et si ce n'en est pas ? Déjà après Tchernobyl, Plantu s'était gentiment moqué de cette forme d'action préventive.

© Plantu/*Le Monde*

---

[34] On a relevé une valeur en iode 131 deux fois supérieure à la norme établie par l'OMS pendant uniquement une seule journée, le 23 mars ; cette norme est de 0,1 mSv/an, donc une radioactivité totalement inoffensive.

[35] De *flying* « s'envoler » et *gaijin* « étranger », selon 10.4.

Il faut prendre conscience que toute radioactivité n'est pas nocive même si l'unité malheureusement choisie, le becquerel, conduit rapidement à des nombres impressionnants.

Bref rappel des unités de mesure

Le **becquerel (Bq)** mesure le nombre de désintégrations par seconde. On pourrait le comparer au comptage des pommes qui tombent d'un arbre à leur maturité.

Le **gray (Gy)** correspond à l'énergie que l'on reçoit lorsque l'on est soumis à ce rayonnement. Dans le cas des pommes, l'énergie cinétique de leur chute.

Le **sievert (Sv)** tient compte de la nature du rayonnement et de la sensibilité du récepteur, une partie de notre corps, à ce rayonnement. On parle de dose reçue et les règlements en limitent la valeur. Un travailleur d'une installation nucléaire sera « mis au vert » s'il atteint 20 mSv/an. Une activité nucléaire ne peut en fonctionnement normal apporter plus de 1 mSv/an à la population. À comparer aux quelques mSv, dose variable selon les lieux, que nous apporte la nature. Le Sv mesure donc les dégâts que nous cause la « chute des pommes ».

Il est donc essentiel de mieux situer les ordres de grandeur de ce que nous subissons dans la vie courante et de ce que les Japonais reçoivent depuis l'accident de Fukushima. Je m'appuie pour cela sur une intéressante conférence qu'Étienne Vernaz a présentée aux médecins du Gard[36].

La radioactivité naturelle est omniprésente : notre propre corps émet de l'ordre de 120 Bq/kg à cause de la présence de carbone 14 et de potassium 40, le même ordre de grandeur que les pommes de terre par exemple. Cette dose interne contribue pour 0,23 mSv/an à notre exposition naturelle. La radioactivité de l'air que nous respirons varie en fonction de la présence du gaz radon, de 10 à 400 Bq/m³. En moyenne en France, l'exposition qui en résulte est de 1,3 mSv/an. Nous sommes aussi irradiés par les galaxies lointaines et le soleil. Ce rayonnement cosmique contribue pour 0,4 mSv/an au niveau de la mer mais s'élève à 0,8 mSv/an à 1 500 m d'altitude. Dans les avions qui volent à 12 000 m, la dose atteinte serait de 40 mSv/an pour une exposition continue. Enfin le sol contient de nombreux radionucléides. La variation avec la nature du terrain est importante passant par exemple de 0,14 mSv/an dans les Bouches du Rhône à 1,7 mSv/an dans le Massif Central ; mais dans certaines régions de l'Inde ou du Brésil, elle peut atteindre 20 mSv/an. On observe donc que si en moyenne en France, l'irradiation naturelle est

---

[36] Étienne Vernaz, directeur de recherche au CEA à Marcoule, *Effets des rayonnements sur la santé*, 3 novembre 2011.

de 2,4 mSv/an au total, elle peut être beaucoup plus élevée dans d'autres régions du monde.

Certains usages de la radioactivité ont été admis sans trop de craintes, vu leur aspect bénéfique. C'est le cas en médecine ce qui ajoute en moyenne 1,5 mSv/an. Mais les variations d'un traitement à l'autre sont importantes : une radiographie dentaire n'ajoute que 0,1 mSv, une radiographie du thorax peut atteindre 0,3 mSv mais un scanner du poumon atteint 20 mSv soit l'équivalent de la dose annuelle que peut accepter un travailleur du nucléaire. Les doses locales nécessaires au traitement de tumeurs cancéreuses sont d'un tout autre ordre de grandeur : de 20 à 60 Sv, mille fois plus que les examens. Elles sont heureusement très ciblées mais cela explique néanmoins les nausées qui souvent accompagnent ce traitement.

Jusqu'à 100 mSv, aucun effet n'est observable. Au-delà et jusqu'à 800 mSv environ, les sensations de malaise augmentent, principalement au-delà de 400 mSv et la probabilité d'occurrence de cancer croît. Au-delà de 800 mSv, les effets deviennent certains et non plus probables. 50 % d'une population exposée à 4,5 Sv en meurt. Personne ne survit à une dose supérieure à 8 Sv. C'est sur ces bases qu'ont été fixées les limites de dose annuelle reçue suite à l'usage civil de l'énergie nucléaire : pour les travailleurs (20 mSv par an soit 100 mSv sur 5 ans) et pour la population (1 mSv), ce qui est évidemment très prudent et de légers dépassements accidentels ne devraient donc pas susciter d'inquiétudes.

Bien des légendes et des rumeurs courent sur l'effet des irradiations. J'ai évoqué précédemment les premiers temps des essais nucléaires, lorsque romanciers et cinéastes ont imaginé des monstres nés des retombées atomiques : fourmis géantes[37], le monstre destructeur Godzilla, mais aussi des aptitudes spéciales pour Spiderman qui lui viennent de ce qu'il a été mordu par une araignée radioactive. Aujourd'hui encore les fictions inquiétantes prolifèrent. Dans le polar de Michael Connelly[38], ce sont les suites d'un vol de césium à usage médical, détourné pour tenter un crime passionnel. Dans *Atomic Romance*[39], l'auteur parle des angoisses d'un technicien dans une usine qui traite l'uranium. Elle a été lourdement polluée dans les années 1940/50 et les conditions de travail de l'époque ont tué son père. Mais aujourd'hui, l'usine a-t-elle été convenablement décontaminée ? La vieille dame, héroïne de *The revenge of the radioactive lady*[40] s'est vu administrer dans sa jeunesse

---

[37] *Them !*, Warner Brothers, USA, 1954.
[38] M. Connelly, *The Overlook*, Little, Brown & Cy, USA, 2006.
[39] B.A. Mason, *Atomic Romance*, Random House, New York, 2005.
[40] E. Stuckey-French, *The revenge of the radioactive lady*, Doubleday, New York, 2011.

alors qu'elle était enceinte, un breuvage radioactif à des fins expérimentales, sans son consentement ! Ce qui a eu d'horribles conséquences dont elle veut se venger quand bien plus tard elle retrouve le médecin. C'est aussi en Amérique qu'une folle histoire réelle a été reprise en un récit ahurissant[41] : comment un jeune adolescent a réussi à réaliser une mini expérience nucléaire dans un abri de jardin, qui finalement a dû être détruit et décontaminé par des services officiels spécialisés avec toutes les impressionnantes précautions d'usage.

À côté de cette aventure incroyable mais réelle, on trouve aussi aujourd'hui des fantasmes frappants complètement surréalistes. Un film d'horreur[42], présenté récemment sur une chaîne de télévision belge, imagine que les fumées d'une centrale nucléaire réveillent les morts d'un cimetière voisin. Ces zombies sèment la terreur. La médiocrité de ce film en réduit l'impact. Le thème « zombies » fascine manifestement car des jeunes étudiants chercheurs n'ont pas hésité à faire « en douce » un film d'horreur sur le site du Large Hadron Collider ; la direction du CERN s'est résignée à sa sortie publique[43]. Par contre ce qui arrive à une jeune fille qui est née et vit à côté d'une centrale nucléaire frappe l'imagination. Dans le film *Teeth*[44], elle développe, à cause de l'irradiation, une dentition vaginale qui blessera sérieusement son copain lors de leur première « étreinte ». Ce film a eu quelque succès dans les festivals mais aussi tant aux USA qu'en France, dans les salles. Même si on ne croit pas à la réalité de ce phénomène, son évocation laisse un malaise étrange.

Les accidents réels, comme celui de Tchernobyl, ont fait naître une anxiété qui conduit parfois à des actes insensés tels qu'avortement volontaire ou décision de ne plus manger que des conserves datant d'avant l'accident. Mais rien, dans l'observation des retombées, ne justifie de tels actes. En France par exemple, les doses reçues suite à cet accident – qui n'atteindront sur 60 ans qu'un centième de la dose naturelle – n'ont eu aucune influence sur le nombre de cancers de la thyroïde.

Qu'en sera-t-il au Japon ? La radioactivité relâchée est très inférieure à celle de Tchernobyl, de l'ordre du cinquième. Parmi les intervenants sur le site au courant de mars, 6 ont reçu une dose supérieure à 250 mSv avec un maximum de 670. La grande majorité est restée sous 100 mSv.

C'est évidemment l'aspect alimentaire dans les jours qui ont suivi qui préoccupe le plus immédiatement. La viande de bœuf la plus conta-

---

[41] Ken Silverstein, *The radioactive boy scout*, Villard Books (Random House), New York, 2004.
[42] Gregg Bishop, *Dance of the dead*, USA, 2008.
[43] *Decay, the LHC zombies film*, librement accessible sur www.decayfilm.com.
[44] M. Lichtenstein, USA, 2007 ; DVD distribué par Dimension Extreme.

minée avait atteint 3 200 Bq/kg en césium. Celui qui en mangerait 200 g tous les jours atteindrait une dose de l'ordre de 3 mSv après un an. L'eau de mer a été contaminée par le césium. En avril 2011, proche des côtes, la contamination atteignait de l'ordre de 150 Bq/l mais en juin elle était déjà retombée au moins trois fois plus bas. De très nombreux poissons de toutes espèces ont été capturés et mesurés. La plupart ne dépassaient pas 1 000 Bq/kg. Leur consommation à raison de 200 g/jour toute l'année conduirait à environ 1 mSv !

Le riz est essentiel dans l'alimentation japonaise. Les zones concernées par l'accident représentent près de la moitié de la production annuelle du Japon. Le gouvernement japonais a fixé la limite de consommation à 500 Bq/kg ; dans l'ensemble des zones de culture de la préfecture de Fukushima, on n'a pas dépassé 136 Bq/kg. Cependant ce seuil a été mesuré en septembre sur du riz récolté à 50 km de la centrale.

L'alimentation usuelle des Japonais est riche en iode. Cela a pu ajouter un facteur de protection lors des premières retombées, lorsque l'iode est encore présent et radioactif. L'évacuation a été rapide et la surveillance de l'accès aux zones contaminées a été drastique. On peut « donc raisonnablement espérer que l'accident nucléaire de Fukushima ne fera aucune victime du fait de l'irradiation ou de la contamination »[45].

Qu'en est-il d'une propagation jusqu'en Europe ? Les traces de césium ou d'iode que l'on a pu mesurer sont totalement négligeables. On a aussi contrôlé efficacement les arrivages du Japon dans les mois qui ont suivi. On a par exemple mesuré un taux d'activité presque double du taux maximal de 500 Bq/kg prescrit par le règlement européen, sur un arrivage de thé. Mais on peut calculer que s'il avait été consommé à raison d'un litre par jour, on n'aurait atteint que 0,2 mSv après un an...

Le calcul des effets de l'alimentation doit tenir compte de la composition du régime alimentaire mais il s'agit d'une simple addition des doses sans effets synergétiques qui conduiraient à majorer le résultat.

10.4 Quel futur pour l'énergie nucléaire après cet accident ?

Le Japon, dont les centrales nucléaires sont principalement en bord de mer, les a toutes mises à l'arrêt. Un examen général est en cours et des mesures correctives devront être prises avant tout redémarrage. Pour autant qu'il soit possible et que le public, très inquiet et indigné du manque de rigueur des exploitants et du laxisme des autorités, le permette. Le pays doit donc vivre avec une production d'électricité réduite car les 54 tranches nucléaires fournissaient jusqu'au 5 mai 2011 (date de

---

[45] Selon le Dr Aurengo, cité par E. Vernaz, *op. cit.*

la décision d'arrêt), 28,6 % de l'électricité[46]. La discipline des Japonais a permis d'éviter une rupture complète pendant la saison de plus forte demande, l'été torride et humide. Les particuliers ont pu réduire leur demande jusqu'à 15 %. Ils ont modifié leur comportement et leur habillement. Les entreprises ont également pris de nombreuses initiatives pour réduire leur consommation et pour ceux qui disposaient d'équipement par exemple de cogénération, pour augmenter leur production. Le 16 juin 2012, les autorités – sous la contrainte de la nécessité – ont autorisé la remise en service des unités Ohi 3 et 4. Elles seront en opération fin juillet.

À Fukushima, les opérations de démontage et de décontamination sont en cours. Trois phases sont prévues[47] :
- évacuation du combustible usé contenu dans les piscines des réacteurs 1 à 4 mais aussi actions visant à ramener la dose de radiation aux clôtures du site à 1 mSv/an. Ceci va prendre de l'ordre de deux ans.
- évacuation des déchets de toutes espèces, y compris le combustible qui a fondu et s'est resolidifié dans le fond du confinement du réacteur. On prévoit de l'ordre de 10 ans de travail.
- la dernière phase concerne le démontage et le décommissionnement complet du site, qui prendra de 30 à 40 ans…

En dehors du site, le gouvernement a pris des mesures pour tenter de décontaminer ; avec l'objectif général d'atteindre 20 mSv/an. Dans les sites fréquentés par les enfants tels que les écoles et les jardins d'enfants, l'objectif serait de 1 mSv/an. Un an après l'accident, dans certaines zones, on peut commencer à revenir moyennant certaines précautions. Ceci concerne même la reprise de l'exploitation agricole. Pour arriver à cela, on a nettoyé tous les drains, égouts et gouttières. On a taillé les arbres. On a enlevé une couche de sol à certains endroits, parfois jusqu'à 15 cm. On a nettoyé les routes au karcher et parfois même on a remplacé le tarmac. Les inspecteurs de l'AIEA ont cependant recommandé de ne pas chercher à décontaminer à un niveau exagérément bas qui entraînerait l'accumulation de masses énormes de terres très légèrement contaminées, que l'on ne saurait où stocker[48]. Tepco a réévalué en novembre 2012 le coût de la décontamination et des dédommagements des victimes : il pourrait atteindre 100 milliards d'euros.

---

[46] *Le Vif/L'Express*, 29 juin 2012.
[47] « Decommissioning : the new goal of Fukushima Daiichi road map », *Nuclear news*, mars 2012.
[48] WNN, *IAEA on Fukushima clean-up*, 15 novembre 2011.

Un cinéaste japonais a voulu que la mémoire de cette catastrophe reste présente à travers un film de fiction, car « les souvenirs de ce genre de drame se dissipent avec le temps » et c'est la raison pour laquelle Sion Sono pense qu'il « est très important de continuer à en parler »[49]. Il explique sa démarche : « Certains diront peut-être que mon film relève du déjà-vu. Qu'ils ont déjà vu tout ça à la télévision et dans les journaux. Mais cela relève de la "connaissance", qu'il ne faut pas confondre avec la "sensation". J'ai voulu que ceux qui n'étaient pas à Fukushima ce jour-là "vivent" la catastrophe à travers les personnages ».

En dehors du Japon, les réactions ont varié d'un pays à l'autre. Peut-être influencée par l'attitude de l'opinion publique et la période électorale dans laquelle elle se trouvait, la chancelière allemande Angela Merkel, a décidé la fermeture immédiate des 8 réacteurs les plus anciens. Les 9 autres seront arrêtés progressivement d'ici 2022. La Suisse a décidé de prolonger son moratoire sur la construction de nouvelles centrales jusqu'en 2034. L'Italie qui envisageait une reprise du nucléaire, y a renoncé.

Dès le 25 mars, le Conseil des ministres de l'Union européenne a décidé de procéder à une campagne obligatoire d'évaluation des centrales nucléaires ; on a baptisé assez maladroitement cette action « stress-tests » (tests de résistance). En fait, il ne s'agit pas d'effectuer des tests physiques en conditions extrêmes, mais bien de faire « une évaluation technique basée sur des études, des calculs et des appréciations d'ingénieurs. Son objectif est donc d'identifier toute amélioration possible afin de garantir que les mesures adéquates soient prises »[50]. Les spécifications relatives à l'exécution de ces tests ont été établies par l'ENSREG[51]. Les conditions extrêmes sont principalement les séismes et inondations, mais les autorités belges y ont ajouté « d'autres phénomènes naturels extrêmes (tempêtes, pluies diluviennes ou feux de forêts), des attentats terroristes (chute d'avion) et d'autres événements provoqués par l'homme (un virus informatique par exemple) ». Un calendrier a été défini pour l'ensemble des pays européens concernés. Les exploitants préparaient un premier rapport pour le mois d'août 2011, examiné ensuite par leur autorité nationale ; un rapport complété est alors remis par les exploitants en octobre et soumis à l'ENSREG, puis revu par les autorités nationales selon les remarques faites. Fin décembre ces rapports finaux sont soumis à un examen par des experts indépendants –

---

[49] *Kibo no Kuni (Le pays de l'espoir)*, article du *Tokyo Shimbun*. Traduction reprise par le *Courrier international*, 22 au 28 novembre 2012.
[50] AFCN, *Fukushima un an après*, 9 mars 2012.
[51] European Nuclear Safety Regulators Group.

« peer review » – qui aboutit à la publication du rapport final de l'Union Européenne.

En Belgique, on a constaté que

> les centrales nucléaires belges conservent leurs fonctions de sûreté essentielles dans tous les scénarios envisagés. L'exploitant propose néanmoins une série d'améliorations sur le plan technique, organisationnel et humain afin de renforcer la sûreté de ses installations et de mieux satisfaire à certaines conditions accidentelles spécifiques, notamment sur les unités les plus anciennes[52].

Les conclusions en France sont assez semblables, ayant permis d'identifier d'ores et déjà

> des limites dans les référentiels de sûreté actuels qui devront être revus à court terme, sans attendre les examens décennaux (règles retenues pour la détermination d'aléa sismique et d'inondation, protection contre l'incendie, agressions externes et combinaison d'agressions à considérer, hypothèses retenues pour définir les dispositions de gestion des pertes de refroidissement et de sources électriques, etc.)[53].

Des mesures immédiates seront prises, spécifiques à chaque centrale. D'une façon générale, les experts concluent à la nécessité de renforcer ou constituer un « noyau dur », un ensemble d'équipements essentiels à la gestion de situations extrêmes, capables de résister à des séismes ou des inondations importants. Mais il ne faut pas tomber dans l'excès d'exigences et que « l'obsession de la sécurité à tout prix nous pétrifie ; nous augmentons la crainte en voulant chasser le risque » (7.20).

Des constatations et décisions similaires se retrouvent de façon plus ou moins accentuée dans tous les pays nucléaires, en Europe comme en Amérique ou en Asie. Cependant l'attitude quant au futur du nucléaire peut varier considérablement d'un pays à l'autre.

L'Allemagne a donc pris les décisions les plus radicales. Cela ne se fera pas sans frais : en septembre 2011, l'arrêt des 8 centrales contraignait les électriciens à importer de l'électricité au prix fort. Selon la banque d'investissement de l'État fédéral (KFW), les investissements nécessaires pour compenser ces arrêts s'élèveraient à 25 milliards d'euros par an en moyenne pendant 10 ans, à charge des exploitants, de l'État mais aussi des particuliers. Dans ce pays, la lutte contre les activi-

---

[52] AFCN, information reprise sur le site du Forum nucléaire belge.
[53] IRSN, *Évaluations complémentaires de sûreté post-Fukushima : comportement des installations nucléaires en cas de situations extrêmes et pertinence des propositions d'amélioration*, résumé n° 708 du rapport n° 579.

tés nucléaires et particulièrement les transports nucléaires ou les lieux de stockage, reste très vive. Selon Rudolf Balmer[54],

> dans la lutte récente contre les déchets nucléaires de Gorleben, dans le Wendland, on n'observe pas seulement des formes de résistance (routes barrées, cabanes dans les arbres) mais également une solidarité forte de la population rurale avec les militants antinucléaires des villes, qui sont très politisés et qui intègrent leur combat dans une stratégie altermondialiste.

La Belgique, conformément à ses attitudes de compromis, ne fermerait finalement en 2015 que ses deux plus vieilles centrales à Doel, permettant à l'unité Tihange 1 de poursuivre son exploitation jusqu'en 2025, donc une durée de vie de 50 ans. On ne peut, en effet, prolonger une centrale qui doit être soumise à révision décennale en 2015, pour quelques années. Le coût de la mise à niveau tous les 10 ans implique une période d'opération ultérieure suffisamment longue que pour justifier la dépense. Ce pays maintiendra-t-il une production nucléaire au-delà de 2025 ? En principe non, mais une activité de recherche reste planifiée au CEN à Mol avec la construction du réacteur MYRRHA. Ce système couple un réacteur sous-critique avec un accélérateur qui y injecte des neutrons, ce qui permet la réaction en chaîne, qui s'arrête dès l'arrêt de l'accélérateur. Ce dispositif permettra la production d'isotopes à usage médical, l'irradiation de matériaux tant pour contrôler leur comportement que pour effectuer des transmutations et ainsi réduire la durée de vie des déchets radioactifs.

Au niveau mondial, après une brève période d'hésitation, le nucléaire fait toujours partie de nombreux plans à long terme. Un directeur de l'AIE[55] déclarait : « Si vous voulez vous passer du nucléaire, alors ma question est : comment allez vous répondre à la demande croissante d'énergie en abandonnant l'une de vos ressources ? » Il s'interroge alors sur les potentialités des énergies renouvelables et leur coût. Actuellement l'un des pays les plus avancés dans l'usage des énergies renouvelables, l'Allemagne, a tout de même dû faire appel au charbon, au lignite et au gaz, pour compenser l'arrêt de ses unités nucléaires. En novembre 2012, le scénario moyen de l'AIE[56] pour 2035 prévoit une augmentation de 70 % de la demande d'électricité mondiale. Le nucléaire couvrirait encore 12 % ce qui implique une croissance de sa production avec une puissance installée de 580 GWe.

Parmi les nombreux scénarios de développement à long terme soit 2030 et parfois 2050, qu'ils soient développés par les grands organismes

---

[54] Journaliste au *Tageszeitung* (Allemagne) interrogé par *Le Courrier international*, 22 au 28 novembre 2012.
[55] Agence internationale de l'énergie.
[56] *World energy outlook 2012*, AIE.

internationaux comme la Commission européenne, le Conseil mondial de l'énergie[57] ou par des consultants indépendants (10.6), il s'en trouve souvent qui parviennent à éliminer le nucléaire. Mais c'est en général au prix d'un usage radicalement plus rationnel de l'énergie – ce qui demande une certaine adhésion populaire qui n'est pas nécessairement évidente – et un usage plus intensif du gaz. À ce sujet, le *Guardian* écrit[58] : « Greenpeace comme les Amis de la Terre plaident au cours de leur campagne antinucléaire avec efficacité pour plus de centrales électriques au gaz, ridiculisant ainsi les années passées à rendre la population consciente du réchauffement climatique ».

Le premier anniversaire de l'accident de Fukushima a été l'occasion d'une grande agitation dans la rue et les médias, manifestations pour la sortie du nucléaire en Europe et en Asie. À Bruxelles, un mouvement national « Nucléaire STOP kernenergie » a entraîné mille personnes dans les rues.

À Bruxelles, comme partout dans le monde, des manifestants ont réclamé l'arrêt du nucléaire.

© *L'Avenir*, 12 mars 2012

À noter (voir la photo) que comme souvent, c'est la tour de refroidissement qui sert de symbole alors qu'elle n'a rien de spécifique au nucléaire.

Le 6 mars, la chaîne bilingue Arte consacre sa soirée aux *Leçons de Fukushima*, en allemand *Das Ende des Atomzeitalter* avec films et débats. Le premier film parle de *L'enfer de Fukushima*. Il montre « des lances d'incendie impuissantes devant l'atome incontrôlable ». Le film oppose des lobbyistes de l'atome à Washington aux experts. Ce film

---

[57] En anglais World Energy Council (WEC).
[58] 17 février 2012.

finit par ressembler à une soupe émotionnelle sous couvert d'avis scientifiques. Le second film concerne surtout le traitement des déchets avec un vaste parcours bien documenté des sites et là encore l'expression de beaucoup d'inquiétudes, mais chez certains riverains de lieux de stockage une forme de résignation fataliste, de tendance pronucléaire.

Les cinéastes semblent ne jamais se lasser ! L'accident de Tchernobyl est toujours un sujet bien présent en attendant que Fukushima le devienne. *Land of oblivion*, en version française *La terre outragée*, de Michale Boganim, sorti en salle en mars 2012, est un film franco-germano-polonais. Il raconte le mariage dans un cadre enchanteur d'un physicien de la centrale de Tchernobyl. Ce même jour l'accident se produit et le marié doit intervenir et ne reviendra jamais. Sous l'effet de la radioactivité, on voit la pluie devenir jaune et les arbres rouges[59]... Dix ans plus tard, l'épouse esseulée, jouée par une ex-James Bond girl, devient guide dans le *no-man's land* désolé. Le film interroge : « Les héros sauront-ils accepter l'espoir d'une nouvelle vie ? »

En juillet 2012, l'AIEA annonçait que 429 réacteurs nucléaires étaient en opération dans le monde. L'Agence prévoyait une large fourchette pour l'augmentation de ce nombre en 2030 : entre 90 et 350 réacteurs. Cette croissance sera principalement due aux installations en Asie. C'est ainsi que les prévisions quasi certaines à plus court terme, 2020, présentées par *The Economist Intelligence Unit en 2011*, annoncent une croissance de la capacité des centrales nucléaires en Chine qui passerait de 10,1 GWe en 2010 à 63,2 GWe en 2020. Suite à l'accident de Fukushima, une brève période en ce pays suspend les travaux pour l'inspection des unités. Ensuite, la décision chinoise fut de maintenir 15 réacteurs en service et poursuivre la construction des 25 nouveaux réacteurs déjà en cours. Les nouveaux projets devraient attendre cependant l'application d'un nouveau plan de sécurité, approuvé au printemps 2012. À l'automne, le premier ministre a annoncé un retour progressif à la « normale » : chaque année jusqu'en 2015 un petit nombre de nouvelles constructions seraient approuvées. Tout cela n'empêche pas « un sentiment croissant antinucléaire dans le public, particulièrement dans les régions où la construction d'un réacteur est prévue »[60].

L'Inde vient de subir fin juillet 2012 une gigantesque panne du réseau électrique, un black-out qui a privé jusqu'à 670 millions d'habitants d'électricité[61]. Le gouvernement indien s'est largement engagé dans un programme nucléaire civil. Il rêve d'atteindre 25 % de produc-

---

[59] Les sapins affectés par le taux élevé de radioactivité près de la centrale ont été roussis, d'où la qualification par les scientifiques de forêt rouge (7.20).
[60] *Nuclear news*, juillet 2012.
[61] *Le Soir*, 3 août 2012.

tion d'électricité nucléaire mais on parle de façon plus réaliste de 10 à 12 %. Fukushima a entraîné l'inquiétude de communautés locales qui manifestent avec vigueur contre l'implantation dans leur voisinage de nouvelles centrales[62]. Mais le gouvernement a confirmé son intention d'atteindre 20 GWe en 2020 et 63 GWe en 2032. Parmi les autres pays asiatiques déjà nucléarisés, la Corée du Sud compte passer de 18,7 à 28,1 GWe ; ils sont comme les deux pays précédents, constructeurs d'une bonne partie de leurs installations. Un constructeur coréen a d'ailleurs décroché la construction de centrales nucléaires dans les Émirats arabes au nez et à la barbe des Français.

La France n'a manifestement aucune intention de suivre le chemin choisi par son voisin allemand. Un communiqué de la SFEN[63] confirme l'intention d'investir d'abord environ 10 milliards d'euros pour réaliser les dispositifs de sécurité complémentaires préconisés par l'Autorité de sûreté nucléaire ; ensuite 40 milliards d'euros, prévus de longue date écrit le communiqué, « pour la rénovation des réacteurs en vue de prolonger jusqu'à 60 ans leur durée de fonctionnement ». Cela veut-il dire que la France ne commandera pas de nouvelles unités EPR ? On peut penser qu'elle attendra en tous cas les mises en service des EPR en construction à Flamanville en France, à Olkiluoto en Finlande (un pays qui maintient un programme nucléaire bien complet) et à Taishan en Chine, qui devraient en principe avoir lieu entre 2014 et 2016.

Les entreprises françaises ont choisi d'être très présentes en Grande-Bretagne où le gouvernement, après de longues années de tergiversations et d'études, s'est engagé dans une vaste ouverture à de nouvelles constructions sur les sites existants pour remplacer un parc vieillissant. Hinkley Point sera le premier site pour la première réalisation de deux EPR par AREVA et EDF, mais le gouvernement britannique s'inquiète de la tenue des délais (2018 et 2019). Bouygues TP associé à Laing O'Rourke ont d'ores et déjà été choisis pour le contrat de construction tant de la partie nucléaire que de la partie classique, pour un total de deux milliards de livres environ. En Grande-Bretagne, d'autres types de réacteurs dits de la 3e génération sont également en piste : le modèle PRISM de GE-Hitachi, société basée aux USA, le modèle AP1000 de Westinghouse (proposé pour le site de Wylfa) et enfin l'ESBWR de GE qui aurait une sûreté passive plus importante que l'EPR et un coût moindre... S'ils reposent sur les mêmes principes de base que les réacteurs LWR de la précédente génération, leur conception présente une nette évolution. Il est absurde de dire qu'ils reposent sur une technologie obsolète, comme certains l'affirment.

---

[62] *Nuclear news*, janvier 2012.
[63] Société française d'énergie nucléaire, communiqué du 31 janvier 2012.

Cette évolution vers un retour au nucléaire a été marquée par des prises de position inattendues de plusieurs députés et journalistes. Confrontés au problème du changement climatique, Chris Goodall du Green Party, Stephen Tindale, dirigeant de 2000 à 2005 de la branche UK de Greenpeace ou lord Smith, président de l'Environment Agency, ont revu en 2009 leur position qui fut opposée à l'énergie nucléaire. Tindale déclare que « ce fut comme une sorte de conversion religieuse. Car être antinucléaire fut une position essentielle pour les environnementalistes pendant longtemps ». Mark Lynas déclare que les « campagnes antinucléaires du passé seront un jour considérées comme une énorme erreur »[64]. En octobre 2012, une enquête constate que 40 % des personnes interrogées souhaitent plus de centrales nucléaires, 21 % le statu quo, 20 % une diminution[65].

Georges Monbiot écrit :

> résultat du désastre de Fukushima, je ne suis plus neutre sur ce sujet. Je soutiens maintenant cette technologie. Une vieille centrale merdique avec des mesures de sécurité inadéquates a subi un tremblement de terre monstrueux et un tsunami énorme. Il n'y a plus eu d'électricité, plus de système de refroidissement. Les réacteurs ont commencé à exploser et à fondre. Et pourtant, pour autant que je sache, personne n'a encore subi une dose mortelle d'irradiation.[66]

Mais à long terme, l'avenir du nucléaire ne repose assurément pas sur la 2e ou la 3e génération de réacteurs. Un vaste programme pour développer une 4e génération a été lancé en 2000 à l'initiative des USA. Dès 2006, un accord-cadre a été signé entre l'Euratom et le Generation IV International Forum (GenIV) qui comprend de très nombreux participants[67]. Il s'agit de développer des réacteurs selon 5 critères :

- durabilité : utilisation optimale des combustibles et régénération à partir de l'U238 et du Thorium 232, très abondants dans la nature
- économie dont minimisation des coûts
- sûreté et fiabilité selon de sévères spécifications, en accroissant la passivité des systèmes de sauvegarde
- résistance à la prolifération et protection physique, par exemple par séparation difficile du plutonium
- minimiser la production de déchets

---

[64] Journaliste au *New Stateman* en 2009.
[65] *YouGov/Sunday Times survey*, résumé dans WNN, 22 octobre 2012.
[66] *The Guardian*, 14 mars 2011.
[67] Argentine, Brésil, Canada, Chine, Corée du Sud, Russie, France, Japon, Afrique du Sud, Suisse, Royaume-Uni, USA et l'Union européenne via Euratom.

Six types de réacteurs sont à l'étude, dont cinq ont la possibilité de régénérer le combustible. Il est amusant de constater que la plupart ont déjà été étudié dans les premières années du nucléaire civil et ont été à l'époque mis sur la touche par le développement intensif des LWR, à première vue moins coûteux.

Le premier est le déjà célèbre réacteur refroidi au sodium, dans la lignée du *Phénix* français ou du PFR anglais. Les Russes n'ont jamais arrêté leur programme sur ce type de réacteur et BN600 fonctionne toujours à Beloyarsk. Il devrait arriver en fin de vie en 2020 et il sera remplacé par un réacteur deux fois plus puissant, 1 200 MWe. L'étude devrait être terminée pour 2013, les équipements seraient mis en fabrication en 2014 et le chantier ouvert en 2015. Un réacteur similaire de 800 MWe en construction sur le même site a pris du retard par manque de financement. Il est prévu qu'il utilise du combustible MOX[68]. Le programme français prévoit la construction d'un prototype de 600 MWe dénommé ASTRID qui, « si les pouvoirs publics le décident, pourrait voir le jour en 2023 »[69].

Deux projets de surgénérateurs à neutrons rapides sont caractérisés notamment par l'emploi de caloporteurs différents : le plomb ou l'hélium. Un projet utilise le gaz à très haute température ; il est économe en combustible sans être régénérateur. Il existe aussi un projet utilisant la vapeur d'eau supercritique qui s'appuie sur les compétences acquises dans les réacteurs actuels.

Enfin l'un des projets les plus ambitieux, utilise le thorium mélangé à du sel fondu. Ce concept avait été étudié et un prototype a fonctionné à Oak Ridge aux USA de 1965 à 1969. Malgré l'abandon par le DOE américain, une petite équipe française a poursuivi la recherche, aboutissant à un nouveau dessin d'un prototype de 1 500 MWe. Daniel Heuer explique longuement les développements de ce projet à Grenoble dans les entretiens qui sont repris dans l'ouvrage *Nucléaire : quels scénarios pour le futur ?* (10.5). Ce réacteur a de nombreux avantages, notamment l'épuration/recyclage en continu et la possibilité de vider la cuve rapidement, arrêtant la réaction nucléaire, si nécessaire. On trouve une excellente description de ce projet dans la revue *Science et Vie*[70]. Mais Heuer annonce clairement qu'il faudra encore 30 ans avant de voir un tel réacteur fonctionner.

---

[68] WNN, 27 juin 2012.
[69] *Défis du CEA*, juillet-août 2012.
[70] « Nucléaire, Sans uranium, c'est possible. Plus sûr, plus propre… et pourtant ignoré depuis 50 ans », *Science et Vie*, novembre 2011.

Dans la même ligne très futuriste, il nous faut citer le projet ITER[71], un réacteur expérimental réalisant la fusion nucléaire. C'est un projet qui se base comme la GenIV sur une large coopération internationale. La construction a commencé au Centre Nucléaire de Cadarache en France. C'est un dispositif dont le déploiement industriel et commercial aura lieu à très long terme. Depuis le début des études de la fusion, peu après la guerre, lorsque l'on pose la question : « Quand pourra-t-on utiliser la fusion pour produire de l'électricité ? », la réponse a toujours été : « dans cinquante ans ». Le coût astronomique du projet, actuellement évalué à 15 milliards d'euros y compris l'exploitation pendant trente ans, a suscité bien des reproches, d'autant plus que « la fusion est une source d'énergie bien trop spéculative pour être prise en compte dans les projections énergétiques/climatiques des modèles, alors même que l'essentiel de la réduction des émissions doit intervenir avant 2050 » (10.5).

Confrontés à ces projets demandant de grands moyens et de longs délais, certains chercheurs, notamment aux USA mais aussi dans les centres de recherche européens, se sont intéressés aux « Small and Medium size Reactors » (SMR), c'est-à-dire des réacteurs de bien plus petite taille, parfois même de quelques MWe et rarement plus de 300 MWe. Ils pourraient notamment répondre à des demandes de localités ou entreprises isolées, en électricité ou chaleur. Un des premiers projets, le 4S présenté par Toshiba il y a plusieurs années, devait être installé à Galena en Alaska pour fournir 10 MWe en permanence alors que l'approvisionnement en fuel devient impossible en hiver. Selon le plus ardent promoteur américain de ces projets, Tom Sanders, ces réacteurs pourraient aussi se subsister aux anciennes centrales à charbon américaines dans la gamme de 200 à 300 MW, sans devoir modifier le réseau électrique. Ils répondraient évidemment beaucoup mieux que les gros réacteurs actuels aux besoins des pays en développement.

La conception de ces réacteurs et leur petite taille m'ont toujours intéressé pour d'autres raisons. Leur taille permet de les construire entièrement en usine sans exiger des équipements de fabrication exceptionnels, puis de les transporter par exemple sur des barges. Ils seraient donc des « produits de série ». Un assemblage de plusieurs modules de quelques dizaines de MWe chacun, permettrait d'atteindre progressivement la puissance requise. Cette progressivité réduit le risque financier. Plusieurs projets prévoient que le réacteur sera enterré et que sa charge de combustible sera suffisante pour fonctionner sans intervention pendant dix ans et plus. Et bien évidemment, ils sont conçus pour avoir ce que l'on appelle une sécurité passive c'est-à-dire qu'ils s'arrêtent en cas

---

[71] International Thermonuclear Experimental Reactor.

d'incident par leurs propriétés intrinsèques, sans intervention de dispositifs complexes susceptibles de dysfonctionnement. Enfin ils pourraient être pilotés à distance.

Ce type de réacteurs a toujours existé pour des usages particuliers. Par exemple les Russes utilisent, depuis 1976, 4 réacteurs de 62 MWth pour assurer un chauffage urbain et 4 x 11 MWe sur un site dans l'Arctique. Aujourd'hui des dizaines de projets sont proposés aussi bien par les universités que par de petites entreprises constituées pour cela, ou même par de grandes entreprises voyant s'ouvrir de nouvelles applications pour leur savoir-faire. Une difficulté majeure est d'obtenir aux USA que la NRC s'occupe du *licensing* de ces concepts, qui coûtera autant pour un SMR que pour un gros réacteur avec moins de perspectives immédiates d'en amortir le coût. Dans un monde dominé par la finance et la dérégulation, de nouvelles perspectives techniques sont scrutées avec méfiance. La solution trouvée par certains aux USA est d'expérimenter ces réacteurs sur le site d'un centre de recherches adéquat, soumis à moins de contraintes d'agrément légal. C'est le site de Savannah River qui a été choisi pour cela. Babcock & Wilcox, depuis longtemps engagé dans le nucléaire naval, est le premier à avoir obtenu en novembre 2012 un co-financement de son concept mPower par le DOE. En Europe aussi certains projets ont été étudiés ; par exemple en France, la société DCNS propose un intéressant concept de modules de 150 MWe, entièrement enfermés dans une enceinte immergeable à près de 100 m sous la mer. L'Afrique du Sud a travaillé avec plusieurs partenaires étrangers sur un concept modulaire, le « Pebble Bed Reactor » (PBR), qui ne progresse plus par manque de crédits. Seuls les Chinois poursuivent activement le développement des PBR.

J'ai toujours pensé que ces plus petits réacteurs avaient des qualités qui les rendraient peut-être mieux acceptés par le public. J'ai écrit en 2000 : « Ces réacteurs devront un jour futur être soumis à l'examen du public. Leur taille, leur sécurité, leur modularité, la possibilité de les fabriquer entièrement en usine comme le sont les gros avions, de les placer en sous-sol... pourraient être des facteurs positifs »[72]. De tels choix techniques répondraient-ils aux objections des opposants, quelles dispositions seraient exigées par les milieux politiques, ces orientations réduiraient-elles les anxiétés individuelles ? Il serait utile dès à présent, d'entreprendre une étude des conceptions qui faciliteraient l'acceptation d'une nouvelle centrale nucléaire par une plus large fraction du public.

---

[72] A. Michel, *An emotional approach to future sustainable nuclear energy*, Symposium de l'Uranium institute, Londres, 2000 ; disponible sur www.world-nuclear.org/sym/2000/pdfs/michel.pdf.

Dompter le dragon nucléaire ?

Pour ce que j'en sais, à ce jour, une telle étude n'a encore jamais été réalisée[73].

---

[73] Si je me trompe, je serais heureux d'en être informé : am462568@scarlet.be.

Épilogue

L'épopée nucléaire a commencé dans la violence. L'espoir d'une vaste coopération fraternelle sur cette science après la Deuxième Guerre mondiale s'est effacé devant les exigences de la guerre froide. La politique de secret si nécessaire pendant le projet Manhattan s'est poursuivie sous l'influence des militaires souvent partie prenante des premiers projets. Il a donc fallu attendre le milieu des années 1950 pour que de premiers pas vers les échanges internationaux deviennent possibles et que les applications civiles du nucléaire prennent un nouvel élan.

Cependant un comportement assez secret convenait bien alors aux grandes entreprises qui y trouvaient une forme de protection de leur nouveau savoir-faire. Le devoir de réserve était imposé aux ingénieurs qui y travaillaient. Si l'énergie nucléaire fascinait certains, principalement ceux qui participaient à son développement, cette activité suscitait plus d'inquiétudes que d'enthousiasme parmi la population. Anne Lauvergeon s'interroge (10.2) :

> Pourquoi un tel désamour envers une source d'énergie qui a pourtant démontré ses avantages ? Le poids de l'histoire et l'activisme des mouvements antinucléaires ne sont pas les seuls coupables. Les acteurs de la filière portent une part de responsabilité pour n'avoir pas su rompre assez rapidement avec les pratiques de secret dont ils héritèrent du monde militaire et s'être voués corps et âme au savoir-faire, ce que l'on ne saurait leur reprocher, sans se préoccuper du faire-savoir, ce qui fut une erreur. [...] Les industriels du nucléaire ne peuvent s'absoudre d'une part de responsabilité dans le traitement dont ils furent l'objet, murés qu'ils furent souvent dans une posture de « sachants » ayant mieux à faire que de perdre leur temps à s'expliquer devant des foules ignares et des journalistes mal-pensants.

Lorsque dans les années 1970, les circonstances ont contraint les dirigeants nucléaires à s'exprimer notamment à la télévision, souvent raides et arrogants, sanglés dans leurs costumes sombres, ils n'attiraient pas la sympathie des auditeurs. Pour répondre à une demande de transparence, les industriels entreprirent de vastes campagnes d'information, mais elles furent souvent accueillies comme une volonté d'endoctrinement.

Les efforts d'ouverture ont été très importants : visites des installations, conférences dans les écoles et lieux de rencontres, création de centres d'exposition sur les sites les plus importants tels celui de Sellafield en Angleterre, l'Isotopolis à Mol en Campine belge ou le Visiatome à Marcoule sur le Rhône. D'importantes campagnes d'affichages et de publicité dans les médias ont été organisées par exemple par le Forum nucléaire belge en 2009-2010, pour inciter le public à s'interroger et demander les réponses sur le site du Forum. Greenpeace et d'autres comme l'asbl Respire[1], ont immédiatement dénigré cette campagne « destinée à manipuler l'opinion publique et la rendre plus réceptive aux arguments trompeurs de ces entreprises ».

Plusieurs livres ont été publiés ces dernières années par les industriels du nucléaire pour tenter d'expliquer leur activité. En France, Bertrand Barré se montre particulièrement actif avec le soutien d'AREVA : un premier petit manuel (E.1) illustré avec humour est sorti en 2003 ; il est suivi en 2007 d'un album (E.2) qui est plutôt un panégyrique du nucléaire. Francis Sorin, responsable du Pôle Information de la SFEN, opte pour une forme sobre en 2009 dans un ouvrage (E.3) qui aborde le nucléaire par les questions habituellement soulevées. Il termine en répondant aux « classiques » du discours antinucléaire et en s'interrogeant sur leur crédibilité. Enfin, il faut accorder une mention spéciale à l'ouvrage (E.4) du professeur David MacKay qui n'est pas du milieu nucléaire. Il traite – du point de vue britannique – à la fois du nucléaire et des énergies renouvelables. En plus de la version imprimée, très illustrée, il a compris tout l'intérêt d'être accessible gratuitement par Internet.

La popularité croissante d'Internet a stimulé la création de sites d'information gérés tant par les organisations et industriels pronucléaires que par leurs opposants. Le débat a souvent ces dernières années quitté la rue et les salles de conférence pour se dérouler sur le net sous forme de séances de « chat », de sites questions-réponses, de forums d'échanges. Établir une liste de tous les sites et de leurs caractéristiques serait fastidieux et dépasserait l'ambition du présent ouvrage, d'autant plus qu'ils sont en perpétuelle évolution. Mais il suffit de taper « information nucléaire » dans un moteur de recherche pour en voir défiler en grand nombre et de tous bords.

On a également vu apparaître des jeux vidéo, simulation de centrales nucléaires[2] par exemple ou d'information plus large comme le récent jeu proposé par Urenco[3]. Il est certain que toutes ces mesures n'ont pas calmé les opposants les plus virulents mais peut-être ont-elles évité qu'ils soient les seuls à être écoutés par le public.

---

[1] www.respire-asbl.be, 3 octobre 2009.
[2] « Oric games », jeu basé sur les personnages des Simpson.
[3] « Ritchie's World of Adventures ».

Épilogue

Depuis 40 ans bientôt, j'ai eu de très nombreuses occasions d'expliquer les activités nucléaires à des publics très différents. J'ai été invité par des écoles, des universités, des centres culturels, des associations diverses et même par des associations peu favorables au nucléaire comme les Amis de la Terre. La plupart du temps, j'y suis allé en mon nom personnel et je n'étais pas contraint de défendre une cause que l'on m'aurait imposée ni de me présenter dans le strict « uniforme » des cadres des « grandes » entreprises. J'ai pris grand plaisir à ces rencontres. J'ai le sentiment que j'ai été considéré comme crédible. Cependant, comme me l'ont souvent dit mes amis interlocuteurs : « On te connaît donc on veut bien te croire mais n'aurais-tu pas une autre solution que le nucléaire à nous proposer ? »

Il est plus facile d'être crédible lorsqu'on est proche des gens. Il est devenu fréquent pour chacun d'entre nous d'expliquer ce qu'il fait à ses « voisins ». Ils constituent l'opinion publique qui peut parfois peser lourd sur les décisions des gouvernements. Mais c'est le travail des experts que d'analyser les possibilités et de proposer des solutions à nos dirigeants. J'ai évoqué les très nombreux rapports qui ont été élaborés dans cette intention depuis plus de 50 ans, parfois sans peser bien lourd dans les options finalement choisies.

Le débat est d'autant plus difficile que tant partisans qu'opposants ont du mal à remettre en cause leurs certitudes. À ce sujet, on peut lire sur le site d'Etopia, une très éclairante déclaration[4] :

> À propos du mot « certitude », j'explique qu'il m'est généralement difficile d'affirmer des prises de positions politiques tranchées, sans nuances. Le nucléaire fait exception. J'ai en effet progressivement acquis la conviction que cette énergie, sous sa forme actuelle, ne peut continuer d'être exploitée sans faire encourir à l'humanité des risques que nous n'avons pas le droit de prendre. Le texte qui suit expose les raisons qui fondent cette certitude ; dont découle, au nom d'une éthique de la responsabilité, l'expression d'un choix politique militant qui, j'en suis consciente, ne laisse guère la place au débat.

Ce credo a le mérite d'être clair mais ne laisse pas entrevoir un terrain d'entente.

Un débat serein et rationnel sur la place publique a souvent été proposé. Il est malheureusement facilement détourné. Jacques Percebois et Claude Mandil, deux experts de très grande valeur dans le secteur de l'énergie, ont présidé l'élaboration de l'un des derniers rapports de ce genre en France, *Énergie 2050*. Avant même sa remise finale, sur la base d'une version préliminaire incomplète et inachevée, des organisa-

---

[4] Chantal de Laveleye, *Abécédaire : nucléaire*, www.etopia.be, 14 octobre 2010.

tions antinucléaires qui avaient refusé de participer à son élaboration ont qualifié l'ensemble du travail « d'escroquerie intellectuelle »[5]. Percebois et Mandil s'interrogent : « A-t-on le droit de ne pas être antinucléaire ? » Ils constatent qu'un « syllogisme vicieux est très répandu. Première prémisse : quiconque n'est pas antinucléaire, est pro-nucléaire. Seconde prémisse : quiconque est pro-nucléaire est partial. Conclusion : seuls les antinucléaires sont objectifs ». De plus ils observent que pour certains critiques, toute personne ayant une activité ou une responsabilité dans le domaine concerné ne peut être considérée comme objective. Si on les suit, « on arrivera ainsi à créer des commissions d'experts qui ne sont experts de rien du tout. C'est peut-être l'objectif ; après tout qui se soucie encore de ce que disent les experts ? »

C'est sans doute la conclusion amère de bien des gens qui ont consacré tout leur savoir-faire avec la plus grande objectivité possible à élaborer de complexes propositions. Le grand public voudrait qu'on lui offre des réponses simples, il n'aime pas les zones grises et le doute des scientifiques. Aujourd'hui pour lui, les énergies renouvelables ont toutes les vertus mêmes s'il est fréquent qu'une opposition naisse à l'installation d'éoliennes dans le voisinage, que les pannes de réseau par surcapacité locale de panneaux photovoltaïques privés deviennent plus fréquentes, que les dégâts causés par les plantations à des fins énergétiques sont maintenant bien connus. Confiant, le public est certain que l'on trouvera des solutions. Cela ira mieux demain. Et pourtant, s'il est vrai que la ressource solaire – et le vent qui en résulte – a peu de raisons de s'épuiser, ce n'est pas le cas des matériaux nécessaires à leur captation. Faut-il dès lors accepter la présence du nucléaire dans la panoplie des solutions énergétiques ? Si ce n'est pas *la* solution, il n'y aurait pas cependant dans les prochaines années de solution sans le nucléaire ? Hélas, il faut bien l'admettre : le nucléaire est mal aimé. Alors si ce n'est pas ceux qui y travaillent ou les experts indépendants qui peuvent faire évoluer cette situation, qui ?

Ces dernières années, il semble que la présence de l'arme atomique ne soit plus au premier rang des facteurs d'inquiétude du public confronté au nucléaire. Selon Michel Wautelet, « la fin de la guerre froide et les quelques traités START ont endormi la population, qui s'est dirigée vers d'autres questions »[6]. Il est pourtant essentiel que de nombreuses organisations restent toujours très actives pour réclamer un désarmement nucléaire. Malheureusement le milieu politique répond souvent trop peu

---

[5] J. Percebois et C. Mandil, *A-t-on le droit de ne pas être anti-nucléaire ?*, www.lemonde.fr, 12 mars 2012.

[6] Michel Wautelet, « Exigez ! Un désarmement nucléaire total », *Newsletter de l'AMPGN*, 3e trimestre 2012.

Épilogue

à leurs déclarations, les médias ne leur font plus assez écho et leurs manifestations n'entraînent plus la présence de la grande foule.

Je crois qu'il faut accepter que la perception prime sur la réalité et que l'émotion domine le plus souvent les échanges. En son temps, Cicéron enseignait que pour obtenir l'adhésion des foules, il faut avant toute chose, plaire. On pourra ensuite émouvoir, ce qui permettra de convaincre. Nous constatons qu'à l'exception d'une frange qui aime ardemment la science et les techniques, le nucléaire ne plaît pas. S'il suscite l'émotion, ce n'est pas par ses brillantes réalisations ou les bienfaits qu'il nous apporte mais par les anxiétés qu'il provoque.

Michel Serres[7] rappelle très justement « qu'aujourd'hui pour vivifier l'interface entre science et société, il nous manque un Jules Verne. Les angoisses contemporaines au sujet du rationnel et des techniques associées tiennent en partie à ce manque ». La lecture de Jules Verne a certainement contribué à attirer de nombreux jeunes vers la science et l'invention, à participer à la grande aventure du développement technique. Actuellement les techniques sont souvent considérées comme la cause de tous nos déboires et de la dégradation de l'environnement. Trop peu d'étudiants sont alors attirés par ce domaine d'activité qui pourtant restera indispensable pour corriger nos erreurs ou nous protéger des risques naturels.

Car si dans le cas particulier de l'énergie nucléaire, les solutions proposées pour assurer la sécurité, éviter la prolifération et gérer les déchets sont adoptées par les gouvernements et leurs parlements, si une majorité de la population accepte ou se résigne à ces choix, il restera absolument nécessaire de trouver les milliers d'étudiants qui seront formés aux disciplines indispensables pour assurer le bon fonctionnement mais aussi créer et faire progresser les technologies utilisées. Il faut faire rêver ! Le rêve a toujours été à la base de nombreux progrès techniques : rouler plus vite, voler, plonger au plus profond des mers, disposer d'eau potable et d'infiniment d'énergie en tous lieux. Les technologies nucléaires sont loin d'être obsolètes comme voudraient le faire croire ceux qui n'en veulent pas. D'immenses possibilités de progrès restent ouvertes aussi bien dans le secteur de l'énergie que dans celui de la médecine, de l'industrie et de l'alimentation dont j'ai trop peu parlé car, souvent peu connus, ils suscitent bien moins de fantasmes.

Dans ce domaine des rêves, il ne faut pas regretter l'association fréquente de l'énergie nucléaire avec le dragon. Elle était là dès ses débuts, elle est encore bien présente. Aujourd'hui, Rezvani[8] fantasmant dans un

---

[7] Michel Serres, « préface », in Philippe de La Cotardière (dir.), *Jules Verne, De la science à l'imaginaire*, Larousse, Paris, 2004.

[8] Rezvani, *La cité Potemkine ou les géométries de Dieu*, Actes Sud, Arles, 1998.

roman sur les mutations et autres cauchemars qu'aurait provoqué l'accident de Tchernobyl, évoque ce réacteur : « la "bête" de feu s'enfonce lentement » dans le socle géologique de la centrale. En 2008, un spectacle de marionnettes intitulé *Le dragon nucléaire* a été présenté en France en de multiples lieux dont la Cité des Sciences à Paris. Ce qui paraît étonnant vu la façon de traiter le sujet : le dragon représentant la centrale nucléaire est vaincu et remplacé par une unique éolienne.

Comme l'association de l'énergie nucléaire avec un dragon paraît naturelle à tant de gens, pourquoi ne pas suivre cette perception et en faire un bon usage symbolique ? « Ce monstre légendaire apparaît comme une force primordiale, co-existante à la naissance du monde » (P.2). Il a longtemps fait peur et nombreux sont les saints ou les héros qui ont eu à le combattre et le vaincre. Mais aujourd'hui, il est plutôt le participant principal de joyeuses fêtes folkloriques. Et les livres pour enfants abondent en terribles monstres devenus *in fine* d'adorables animaux de compagnie, souvent utiles comme le petit dragon rouge présenté au début de ce livre.

Le dragon présente quelques analogies intéressantes avec le réacteur nucléaire : il est une force primordiale, souvent endormie au fond d'une caverne. Pour l'utiliser, il faut dompter l'animal ce qui ne se réussit pas par la violence mais par la patience et la connaissance de son comportement. Il faut surveiller sa santé et corriger ses maladies, réparer les coups du sort qu'il lui arrive de subir. Comme tout animal dangereux, il faut bien choisir à qui on le confie, qu'il serve aux fins pour lesquelles on l'a sélectionné et non à engranger des profits financiers indus ou à servir des ambitions de domination politique. Comme pour tout animal puissant, il est déconseillé aux dompteurs de le laisser sans surveillance ou de le confier à des incapables.

Je suggère de placer un gentil dragon en première ligne de nos symboles et logos, remplaçant ceux, vieillissants, qui sont trop souvent associés dans notre esprit aux malheurs du monde.

Namur, le 30 novembre 2012

Bibliographie

Chapitre 1

P.1 *The Dragon Experiments*, The Manhattan Project Heritage Preservation Association, site internet : www.mphpa.org

P.2 Manuscrit de St Clément, BNF Français 313 Folio 75v

P.3 Max Velthuys, *L'Histoire d'un gentil Dragon rouge*, Fernand Nathan, Paris, 1974

0.1 Spencer Weart, *Nuclear fear ; a history of images*, Harvard University Press, Cambridge, USA, 1988

0.2 Paul Brians, *Nuclear holocausts : atomic war in fiction 1895-1984*, Kent State University Press, Kent (Ohio USA), 1987

0.3 Mick Broderick, *Nuclear movies : a critical analysis and filmography of international feature length films dealing with experimentation, aliens, terrorism, holocaust, and other disaster scenarios, 1914-1989*, Macfarlane, Jefferson, NC, USA, 1991

0.4 Patrick Mannix, *The rhetoric of antinuclear fiction ; Persuasive strategies in novels and films*, Bucknell University Press/Associated University Press, Lewisburg/Toronto, 1992

0.5 David Dowling, *Fictions of nuclear disaster*, University of Iowa Press, Iowa city, 1987

1.1 Paul Valéry, *Regards sur le monde actuel*, Stock, Paris, 1931

1.2 Anders Hansen, *Environment, media and communication*, Routledge, Londres et New York, 2010

1.3 Roger-Gérard Schwartzenberg, au cours de l'émission Ripostes (France 2), 12 avril 2009

1.4 M. Maffesoli, *Entretien avec F. Debié*, Fondation pour l'innovation politique, 23 novembre 2006

1.5 Jean de Kersvadoué, *Les prêcheurs de l'apocalypse, Pour en finir avec les délires écologiques et sanitaires*, Plon, Paris, 2007

1.6 Michel Serres, Préface à *Jules Verne, De la science à l'imaginaire*, Larousse, Paris, 2004

1.7 Jean-Claude Rufin, *Le parfum d'Adam*, Flammarion, Paris, 2007

1.8 Boris Cyrulnik, *Le murmure des fantômes*, Odile Jacob, Paris, 2003

1.9 Wayne Smith, Nuclearspace.com, 2002

1.10 Carlos Ruiz Zafon, *El juego del angel*, Editorial Planeta, Barcelone, 2008

1.11 Spencer R. Weart, « La controverse nucléaire et ses origines », *AIEA Bulletin*, mars 1991

Chapitre 2

2.1 Spencer R. Weart, *Nuclear fear, A history of images*, Harvard University Press, 1988

2.2 Institut Curie, *Chronologies*, hhttp://curie.net/fondation/musee/chronologies.cfm/lang/_fr.htm

2.3 K. Tomabechi, *Uranium Glass*, Iwanami Book Service Center, Tokyo, 1995

2.4 René Brion et Jean-Louis Moreau, *De la mine à Mars, la genèse d'Umicore*, Lannoo, Tielt, 2006

2.5 http://www.dissident-media.org/infonucleaire/radieux.html

2.6 M.-L. Remy et N. Lemaitre, « Eaux minérales et radioactivité », *Revue hydrogéologie*, n° 4, 1990

2.7 Alain Bouquet, *Radiofolies*, www.futura-sciences.com/fr/doc/t/chimie/d/radioactivité-les-pionniers_784/c3/221/p6/

2.8 Raymond B. Fosdick, *The old savage in the new civilization*, Doubleday Doran & Cy, New York, 1928

2.9 André Siegfried, *Les États-Unis d'aujourd'hui*, Armand Colin, Paris, 1927

2.10 P.D. Smith, *Doomsday Men*, Allen Lane, Londres, 2007

2.11 Paul d'Ivoi, *La course au radium*, J'ai lu, Paris, 1983 [1re édition 1909]

2.12 H.G. Wells, *The World Set Free*, Macmillan & Co, Londres, 1914

2.13 R. Nichols and M. Browne, *Wings over Europe*, Covici-Friede publishers, New York, 1929

2.14 J.B. Priestley, *The doomsday men*, Heinemann Ltd, Londres, 1938

2.15 Anatole France, *L'île des pingouins*, Calmann-Lévy, Paris, 1908

2.16 Louis Houllevigue, « Voici de nouveaux corps radioactifs artificiellement créés », *Science et Vie*, Témoin du siècle où tout a changé 1913-2001, France loisirs, 2001

2.17 Bertrand Barré et Pierre-René Bauquis, *Comprendre l'avenir : L'énergie nucléaire*, Éditions Hirlé, Strasbourg, 2007

2.18 P.M. de la Gorce, *L'aventure de l'atome*, Flammarion, Paris, 1992

2.19 Kirk Willis, « The origins of British nuclear culture », *The journal of British Studies*, Chicago, 1995

Chapitre 3

3.1 Quentin Michel, *Le contrôle du transfert des articles relatifs aux armes nucléaires dans l'Union Européenne ; À la recherche d'une cohérence*, Thèse de doctorat, Université de Liège, Faculté de droit, 1999

3.2 Richard Rhodes, *The making of the atomic bomb*, Penguin books, Londres, 1986

3.3 Michael Frayn, *Copenhagen*, Methuen Drama, Londres, 1998. Traduction française : *Copenhague*, Actes Sud Papiers, Arles, 1999.

3.4 James Mahaffey, *Atomic Awakening*, Pegasus Books, New York, 2009

3.5 Edward Teller with Allen Brown, *The legacy of Hiroshima*, Doubleday, New York, 1962

3.6 Jeremy Bernstein, *Hitler's Uranium Club*, Copernicus Book (Springer-Verlag), 2nd Edition, 2001

3.7 Paul Loeb, *Nuclear Culture (Living and working in the world's largest atomic complex)*, New Society Publishers, Philadelphia, 1986

3.8 Hans Bethe, « Brighter than a thousand suns », *Bulletin of the Atomic Scientists*, décembre 1958

3.9 Joseph Kanon, *Los Alamos*, Broadway Books, New York, 1997. Traduction française : Flammarion, 1998.

3.10 Martin Cruz Smith, *Stallion Gate*, Random House, USA, 1986

3.11 René Barjavel, *Ravage*, Denoël, Paris, 1943

3.12 *Astounding Science-Fiction*, Street & Smith publication, Inc. de 1939 à 1960

3.13 Groff Conklin (ed.), *The Golden Age of Science fiction*, Bonanza Books, New York, 1980

3.14 Lester del Rey, *Nerves*, Ballantine Books, New York, 1956/1976

3.15 Robert Jungk, *Heller als tausend Sonnen*, Alfred Scherz Verlag, 1956

3.16 Jean-Jacques Salomon, *Prométhée empêtré, la résistance au changement technique*, Pergamon, Paris, 1982

Chapitre 4

4.1 F. Brouyaux *et al.*, *La Belgique au fil du temps*, Le roseau vert, 2004

4.2 Winston Churchill, *La Deuxième Guerre mondiale. Tome 12, Triomphe et tragédie. Le rideau de fer*, Plon, Paris, 1954

4.3 Extrait du site archipope.net

4.4 Bertrand Goldschmidt, *L'aventure atomique*, Fayard, Paris, 1962

4.5 Gerald Wendt *et al.*, *Atomic Age opens*, Pocket Books, New York, 1945

4.6 P. Govaerts *et al.*, *Un demi-siècle de nucléaire en Belgique*, PIE, Bruxelles, 1994

4.7 Ken Silverstein, *The radioactive boy scout*, Villard Books, USA, 2004

4.8 P.-Y. Grasset *et al.*, *Chronique du XXe siècle*, Éditions Chronique, France 2000

4.9 Ishiro Honda, *Gojira (Godzilla)*, Toho Co, 1954 (disponible au British Film Institute en DVD)

4.10 Scott C. Zeman *et al.*, *Atomic culture*, University Press of Colorado, Boulder, 2004

4.11 Jerome F. Shapiro, *Atomic Bomb Cinema*, Routledge, New York, 2002

4.12 Jacques Leclercq, *L'ère nucléaire*, Hachette et le Chêne, Paris, 1986

4.13 Jos Draulans, *Pluto* n° 4, revue d'entreprise de Belgonucleaire, Dessel 1956

4.14 Charles Gerber, *Minuit moins cinq*, Les signes des temps, Dammarie-les-lys, 1947

4.15 Serge Groussard, *Demain est là*, Gallimard, Paris, 1956

4.16 *L'atome contre l'homme*, Pax Christi, Paris, 1958

Chapitre 5

5.1 Don De Lillo, *Underworld*, Scribner, New York, 1997

5.2 Bertrand Russell, *Common Sense and Nuclear Warfare*, George Allen and Unwin Ltd, Londres, 1959

5.3 Pugwash Conferences, www.pughwash.org

5.4 Henry Chevallier, « Histoire des luttes antinucléaires en France », *À contre courant*, n° 202, mars 2009

5.5 Peter Hug, *Mouvement antinucléaire*, www.hls-dhs-dss.ch

5.6 Exposition du National Atomic Museum, Albuquerque, USA

5.7 Merril Eisenbud et Thomas Gesell, *Environmental radioactivity*, Academic Press, San Diego, USA, 1997

5.8 Georges le Guelte, *Les armes nucléaires, mythes et réalités*, Actes Sud, Arles, 2009

5.9 Marie Ossowska et al., *L'homme et l'atome*, Office de publicité, Bruxelles et les Éditions de la Baconnière, Neuchâtel, 1958

5.10 Colette Guedeney et Gérard Mendel, *L'angoisse atomique et les centrales nucléaires*, Payot, Paris, 1973

5.11 Michael Light, *100 Suns*, Alfred Knopf, New York, 2003

5.12 D. Kübler et J. de Maillard, *Analyser les politiques publiques*, Presses universitaires de Grenoble, 2009 (cité par T. Coloma in *Le Monde diplomatique*, octobre 2011)

5.13 Jacques Cachan, *Sophie et Bruno au pays de l'atome*, CEA, 1963

Chapitre 6

6.1 R. Skjöldebrand, « The International Nuclear Fuel Cycle Evaluation », *IAEA Bulletin*, vol. 22, n° 2, 1980

6.2 G. Meskens et al., *Kernenergie (on)besproken*, ACCO, Leuven, 2007

6.3 Site web du WWF : wwf.panda.org

6.4 WWF position statement, Nuclear Power, May 2003

6.5 Pierre Auger et Jean-Luc Ferrante, *Greenpeace, Controverse autour d'une ONG qui dérange*, Éditions La Plage, Sète, 2004

6.6 E.F. Schumacher, *Small is beautiful*, Blond & Briggs Ltd, UK, 1973

6.7 *Alternatives au nucléaire*, Presses universitaires de Grenoble, 1975.

6.8 Amory Lovins, *World energy Strategies : Facts, Issues, and Options*, Friends of the Earth Ltd, for Earth Resources research Ltd, Londres, 1975. Traduction française : *Stratégies énergétiques planétaires*, Les Amis de la Terre, Christian Bourgois, Paris, 1975

6.9 Ivan Illich, *Énergie et Équité*, Le Seuil, Paris, 1973
6.10 Ivan Illich, *La convivialité*, Le Seuil, Paris
6.11 Yves Lenoir, *Technocratie française*, collection « Amis de la Terre », Pauvert, Paris, 1977
6.12 Louis Puiseux, *La Babel nucléaire*, Éditions Galilée, Paris, 1977
6.13 *La technologie contestée*, OCDE, Paris, 1979
6.14 Walter C. Patterson, *Nuclear Power*, Penguin Books Ltd, Londres, 1976
6.15 GSIEN, *Électronucléaire Danger !*, Le Seuil, Paris, 1977
6.16 Alain Michel, « Des machines et des hommes dans les livres pour enfants », *Esso magazine*, 1979
6.17 Michel Corentin et Gil Lacq, *L'énergie du désespoir*, Travelling sur le futur, Duculot, Paris-Gembloux, 1978
6.18 Michel Corentin et Gil Lacq, *L'énergie d'un fol espoir*, « Espace Nord junior », Labor, Bruxelles, 1997
6.19 Gwyneth Cravens, *Power to save the world, The truth about nuclear energy*, Knopf, New York, 2007
6.20 Theo Le Diouron et al., *Plogoff-la-révolte*, Éditions Le signor, Le Gulvinec, 1980
6.21 Comité universitaire et scientifique grenoblois pour l'arrêt du programme nucléaire, *Plutonium sur Rhône*, Grenoble, 1976
6.22 Conseil général de l'Isère, *Creys-Malville, le dernier mot ?*, Presses universitaires de Grenoble, 1977
6.23 Henry Chevalier, « Histoire des luttes antinucléaires en France », *À contre courant*, n° 202, mai 2009

Chapitre 7

7.1 A. Michel et D. de Heering, *Centrale thermoélectrique solaire d'Almeria : un prototype international*, Conférence centrales électriques modernes, AIM, Liège, 1981
7.2 Alain Michel, « Un ingénieur, l'atome, le soleil, le public ; une rencontre vécue, une formation à inventer », conférence SEFI, Paris, 1980
7.3 Projet PS 10, Final technical progress report, novembre 2006
7.4 Michel Llory, *Accidents industriels : le coût du silence*, L'Harmattan, Paris, 1996
7.5 Alvin M. Weinberg, *The first nuclear era : The life and times of a technological fixer*, American Institute of Physics Press, New York, 1994
7.6 Theo Le Diouron et al., *Plogoff-la-révolte*, Éditions Le signor, Le Guilvinec, 1980
7.7 G. Borvon, *Plogoff, un combat pour demain*, Éditions Cloitre, Saint-Thonan, 2004
7.8 W. Patterson, « A report on Sizewell », *Bulletin of Atomic Scientists*, juin-juillet 1984

7.9 G. Greenhalgh, *The Sizewell inquiry, is there a better way ?*, Energy policy, septembre 1984

7.10 Alain Touraine et al., *La prophétie anti-nucléaire*, Le Seuil, Paris, 1980

7.11 Jean-Jacques Salomon, *Prométhée empêtré*, Pergamon Press, Paris, 1981

7.12 Patrick Lagadec, *La civilisation du risque, catastrophes technologiques et responsabilités sociales*, Le Seuil, Paris, 1981

7.13 Jerome F. Shapiro, *Atomic Bomb Cinema*, Routledge, New York, 2002

7.14 Brian M. Jenkins, *Will terrorists go nuclear ?*, Prometheus books, New York, 2008

7.15 *Tchernobyl, 20 ans après*, SCK-CEN, Mol, 2006

7.16 Marc Molitor, *Tchernobyl, déni passé, menace future ?*, Racine & RTBF, Bruxelles, 2011

7.17 *Chernobyl, ecological and health impact ; Ten years of observation*, Proceedings of a meeting in Brussels, Annales de l'association belge de radioprotection, 1997

7.18 Mary Micio, *Wormwood forest, a natural history of Chernobyl*, Joseph Henry press, Washington, 2005

7.19 F. Chateauraynaud et D. Torny, *Les sombres précurseurs, une sociologie pragmatique de l'alerte et du risque*, Éditions de l'école des hautes études en sciences sociales, Paris 1999

7.20 P. Bruckner, *Le fanatisme de l'Apocalypse, sauver la Terre, punir l'Homme*, Grasset, Paris, 2011

7.21 E. Lepage, *Le printemps à Tchernobyl*, Futuropolis, octobre 2012

Chapitre 8

8.1 Herman Hendrickx, *Plutonium ressource ou fléau ?*, Le Hêtre pourpre, Bruxelles, 2000. Également : *Plutonium : blessing or curse ?* et *Plutonium : zorgen of zegen ?*, Le Hêtre pourpre, Bruxelles, 2000.

8.2 Leonard J. Koch, *EBRII, an integrated experimental fast reactor*, American Nuclear Society, La Grange Park, USA, 2008

8.3 Dominique Finon, *L'échec des surgénérateurs*, Presses universitaires de Grenoble, 1989

8.4 André Berger, *Le climat de la terre : un passé pour quel avenir ?*, De Boeck université, Bruxelles, 1992

8.5 Yves Lasfargue, *Technojolies, technofolies*, Les éditions d'organisation, Paris, 1988

8.6 Jacques Ellul, *Le bluff technologique*, Hachette, Paris 1988

8.7 Jacques Robin, *Changer d'ère*, Le Seuil, Paris, 1989

8.8 Denis Duclos, *La peur et le savoir ; la société face à la science, la technique et leurs dangers*, Éditions La découverte, Paris, 1989

8.9 Eileen Welsome, *The plutonium files*, The Dial Press, New York, 1999

8.10 Henri Métivier, *Plutonium, mythes et réalités*, EDP Sciences, Les Ulis, 2010

8.11 Jeremy Bernstein, *Plutonium, a history of the world most dangerous element*, Joseph Henry Press, Washington DC, 2007

8.12 Françoise Zonabend, *La presqu'île au nucléaire*, Odile Jacob, 1989

8.13 A. Jaumotte, J. van Dievoet et A. Michel, *MOX fuels : the best utilisation of plutonium now*, Académie Royale de Belgique, Bulletin de la classe des sciences, 3e série, Tome LXXV 1989-10

8.14 CISAC, *Management and disposition of excess weapons plutonium*, National Academy Press, Washington, 1994

8.15 Noboru Oi, *Plutonium Challenges, changing dimensions of global cooperation* (document non daté).

Chapitre 9

9.1 Jeremy Leggett (ed.), *Global warming, the Greenpeace report*, Oxford University Press, 1990

9.2 Nayla Farouki (dir.), *Les progrès de la peur*, Le Pommier, Paris, 2001

9.3 James Lovelock, *Gaia, a new look at life on earth*, Oxford University Press, 1979

9.4 James Lovelock, *The vanishing face of Gaia, a final warning*, Allen Lane, Londres, 2009

9.5 *Sustainable development & nuclear power*, IAEA, 1997

9.6 *Vers une stratégie européenne de sécurité d'approvisionnement énergétique*, Livre vert, Commission européenne, 2001

9.7 S.M. Mcgill *et al.*, *Sellafield's cancer link controversy, The politics of anxiety*, Pion Ltd, Londres, 1987

9.8 Bruno Tertrais, *Atlas mondial du nucléaire*, Autrement, 2011

9.9 Syndicat CFDT de l'Énergie Atomique, *Le dossier électronucléaire*, collection « Points Sciences » n° S4, Le Seuil, Paris, 1980

9.10 Th. De Putter et J.M. Charlet, *Analogies naturelles en milieu argileux*, ONDRAF-NIRAS, Bruxelles, 1994

9.11 Jean Simos, *Évaluer l'impact sur l'environnement*, Presses polytechniques et universitaires romandes, 1990

9.12 Jantine Schrôder et Gaston Meskens, *Radioactive Waste Governance, State of the Art & Future needs*, SCK-CEN, 2010

9.13 Philippe d'Iribarne, *Les Français et les déchets nucléaires*, rapport au ministre délégué à l'industrie, avril 2005

9.14 Jean-Pierre Loisel *et al.*, *Y a-t-il une éthique de la gestion des déchets radioactifs ?*, ANDRA, Vuibert, Paris, 2004

9.15 P. Boniface et H. Védrine, *Atlas du monde global*, Armand Colin/Fayard, Paris, 2008

9.16 P. Goldschmidt, « Concrete steps to improve the non-proliferation regime », *Carnegie Papers*, No. 100, avril 2009

9.17 Bruno Tertrais, *La menace nucléaire, 25 questions décisives*, Armand Colin, Paris, 2011

9.18 John d'Agata, *About a mountain*, W.W. Norton, New York, 2010

Chapitre 10

10.1 Gwyneth Cravens, *Power to save the world, The truth about nuclear energy*, Alfred Knopf, New York, 2007

10.2 Anne Lauvergeon et Michel-H. Jamard, *La troisième révolution énergétique*, Plon, Paris, 2008

10.3 Marie Masala, *Nucléaire, le débat atomisé*, L'Harmattan, Paris, 2007 également accessible sur le site http://debatpublicatomise.free.fr

10.4 Richard Collasse, *L'océan dans la rizière*, Le Seuil, Paris, 2012

10.5 Michel Chatelier *et al.*, *Nucléaire : quels scénarios pour le futur ?*, La ville brûle, Grenoble, décembre 2011

10.6 Mycle Schneider et Antony Frogggatt avec Julie Hazemann, *World Nuclear Industry Status report 2012*, A Mycle Schneider Consulting Project, juillet 2012, www.World NuclearReport.org

Épilogue

E.1 Bertrand Barré, *Tout sur l'énergie nucléaire d'Atome à Zirconium*, AREVA, Paris, 2003

E.2 B. Barré et P.-R. Bauquis, *Comprendre/L'avenir de l'énergie nucléaire*, Éditions Hirle, Strasbourg, 2007

E.3 Francis Sorin, *Le nucléaire et la planète, 10 clés pour comprendre*, Grancher, Paris, 2009

E.4 David MacKay, *Sustainable energy, without the hot air*, UIT, Cambridge, 2009, Accessible aussi par www.withouthotair.com

Acronymes

AEN	Agence pour l'Énergie Nucléaire
AFCN	Agence fédérale de contrôle nucléaire
AGR	Advanced Gas cooled Reactor
AIE	Agence internationale de l'énergie
AIEA	Agence internationale de l'énergie nucléaire
ANDRA	Agence nationale pour la gestion des déchets radioactifs (France)
ANS	American Nuclear Society
APDA	Atomic Power Development Associates
BBC	British Broadcasting Corporation
BN	Belgonucleaire
BNS	Belgian Nuclear Society
BnF	Bibliothèque nationale de France
BWR	Boiling Water Reactor
CAEM	Conseil d'assistance économique mutuelle, en russe COMECON
CEA	Commissariat à l'énergie atomique (France)
CEE	Communauté économique européenne
CEN	Centre d'étude de l'énergie nucléaire (en flamand SCK, à Mol, Belgique)
CFDT	Confédération française démocratique du travail
CRIIRAD	Commission de recherche et d'information indépendantes sur la radioactivité
CRS	Compagnies républicaines de sécurité
DOE	Department of Energy (USA)
EDF	Électricité de France
Euratom	Communauté européenne de l'énergie atomique
FOE	Friends of the Earth
GIEC	Groupe d'experts intergouvernemental sur l'évolution du climat (en anglais IPCC)
GSIEN	Groupement des scientifiques pour l'information sur l'énergie nucléaire (France)

IIASA	International Institute for Applied Systems Analysis
IRSN	Institut de radioprotection et de sûreté nucléaire
LWR	Light Water Reactor
MAUD	Military Application of Uranium Detonation
MIT	Massachusetts Institute of Technology
NWS	Nuclear Weapons States
OECE	Organisation européenne de coopération économique
OCDE	Organisation de coopération et de développement économiques
OMS	Organisation mondiale de la santé
ONDRAF	Organisme national des déchets radioactifs et des matières fissiles enrichies (Belgique)
OTAN	Organisation du traité de l'Atlantique Nord
ONU	Organisation des Nations Unies
PSU	Parti socialiste unifié
PWR	Pressurised Water Reactor
RBMK	Reaktor Bolshoy Moshchnosti Kanalniy (réacteur haute puissance à canaux)
SGMH	Société générale métallurgique de Hoboken
SF	Science-fiction
SFEN	Société française d'énergie nucléaire
TMI	Réacteur de Three Mile Island
TNP	Traité sur la non-prolifération des armes atomiques
TVA	Tennessee Valley Authority
UI	Uranium Institute
UKAEA	United Kingdom Atomic Energy Authority
ULB	Université libre de Bruxelles
UMHK ou UM	Union Minière (du Haut Katanga)
URSS	Union des républiques socialistes soviétiques
USA	United States of America
USAEC	United States Atomic Energy Commission
WEC	World Energy Council
WNA	World Nuclear Association
WNN	World Nuclear News

Unités de mesure

Bq	Becquerel
Gy	Gray
Sv	Sievert
Mt	Megatonnes, exprime la puissance des bombes par leur équivalent de TNT (explosif traditionnel)
MW	MegaWatt, mesure de puissance
MWe	MegaWatt électrique soit un million de watt de puissance électrique
MWh	Megawatt heure, mesure l'énergie produite. En nucléaire, l'unité MW est fréquente. Mille fois plus petite, le kW. Mille fois plus grande, GW. Un million de fois plus, le TW, peu utilisé, par contre, on rencontre le TWh pour donner l'énergie produite ou utilisée annuellement par un pays.
t	Tonnes métriques

Bibliographie de mes publications et conférences relatives aux aspects émotionnels de la communication nucléaire, y compris les ouvrages et films de fiction

- *Using emotional rather than rational reactions : can fiction help ?*, PIME 1998 on advertising, Maastricht, 1998.
- *Leave your logo at the door : A Internet discussion group with a difference on the interaction between nuclear and fiction* with Claire Maden and Ted Mole, PIME, 1999, Avignon.
- *List of books where nuclear energy is present in a way or another* prepared with Claire Maden and Ted Mole, PIME, Avignon, 1999.
- *An emotional approach to future sustainable nuclear energy development*, Uranium Institute Symposium, Londres, septembre 2000.
- *Public perception of plutonium*, présentation au DTI (UK) à BN/Bruxelles, 2005.
- *La représentation du nucléaire dans les romans et les films a-t-elle influencé notre jugement ?*, conférence à l'UTAN, Namur, 2008.
- « Show some emotion. Does nuclear industry need to become more emotional and make use of the medium of fiction to get its message across to the public ? », *NEI magazine*, janvier 2009.
- « Nucléaire, fantasmes et émotions », *Revue Générale Nucléaire*, mars-avril 2009.
- *This is how nuclear emotions influence public opinion !*, conférence BNS, Bruxelles, avril 2009.
- *Nucléaire, fantasmes et émotions*, séminaire SPIRAL (Scientific and Public Involvement in Risk Allocations Laboratory), Université de Liège, mai 2009.
- *Should nuclear communicators be more emotive ?*, proceedings of the World Nuclear Association 34th Symposium, Londres, 2009.
- *Reaching a wider public where it sits every evening ?*, participation in the panel Stating the nuclear case, connecting more effectively with the public, PIME, Budapest, février 2010.
- *Mea culpa d'un communicateur*, research*eu, avril 2010.
- *Could television series be the best way to familiarize people with nuclear activities ?*, ENC 2010, Barcelone, juin 2010.
- *Some emotional aspects of the nuclear image*, 6th annual World Nuclear University summer institute, Oxford, août 2010.

- *Nucléaire, fantasmes et émotions : la fiction forme-t-elle l'opinion ?*, Visiatome (CEA), Marcoule, octobre 2010.
- *Le nucléaire, 25 ans après Tchernobyl : fantasmes et émotions*, Université des aînés, Enghien, novembre 2010.
- *Quelles suites de Fukushima ?*, 50e anniversaire de la Promotion 61 de l'AIrBr, à bord du Vivaldi sur le canal de Willebroek, juin 2011.
- *Avenir du nucléaire un an après Fukushima : émotions, réalités et fantasmes*, UTD, Mouscron, avril 2012.
- *Nuclear mythology*, European Nuclear Conference, Manchester, décembre 2012.
- *Dompter le dragon nucléaire ? Réalités fantasmes et émotions*, Rotary, La Louvière, février 2013.
- *Choix nucléaires : que pèse encore l'avis des experts face à la perception par le public ?*, Collège Belgique, Namur, septembre 2013.

Dans la collection « Europe des cultures »

Vol. 1. Mark Dubrulle et Gabriel Fragnière (dir.), *Identités culturelles et citoyenneté européenne. Diversité et unité dans la construction démocratique de l'Europe*, 2009.

Vol. 2. Gily Coene et Chia Longman (dir.), *Féminisme et multiculturalisme. Les paradoxes du débat*, 2010.

Vol. 3. Muriel Rouyer, Catherine de Wrangel, Emmanuelle Bousquet et Stefania Cubeddu (dir.), *Regards sur le cosmopolitisme européen. Frontières et identités*, 2011.

Vol. 4. Lénia Marques, Maria Sofia Pimentel Biscaia and Glória Bastos (eds.), *Intercultural Crossings. Conflict, Memory and Identity*, 2012.

Vol. 5. Léonce Bekemans (ed.), *A Value-Driven European Future*, 2012.

Vol. 6. Albert Doja, *Invitation au terrain. Mémoire personnel de la construction du projet socio-anthropologique*, 2013.

Vol. 7. Alain Michel, *Dompter le dragon nucléaire ? Réalités, fantasmes et émotions dans la culture populaire*, 2013.

Visitez le groupe éditorial Peter Lang
sur son site Internet commun
www.peterlang.com